THÉORIE

DES

ALLUVIONS ARTIFICIELLES

FERTILISATION DES LANDES

ET

RÉSERVOIRS D'AMÉNAGEMENT DES EAUX DE CRUE

DANS LA RÉGION DES PYRÉNÉES

PAR

A. DUPONCHEL

INGÉNIEUR EN CHEF DES PONTS ET CHAUSSÉES

PARIS

LIBRAIRIE HACHETTE ET Cie

BOULEVARD SAINT-GERMAIN, 79

M DCCC LXXXII

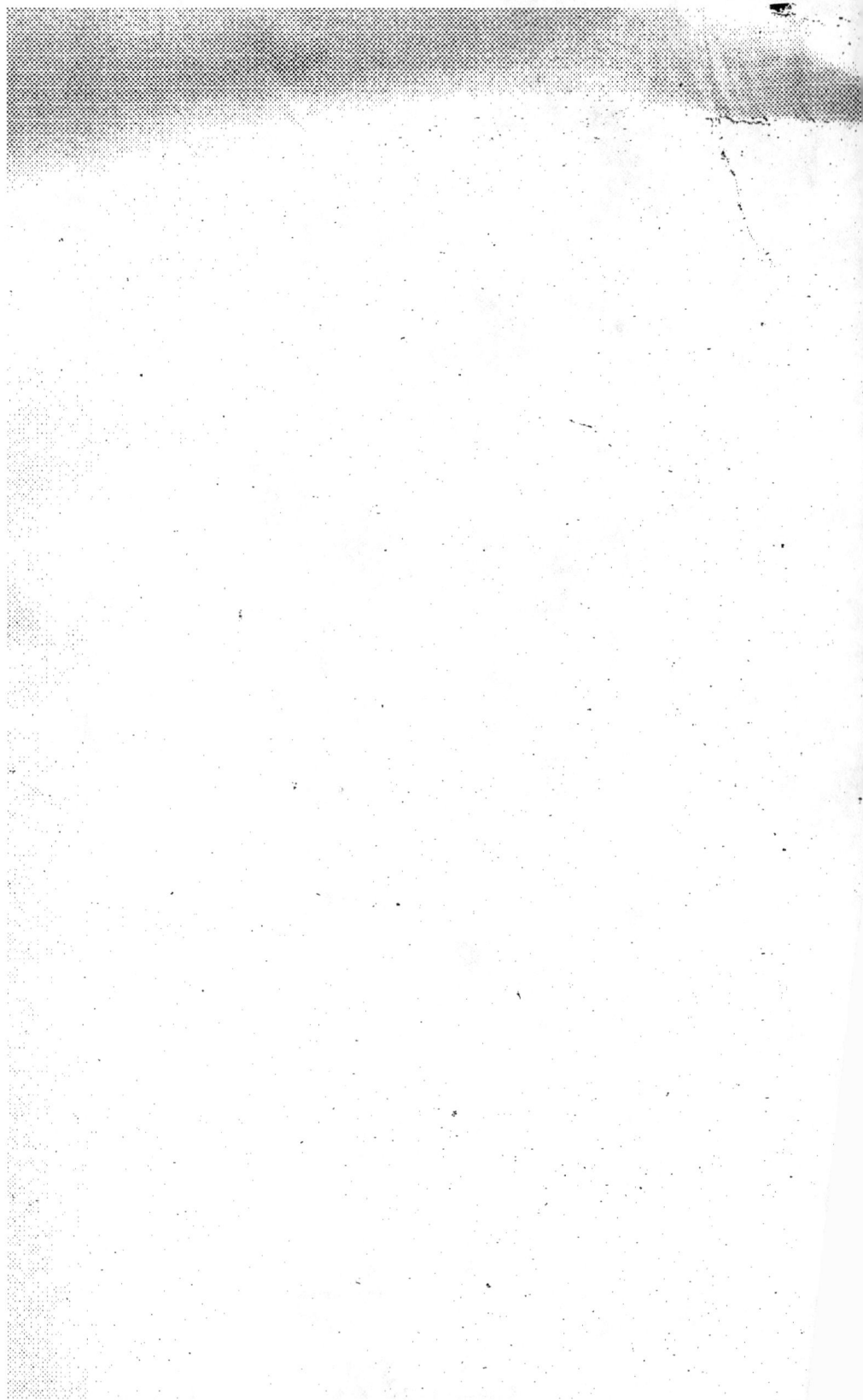

THÉORIE

DES

ALLUVIONS ARTIFICIELLES

—

FERTILISATION DES LANDES

ET

Réservoirs d'aménagement des Eaux de crue dans la
région des Pyrénées.

Montpellier. — Typogr. BOEHM et FILS.

THÉORIE

DES

ALLUVIONS ARTIFICIELLES

FERTILISATION DES LANDES

ET

RÉSERVOIRS D'AMÉNAGEMENT DES EAUX DE CRUE

DANS LA RÉGION DES PYRÉNÉES

PAR

A. DUPONCHEL

INGÉNIEUR EN CHEF DES PONTS ET CHAUSSÉES.

PARIS

LIBRAIRIE HACHETTE ET Cie

BOULEVARD SAINT-GERMAIN, 79

M DCCC LXXXII

AVANT-PROPOS

Les idées que j'émets aujourd'hui n'auront plus le mérite ou plutôt l'inconvénient d'une complète nouveauté. La question des Alluvions artificielles a été l'objet des études constantes de ma vie entière. Dès 1864, dans une brochure spéciale, j'en formulai les principes généraux et leur application plus particulière à la fertilisation des Landes. Plus tard, je développai les détails et les avantages du projet dans un ouvrage beaucoup plus étendu (*Traité d'Hydraulique et de Géologie agricoles*).

Ces premières communications, je crois pouvoir le rappeler, furent en général accueillies avec un sympathique empressement. La presse périodique et quotidienne, nombre de Sociétés d'Agriculture, émirent des avis favorables. De hautes influences voulurent bien encourager mes efforts. A deux reprises différentes, par le concours de la Société du Crédit Mobilier d'abord, plus tard sous le patronage de l'Empereur, je pus espérer que mon projet allait passer promptement à la période d'exécution. Il est inutile de rappeler ici les circonstances fortuites qui firent échouer ces heureuses dispositions.

L'Administration supérieure, de laquelle dépendait mon service administratif, s'était toujours montrée, je crois devoir en convenir, beaucoup plus hésitante et plus réservée à mon égard. L'examen officiel que j'avais demandé, fut, suivant l'usage, confié à une Commission qui, éludant la responsabilité qui lui incombait, laissa s'envoler les années et ses membres disparaître successivement dans l'oubli de la mort ou de la retraite, sans avoir formulé d'avis précis sur la question qui leur était soumise.

Le silence se fit donc peu à peu sur mon projet. Les événements de 1870 achevèrent de le faire oublier; et s'il en reste quelque souvenir aujourd'hui, ce ne peut être que celui du discrédit, souvent immérité, qui s'attache aux choses dont on a cessé de parler.

Quand, succédant à nos désastres, est revenue chez nous une période de calme pouvant faire espérer une renaissance sérieuse des affaires, j'ai naturellement songé à reprendre le projet de fertilisation des Landes; mais une étude d'un genre tout différent absorbait à cette époque toute mon attention. Il m'avait paru que, dans les circonstances douloureuses où se trouvait notre pays, nous avions plus à nous préoccuper de ses intérêts moraux que de ses intérêts matériels; qu'il importait plus de lui rendre son prestige et son ascendant politiques au dehors, que d'accroître ses richesses au dedans.

C'est dans ces conditions que je pris l'initiative du projet d'un chemin de fer Trans-Saharien devant mettre à nos portes un monde tout nouveau, inépuisable débouché ouvert à notre commerce et à notre industrie, sur lequel pourrait en toute liberté s'exercer notre expansion civilisatrice.

L'entreprise, telle que je la comprenais, que je la comprends encore, était aussi simple et facile dans ses moyens d'exécution qu'elle devait être grande dans ses résultats. Un petit corps d'armée de 8 à 10,000 travailleurs organisés militairement, maniant surtout la pioche, mais le fusil au besoin ; posant rapidement et d'étape en étape les rails d'un chemin de fer qui assurerait ses communications, son ravitaillement à l'arrière, en même temps qu'il ouvrirait le pays à l'avant, serait largement suffisant pour opérer la conquête pacifique et industrielle de toute la région centrale du continent africain, avec toute certitude de succès, probablement sans coup férir, tant est écrasante la supériorité de notre armement militaire, si on le compare à celui de ces peuples sauvages ou barbares.

Accueillie dès l'abord avec une railleuse incrédulité, l'idée du Trans-Saharien n'en détermina pas moins, dans l'opinion publique, un courant de sympathique adhésion qui finit par entraîner jusqu'à ceux qui lui avaient été le plus hostiles au début. Cette fois du moins, l'Administration ne répudia pas l'idée. Elle se l'appropria et ne craignit pas de lui donner le plus grand retentissement; mais malheureusement les résultats ne répondirent pas à ces flatteuses espérances. Je n'ai pas à rappeler ici, je l'ai dit ailleurs, par quelles singulières transformations le projet que j'avais présenté, voyant tour à tour reporter son point de départ d'Alger à Oran, puis à Saint-Louis du Sénégal, voire même au Gabon, aboutit finalement, après des dépenses sans but défini, au désastre de la mission Flatters, triste prélude des agitations et des soulèvements qui depuis un an ensanglantent les frontières de l'Algérie.

Je n'insisterai pas sur ce triste sujet. Quelques regrets personnels que j'aie pu éprouver de l'avortement d'une entreprise dans laquelle j'entrevoyais tant de sources de gloire et de prospérité pour notre pays ; n'ayant plus de responsabilité, du moment où l'on ne m'avait laissé ni autorité ni direction, je ne pouvais que reprendre ma liberté d'action et chercher dans d'autres études une diversion aux déceptions patriotiques que je venais d'éprouver.

J'ai donc été naturellement ramené au projet de fertilisation des Landes ; et cette fois du moins, je suis heureux de le constater, le bienveillant appui de l'Administration supérieure ne m'a pas fait défaut. Elle a gracieusement mis à ma disposition tous les fonds d'études nécessaires pour donner à mon travail le degré de certitude matérielle qui pouvait lui faire défaut.

Pouvant, le niveau et la sonde du mineur à la main, reconnaître dans ses moindres détails le tracé des canaux et explorer dans leurs profondeurs les masses minérales dont je désirais utiliser les éléments fécondants, non-seulement j'ai constaté mieux que je n'avais pu le faire par un examen superficiel les facilités incontestables de l'entreprise, mais mon attention a été appelée sur des procédés d'application qui, en même temps que la question pratique des alluvions artifi-

cielles, résolvaient celle non moins importante des grands réservoirs d'aménagement destinés à emmagasiner les eaux
torrentielles surabondantes, pour les affecter en temps utile à
tous les emplois agricoles ou industriels qu'on voudrait leur
donner.

C'est dans ces conditions particulières, ayant d'ailleurs
acquis dans l'intervalle quelques connaissances personnelles
d'agronomie pratique, que je reprends à nouveau la question,
au point où je l'avais laissée.

Les idées ont leur destinée. Il dépend rarement d'un seul
de pouvoir hâter ou reculer l'heure fatale de leur éclosion.
Cette heure a-t-elle enfin sonné pour les miennes? Je n'ose y
compter ; mais nulle circonstance ne saurait être plus oppor-
tune pour appeler sur elles une sérieuse discussion, au moment où les questions agricoles ont paru assez importantes à
nos gouvernants pour qu'ils aient cru devoir les confier à la
sollicitude d'un Ministre spécial.

Le rôle de ce nouveau Ministre est forcément tracé : il ne
pourra se borner à présider les fêtes des Concours régionaux,
à primer des bœufs gras, à subventionner de loin en loin
quelque maigre canal d'irrigation.

Renonçant à suivre l'ornière commune, il voudra certainement envisager la question de plus haut et aborder dans toutes
ses difficultés l'important problème dont la solution lui a été
confiée. Il voudra bien dès-lors, je l'espère, excuser l'initiative
d'un modeste collaborateur qui pense pouvoir se permettre de
lui signaler de quelle nature doit être la transformation que
réclame notre agriculture, en même temps qu'il croit de son
devoir de soumettre à sa bienveillante appréciation les moyens
pratiques d'application qu'une longue étude du sujet a pu lui
suggérer.

A. DUPONCHEL.

Montpellier, 30 décembre 1881.

THÉORIE

DES

ALLUVIONS ARTIFICIELLES

—

FERTILISATION DES LANDES

ET

Réservoirs d'aménagement des Eaux de crue dans la région des Pyrénées.

———

INTRODUCTION

Les circonstances me paraissent plus favorables qu'elles ne l'étaient il y a quinze ans pour espérer que mes idées seront favorablement accueillies. Notre agriculture traverse, en effet, une crise dont on ne saurait se dissimuler la gravité, dont elle ne sortira victorieuse qu'à la condition de savoir largement modifier ses vieilles habitudes de pratique traditionnelle. La question est assez importante et se relie trop étroitement au sujet que je veux traiter, pour qu'il ne me soit pas permis d'entrer à cet égard dans quelques explications préliminaires, avant d'aborder le sujet essentiel de cette étude.

Les perfectionnements apportés dans les voies de transport permettent déjà aux deux Amériques et à l'Australie de nous livrer la plupart des produits agricoles à des prix qui, au dire de nos agriculteurs, les mettraient hors d'état de supporter la concurrence.

Nos économistes se sont déjà beaucoup préoccupés de la question. S'ils n'ont pas toujours discerné les vraies causes du mal, ils ont bien moins réussi à nous indiquer les moyens d'en conjurer les résultats. On a surtout allégué comme causes de l'infériorité de nos producteurs :

La suppression des droits de douane, et plus particulièrement de l'échelle mobile, qui protégeaient nos produits nationaux ;

L'insuffisance prétendue de notre outillage industriel comme voies de transport ;

Les charges particulières dont l'agriculture serait grevée chez nous, par le fait de l'impôt du sol et de la rente des propriétés ;

L'épuisement de nos terres végétales par rapport à celles du nouveau Monde.

Je n'insisterai pas sur la question des droits protecteurs, qui est définitivement résolue et jugée. Quelque sacrés que soient les intérêts du producteur, ceux du consommateur ne le sont pas moins ; et jamais gouvernement ne saurait assumer l'impopularité méritée qui s'attacherait à des mesures fiscales dont le premier résultat serait de renchérir la vie animale.

Mais si nos hommes d'État se refusent en principe à surcharger le consommateur, jamais ils n'ont été plus disposés à alléger les prétendues charges du producteur agricole. C'est à ce désir instinctif plutôt que réfléchi qu'on doit attribuer ces sacrifices incessants imposés au budget, en vue de compléter ce qu'on est convenu d'appeler l'outillage industriel et agricole. On commet cependant une grande erreur quand on allègue l'infériorité prétendue de cet outillage en fait de voies de transport ; quand on oppose par exemple aux 30,000 kilomètres de chemins de fer que nous possédons, les 150,000 kilomètres de voies analogues existant aux États-Unis.

En pareille circonstance, la comparaison doit porter, non sur la population, mais sur l'étendue relative des pays à desservir. Les États-Unis ont cinq fois plus de chemins de fer que nous ; mais leur territoire étant douze fois plus grand, ils sont, en moyenne et partout, beaucoup moins bien desservis que nous.

Ils comprennent d'ailleurs tout autrement la question. Si, tout en amortissant leur dette d'État, ils construisent annuellement 12 à 15,000 kilomètres de voies de fer, tandis que nous en ouvrons à peine le dixième en surchargeant notre passif budgétaire de près d'un milliard, ils n'accumulent pas leurs voies nouvelles dans les États voisins de l'Océan analogues aux nôtres, déjà riches et peuplés. Ils les prolongent surtout au loin, dans ces vastes solitudes occidentales qui ne nous étaient même pas connues de nom il y a quelques années, et qui comme par enchantement se peuplent et se couvrent de villes prospères.

S'il ne s'agissait que de réduire le prix de revient des denrées alimentaires pour le consommateur, on pourrait sans doute plus sûrement et moins chèrement obtenir ce résultat en réduisant le tarif des chemins de fer existants, qu'en leur créant à grands frais de ruineuses concurrences ; mais ce résultat profiterait autant aux denrées étrangères qu'aux nôtres, et n'obvierait en rien au mal dont se plaint le producteur agricole.

L'allègement de ce qu'on est convenu d'appeler les charges de l'agriculture n'y remédierait pas davantage.

L'impôt foncier a hérité, chez nous, de cette impopularité traditionnelle qui pesait autrefois sur l'impôt du sel. Sous l'ancien régime, quand l'impôt portant sur la terre était la ressource la plus certaine du budget, les gouvernements ne cherchaient qu'à l'accroître, et une aggravation de taxe était habituellement le résultat le plus immédiat d'un nouveau règne. Depuis la Révolution, les choses ont complètement changé, et le don de joyeux avènement a mieux mérité son titre. Il est peu de gouvernements nouveaux qui se soient établis chez nous, et le nombre en est grand, sans avoir dégrevé l'impôt foncier. Au siècle dernier, il représentait la moitié peut-être des maigres revenus de l'État. C'est à peine, de nos jours, s'il en constitue 1/30.

Il ne figure pas pour plus de 118 millions au budget de 1881, et sa suppression, même totale, n'aurait qu'un résultat insignifiant sur le prix de revient des denrées agricoles.

Il est des économistes à idées plus larges encore, qui, non contents d'attaquer l'impôt foncier, ne demandent rien moins que la suppression de la rente de la terre. Sans m'attarder à discuter la question au point de vue de la morale et de l'équité, cette réforme, pourtant si radicale, ne serait pas plus efficace que la suppression de l'impôt foncier. Il est facile de démontrer, en effet, que la rente de la terre ne détermine pas le prix de la denrée, mais qu'elle en résulte ; que la suppression du fermage profiterait sans doute au fermier, mais équivaudrait en fait à le substituer au propriétaire évincé.

Les fermiers américains ont sur les nôtres ce premier avantage que, ayant devant eux une étendue illimitée de terres vierges et fertiles, ils ne choisissent probablement que les meilleures, et c'est sur leur rendement qu'ils peuvent calculer le prix de revient de leurs produits. Mais s'ils n'ont que peu ou point de rente à payer, ils ont en revanche à compter sur les frais de transport et de commission nécessaires pour envoyer leurs denrées lutter sur nos marchés. Pour une distance de 10 à 12,000 kilomètres au minimum, tant par terre que par eau, ces frais ne sauraient aller à moins de 7 francs par hectolitre de blé rendu au port de débarquement. Telle est la prime qui, à frais égaux de rendement, devrait constituer la rente ou produit net de la terre, dont propriétaire ou fermier, peu importe, pourrait profiter chez nous. Rapportée à une production moyenne de 25 à 30 hectolitres à l'hectare, qui est celle de nos meilleures terres, cette rente continuera à être de 175 à 200 francs pour ces sols privilégiés. Elle diminuera rapidement avec les sols de qualité moindre, deviendra nulle pour ceux où les frais de culture, s'élevant progressivement à mesure que le rendement décroît, atteindront le chiffre maximum de 20 fr. par hectolitre, que la concurrence étrangère ne permet plus de dépasser.

En résumé, nos bonnes terres pourront plus ou moins difficilement soutenir la concurrence. Les médiocres ou les mauvaises, ne pouvant plus produire qu'à perte, resteront en friche, et cela en admettant même que les procédés de culture soient égaux des deux parts. Or il est aisé de voir qu'il n'en est pas ainsi; que la supériorité du producteur américain ne résulte pas seulement de la faculté qu'il a de ne cultiver que les bonnes terres, mais tout autant des facilités qu'il trouve à réduire ses frais généraux et particuliers de culture, en restant cependant obligé de payer la main-d'œuvre individuelle de l'ouvrier plus cher qu'on ne le fait chez nous. Opérant sur de vastes étendues de terrains à l'état de nature, que la main de l'homme n'a pas arbitrairement morcelés, les Américains ont pu constituer l'usine agricole avec tous les perfectionnements, toutes les simplifications de travail qu'a déjà réalisés chez nous l'industrie manufacturière. Décuplant la force de l'homme qui les dirige, les machines agricoles, employées sur la plus grande échelle, leur permettent d'arriver avec une merveilleuse rapidité à des résultats que nous n'obtenons chez nous qu'au prix de coûteux et pénibles efforts.

Là surtout est la cause de la supériorité du fermier américain, qui lui permet non-seulement de racheter la différence des frais de transport qu'il a à supporter pour atteindre nos marchés, mais encore un surcroît d'économie dans les frais de revient, qui peut rendre toute lutte impossible de notre part. C'est là qu'est le véritable danger qui menace notre production nationale, d'autant plus redoutable que, dans l'état de la propriété chez nous, il paraît plus difficile de le combattre à armes égales.

Au point de vue pratique, comme au point de vue théorique, notre agriculture a sans doute réalisé d'incontestables progrès depuis le siècle dernier ; mais combien les résultats obtenus sont minimes si on les compare à ceux de l'industrie manufacturière, substituant l'usine et son merveilleux outillage au stérile et pénible labeur individuel de l'ouvrier des temps passés ! Le moindre métier de filature, avec ses innombrables broches, file plus de laine ou de lin en un jour que ne pouvait en filer à la quenouille la population féminine d'un village, il y a cinquante ans. Les marteaux-pilons, les laminoirs de nos grandes forges préparent plus de fer que ne pouvaient en ouvrer cent forgerons frappant à tour de bras sur leur enclume primitive.

Nos laboureurs disposent sans doute de meilleures charrues, achetées à meilleur marché. Dans quelques grandes fermes, on a appris à se servir de quelques machines, faucheuses, moissonneuses, batteuses, économisant les trois quarts et parfois plus de la main-d'œuvre. Grâce à ces perfectionnements, l'agriculture a pu se maintenir et payer même des salaires beaucoup plus élevés, sans augmenter notablement ses prix de vente sur les denrées les plus essentielles, telles que le blé, à la condition toutefois d'être encouragée, favorisée, de voir incessamment réduite sa part proportionnelle dans la charge commune des impôts. L'impôt foncier, comme je viens de le rappeler, a été réduit à une somme minime, restitué en fait, sous une autre forme, aux populations rurales ; tandis que les autres impôts s'accroissent d'eux-mêmes, d'autant moins lourds pour ceux qui les supportent qu'ils sont en fait plus élevés.

La cause la plus réelle de cette infériorité relative de notre production agricole, que la concurrence étrangère nous a révélée, qu'on ne saurait lui attribuer, provient uniquement de ce que, si nous avons pu emprunter aux Américains une partie de leur outillage, nous n'avons pu constituer comme eux l'usine agricole, le milieu dans lequel cet outillage doit fonctionner pour pouvoir produire tous ses bons effets.

L'usine manufacturière, si considérable que soit sa production, n'exige qu'une surface de terrain limitée, renfermée dans l'étroite enceinte d'une clôture où l'on peut entasser les productions naturelles d'une province entière et organiser les forces mécaniques nécessaires pour les transformer en produits ouvrés d'un ordre supérieur : minerais en barres de fer ; barres de fer en outils de toute sorte ; laine ou coton en étoffes ; blé en farine ou en pain. L'usine agricole correspondante ne saurait s'adapter dans un aussi faible espace. Elle doit englober toute la surface du terrain à cultiver. Pour qu'elle puisse fonctionner avec toute l'économie possible de frais généraux, dans les meilleures conditions de rendement des machines les plus perfectionnées, il est nécessaire qu'elle embrasse, non les 50 ou 100 hectares de sol morcelé, qui forment en général le domaine de nos plus grandes fermes, mais quelque chose de correspondant à ces vastes exploitations agricoles du nouveau Monde, où des milliers de têtes de bétail paissent en liberté, sous la garde de quelques surveillants, dans des enclos aussi grands qu'une province ; à ces champs de blé sans limite, qui dans les régions de l'ouest-américain produisent des céréales par 10 et 100,000 hectolitres. De pareils résultats de simplification ne sauraient jamais être réalisés chez nous. Nos grandes fermes ne pourront jamais s'en rapprocher que de très loin, et les plus petites exploitations y resteront toujours étrangères.

Pourra-t-on y arriver un jour par l'association, groupant les terres épuisées d'un grand nombre de propriétaires ; supprimant volontairement ces limites enchevêtrées qui morcellent à l'excès notre sol cultivable; fondant en une seule exploitation générale vingt exploitations partielles ? Comme exemple d'association agricole, on pourrait citer les fruiteries de la Suisse et de quelques-uns de nos départements de l'Est. Mais on ne saurait espérer voir de tels résultats se généraliser sur une grande échelle. Quelques propriétaires pourront bien sans doute s'associer pour traiter, conserver ou vendre certains produits agricoles, plus rarement peut-être pour acheter et employer en commun quelque machine perfectionnée d'un prix trop élevé pour chacun d'eux ; mais l'esprit d'association n'ira jamais jusqu'à leur faire abdiquer leur initiative individuelle, les faire renoncer à ce droit absolu du propriétaire, maître chez lui, qui a plus de prix à leurs yeux que le produit même de la propriété.

Supposerait-on d'ailleurs aux propriétaires des sentiments qu'ils n'auront jamais ; que l'association appliquée à la culture même du sol présenterait encore d'inextricables difficultés par l'obligation, qui subsisterait toujours, de tirer un parti quelconque de l'outillage actuel, des bâtiments, chemins, clôtures, digues, canaux, travaux de toute sorte, représentant un capital qu'on ne saurait vouloir sacrifier, qu'on ne pourrait cependant adapter aux exigences d'une culture différente ?

A défaut de l'association directe des propriétaires, on ne saurait guère plus compter sur l'extension du fermage, permettant à un seul exploitant de grouper un grand nombre de parcelles éparses en une seule exploitation, et de leur appliquer des procédés de culture plus simples que ceux qui sont usités de nos jours. La situation de ces fermiers ne prenant la terre qu'à court bail, gênés dans une foule de détails, serait toujours très inférieure à celle des grands producteurs américains, et ils

ne pourraient jamais parvenir à réaliser les mêmes éco-
nomies de frais généraux.

En résumé, de ce qui précède, nous pouvons conclure que nos grandes fermes disposant d'une assez vaste
étendue de bonnes terres pour se servir d'un outillage
perfectionné, pourront continuer la lutte contre la production américaine. Elles auront toujours à leur profit la
différence des frais de transport, représentant une prime
de 7 à 8 francs par hectolitre de blé, suffisante pour
maintenir une valeur locative, ne s'écartant pas trop
du prix de vente actuel. Mais pour les petites exploitations, si nombreuses chez nous, et d'une manière plus
générale pour toutes les terres de qualité inférieure à la
moyenne, les conditions de culture seront de plus en
plus mauvaises, et l'on doit s'attendre à voir revenir à
à l'état de friches incultes ou de vague pâture, celles qui
ne sauraient plus donner de produits rémunérateurs.

Cette situation d'un pays dans lequel le dépérissement
de l'agriculture locale coïncide avec la prospérité la plus
grande en apparence, n'est pas sans exemple. Un fait
analogue s'est produit pour l'Italie au moment de la
plus grande puissance de l'empire romain ; pour l'Espagne, à la suite de la découverte du nouveau Monde.

De nos jours, plus que jamais, à raison des facilités
nouvelles des voies de communication, un peuple qui,
en même temps qu'il exercerait au dehors une grande
prépondérance politique, saurait, par son commerce et
son industrie, se créer de grandes sources de richesses,
pourrait se maintenir longtemps, tout en tirant du dehors
une plus ou moins grande partie des denrées agricoles
nécessaires à son alimentation. C'est ce qui se passe

aujourd'hui plus encore en Angleterre que chez nous.

Cette situation n'en est pas moins dangereuse et nous ne saurions, sans une coupable indifférence, nous résigner à une décadence agricole qui serait probablement, comme elle l'a été pour Rome et pour l'Espagne, le prélude d'une irréparable décadence politique.

Nous devons faire tous nos efforts pour combattre le mal qui nous menace. Nos hommes d'État, nos représentants ne s'y épargnent pas. Sauf le rétablissement des droits protecteurs, que nul n'ose proposer, il n'est pas de dégrèvements, de subventions de toute espèce qu'on ne prodigue à l'agriculture, et cela sans grands résultats.

On ne saurait, en effet, considérer comme bien sérieuse une prospérité factice qui ne repose que sur une exonération des charges budgétaires analogue à celle dont jouit, en fait, l'agriculture aujourd'hui. Pour qu'une industrie soit réellement vivace, il faut non-seulement qu'elle puisse se suffire à elle-même, faire vivre dans une suffisante abondance ceux qui y coopèrent, mais encore concourir au bien-être des autres et supporter largement sa part des charges communes de la société. Or, telle n'est pas la situation actuelle de notre industrie agricole.

On m'accusera peut-être de soutenir un paradoxe, tant les idées du passé ont de force à cet égard ; mais je crois pouvoir avancer que si, du grand propriétaire au dernier des laboureurs, on pouvait faire le compte de chacun en produit et dépense, on arriverait nécessairement à trouver pour cette classe si importante de citoyens qui représente chez nous près des deux tiers de la population, un déficit considérable qui doit être nécessairement comblé par les bénéfices réalisés dans une autre branche de l'activité sociale.

La statistique nous donne d'ailleurs, à cet égard, des chiffres qui, sans avoir une valeur bien rigoureuse, n'en démontrent pas moins ce que je viens d'avancer. Tandis que la population agricole, s'élevant à plus de 20 millions de personnes mettant en œuvre un capital énorme, que l'on ne saurait estimer à moins de 100 milliards, réalise à peine 6 à 7 milliards de produits réels, soit moins de 300 francs par tête, l'industrie manufacturière, occupant au plus 8 millions de personnes, produit 15 milliards, près du double, soit 1.600 francs par tête au lieu de 300.

. Il y a là un état de choses défectueux, une situation fâcheuse contre lesquels il vaudrait mieux chercher à réagir que de s'en dissimuler la gravité. Du moment où une population de plus de 20 millions d'âmes, exclusivement affectée à la production agricole, ne peut assurer notre existence animale à aussi bas prix que le fait en Amérique une population certainement deux ou trois fois moindre, qui, en même temps qu'elle suffit aux besoins d'un peuple déjà plus nombreux que le nôtre, inonde encore nos marchés européens de l'excédant de ses produits : il est évident qu'une telle agriculture est dans une voie mauvaise, qu'il est plus nécessaire de la réformer que de la protéger.

Le but de cette réforme est facile à définir. Il faut produire beaucoup plus, et avec moins de bras. Il ne suffit pas d'augmenter le rendement ; il faut encore que la main-d'œuvre agricole soit mieux rémunérée, et c'est ce qui n'est pas possible chez nous, dans l'état actuel des choses.

La proportion de la population occupée aux travaux des champs varie beaucoup suivant l'état social des peuples. Dans nos vieilles civilisations, qui à leur début n'avaient d'autres besoins, d'autre luxe, que la satisfaction, insuffisante pour le plus grand nombre, des exigeances de la vie animale, cette proportion était très considérable. Tous les bras valides étaient occupés à la culture, l'unique industrie du moment. A mesure que d'autres besoins se créent, de nouvelles industries surgissent, exigeant une main-d'œuvre qui peu à peu est enlevée à la population rurale. Cette transformation s'opère chez nous lentement, bien que beaucoup trop vite, au dire de certains économistes qui déplorent la dépopulation de nos campagnes, faute d'avoir compris que c'est là une des nécessités de notre époque.

Dans les sociétés nouvelles, qui s'organisent de toutes pièces sur un sol vierge, la répartition s'établit d'elle-même sur des bases beaucoup plus rationnelles. La population des villes ne dépasse pas chez nous le tiers de la population totale. Elle est de plus des deux tiers en Amérique et en Australie, et c'est vers cette proportion que nous devons tendre ; je dirai plus: nous devrions la dépasser, si nous ne voulons rester au-dessous de nos rivaux. Les jeunes peuples ayant proportionnellement plus de bonnes terres à leur disposition, l'exploitation agricole leur est indiquée comme l'industrie d'exportation la plus naturelle. Leur population rurale devrait être proportionnellement plus grande. C'est précisément l'inverse qui a lieu ; et des deux parts l'équilibre doit tendre à s'établir.

Nous venons de voir que la supériorité des producteurs américains, assez grande pour compenser les frais énormes du transport de leurs denrées à des distances de 12 à 15,000 kilom., résultait surtout de ce que, libres de

choisir le terrain de leur exploitation agricole et de ne
traiter que les terres naturellement fertiles, ils ont pu
en outre installer leur exploitation, leur usine agricole,
sur des bases assez larges et dans des conditions assez
uniformes pour leur permettre de diminuer les frais généraux et de recourir à des engins perfectionnés, utilisant le mieux possible la main-d'œuvre réduite dont ils
disposent.

Or, n'est-il pas évident que si nous pouvions instantanément jouir des mêmes ressources, trouver chez nous,
sans aller les chercher dans les plaines du Texas ou du
Nouveau-Mexique, d'immenses étendues de terres en
friche, de qualité supérieure, n'attendant que la main
de l'homme pour produire bestiaux et récoltes de toute
sorte, nous saurions en tirer aussi bon parti que nos
concurrents, en nous servant des mêmes procédés de culture, et que, bénéficiant en outre de la prime des frais
de transport, nous pourrions, en fait, fermer notre marché
aux produits étrangers sans recourir aux mesures fiscales de protection auxquelles répugne notre bon sens
économique.

Et ce n'est point là un rêve chimérique, une fantastique utopie. Rien n'est plus facile, plus réalisable que de
faire surgir de nouvelles terres fertiles dans les limites
mêmes de notre pays; en ce sens que, si nous ne pouvons
augmenter la surface mesurable de notre sol, il dépend
de nous d'en changer presque partout la nature, de
supprimer les non-valeurs, de substituer à la plupart des
terres mauvaises ou médiocres que nous nous efforçons,
faute de mieux, de mettre en culture, à grands frais, une
surface égale de terres éminemment fertiles, aptes à
la production de toutes les denrées alimentaires, sur

lesquelles nous pourrons adapter les procédés rapides et économiques de la culture américaine.

Tel est le but de la théorie des Alluvions artificielles, sur laquelle je viens essayer d'appeler à nouveau l'attention du public.

Lorsque je la produisis pour la première fois, à défaut d'objections sérieuses que j'attends encore, il m'en a été fait d'étranges. J'ai entendu des hommes distingués dans la pratique agricole, s'effrayant à l'idée des résultats que je promettais, m'avouer qu'ils déploreraient une transformation qui, substituant des terres fertiles à nos landes désertes, déprécierait les propriétés existantes en leur créant une concurrence ruineuse. Ce raisonnement, renouvelé de celui des maîtres de poste s'opposant à la création des chemins de fer, pouvait à la rigueur se comprendre en se plaçant au point de vue égoïste de ceux qui le formulaient, il y a vingt ans. Mais aujourd'hui les conditions sont-elles les mêmes; cette concurrence que l'on redoutait, dépend-il de nous de l'éviter? Du moment où elle nous vient du dehors, ne vaut-il pas mieux la reporter chez nous? N'est-il pas préférable qu'elle nous soit faite par des producteurs nationaux que par des étrangers; le pays entier n'a-t-il pas à gagner à effacer de son bilan commercial le chiffre énorme des importations de denrées alimentaires qui le grève aujourd'hui?

Même à ce point de vue, la question mérite d'être envisagée plus largement. En dépit des rêveries et des utopies politiques, l'inégalité sociale se maintiendra toujours, à la base comme au sommet de nos institutions humaines. Nous ne saurions le regretter, car cette inégalité

sous toutes ses formes, morales ou matérielles, inégalité
de conditions et d'origines, de fortune et de savoir, d'intelligence et d'aptitude, peut seule entretenir la diversité
de notre existence, alimenter le travail, stimuler l'am-
bition individuelle, et développer le progrès général.

Mais, fort heureusement, l'application de ce principe
d'inégalité n'a rien de tel qu'on doive l'étendre fatalement aux conditions matérielles du sol végétal. Si quelques intérêts privés peuvent désirer le maintien du monopole dont jouissent aujourd'hui celles de nos terres
arables qui en si petit nombre sont naturellement fertiles, l'intérêt général n'en est pas moins fondé à réclamer que ce privilège disparaisse, que la fécondité du
sol soit généralisée sur tout ou partie de notre territoire, si la chose est possible. Notre richesse nationale ne
se mesure pas en effet sur la valeur relative de tel ou tel
capital isolé, mais sur la valeur absolue du capital tout
entier, qui est proportionnelle à la force productive de ce
capital. Elle sera doublée, triplée, si nous doublons et
triplons la surface de nos terres fertiles; et ce résultat, je
me propose de démontrer qu'il ne dépend que de nous
de l'obtenir avec de faibles efforts.

PREMIÈRE PARTIE.

Principes généraux.

CHAPITRE PREMIER.

ESSAI SUR LA THÉORIE DES ENGRAIS.

L'agriculture a pour but essentiel de retirer du sol, directement à l'état de végétaux, indirectement à l'état de bestiaux, les denrées alimentaires propres à la nutrition de l'espèce humaine.

Au point de vue de l'application, l'agriculture est un art très complexe, dont les préceptes pourraient être difficilement codifiés dans un traité technique de peu d'étendue; comportant un grand nombre de méthodes particulières subordonnées aux conditions différentes du sol, du climat et du milieu, aussi bien qu'au mode spécial de développement de chaque végétal; exigeant, par suite, un ensemble de connaissances pratiques qu'une longue expérience peut seule donner.

Au point de vue théorique, au contraire, la science agricole comprenant surtout l'étude générale de l'évolution que les éléments constitutifs des denrées alimentaires subissent en passant tour à tour du règne animal au règne végétal, et *vice versa*, m'a paru pouvoir se formuler en un petit nombre de principes précis que je crois devoir reproduire au début de cette étude.

Si cette digression théorique n'est pas rigoureusement indispensable à l'intelligence du sujet tout spécial que j'ai surtout l'intention de traiter, elle s'y rattache cependant de trop près pour lui être étrangère.

I.

Les végétaux puisent dans le sol par leurs racines, dans l'atmosphère par leurs feuilles, les principes nécessaires à leur développement.

Ces principes nutritifs des végétaux peuvent se subdiviser en trois classes que je nommerai *indispensables*, *alimentaires* et *accessoires*.

Les substances *indispensables*, sans lesquelles on ne saurait comprendre l'existence d'un végétal, sont l'oxygène, l'hydrogène et le carbone, intervenant surtout à l'état d'eau et d'acide carbonique, qui, directement ou indirectement, proviennent de l'atmosphère.

L'eau entre à deux états différents dans l'organisme végétal. A l'état naturel de simple hydratation, elle constitue les trois quarts du poids des végétaux dans leurs parties herbacées ; à l'état de combinaison avec le carbone, elle forme la majeure partie des tissus ligneux et des substances amylacées ou sucrées. Elle est, en outre, le véhicule nécessaire des autres éléments constitutifs.

A ce triple titre, l'eau est indispensable au développement de la végétation. Un sol qui n'en serait pas suffisamment pourvu par les pluies, ou des irrigations artificielles à leur défaut, passerait graduellement à cet état de complète stérilité dont le désert du Sahara est pour nous le type final.

L'acide carbonique n'est pas moins indispensable que

l'eau au développement de la végétation. Mais dans les conditions normales existant en tous lieux, uniformément diffusé dans l'atmosphère à la proportion de 1/10.000, il se trouve toujours en quantité suffisante.

A la condition d'être suffisamment pourvu d'eau, un sol peut produire certains végétaux appropriés à ses conditions physiques, par la seule assimilation de l'acide carbonique de l'air. Telles sont beaucoup d'espèces forestières qui, poussant dans les fentes des rochers ou à la surface d'un sable inerte, atteignent de très grandes dimensions en fixant d'énormes quantités de carbone.

Les principes *alimentaires* sont ceux qui, devant finalement servir à la nutrition des espèces animales et leur fournir les éléments constitutifs de leur organisme, doivent se retrouver à un certain état de préparation dans les végétaux comestibles, dont la production est le but le plus essentiel de l'agriculture. Ces principes alimentaires sont au nombre de trois seulement, savoir :

La *protéine*, substance azotée toujours chimiquement semblable à elle-même, qui, à des états différents, se retrouve dans les végétaux comme dans les animaux, passant d'un règne à l'autre par des transformations isomériques, constituant la majeure partie des tissus musculaires et des substances molles ou cartilagineuses dans l'organisme animal ;

L'*acide phosphorique*, qui, à l'état de phosphate de chaux, constitue la majeure partie de la charpente osseuse de l'animal ;

Les *substances grasses* enfin, de composition diverse, qui unies parfois à une faible proportion d'azote sont presque exclusivement composées de carbone et d'hydrogène.

De ces trois substances, la première seule, lorsqu'elle ne se trouve pas directement dans le sol à l'état d'engrais emmagasiné, peut être fournie en quantité plus ou moins grande par l'air atmosphérique à l'état d'éléments solubles ou volatils.

L'acide phosphorique, dont les combinaisons sont rarement volatiles, doit nécessairement provenir du sol, à moins qu'il ne soit apporté du dehors par les fumures ou les eaux d'irrigation.

Les substances grasses, essentiellement composées d'hydrogène et de carbone, doivent être considérées comme provenant d'une transformation des principes dits indispensables, qui s'opère sous l'action de certaines influences chimiques surtout déterminées par la présence des substances accessoires, dont j'aurai à parler tout à l'heure. Les substances grasses élaborées par le végétal peuvent être directement assimilées par l'animal. Mais la relation inverse ne paraît pas vraie. Des déjections animales, elles ne retournent pas, directement et sans décomposition préalable, au végétal. Si on peut les placer au rang des aliments, on ne saurait les considérer comme un engrais.

En résumé, pour entretenir la fertilité d'un sol, c'est-à-dire la possibilité de produire en quantité suffisante des végétaux comestibles, il est indispensable de lui restituer tout l'acide phosphorique et une partie de la protéine qui lui sont enlevés pour les récoltes.

Ces deux substances sont donc les engrais par excellence, les seuls, à vrai dire, que l'on devrait se préoccuper de fournir au sol si, les produits de ce sol étant employés sur place à la nutrition animale, on lui restituait à mesure tous les déchets et toutes les déjections que les animaux n'auraient pas absorbés dans leur organisme.

Les principes que j'appelle *accessoires* sont certains sels minéraux, tels que la potasse, la soude, la magnésie, la silice, qui, n'entrant que pour une très faible part dans la constitution des organismes animaux, n'en sont pas moins nécessaires au développement de la production végétale.

Ces principes, s'accumulant surtout dans les parties des végétaux les moins directement utilisables, dans les feuilles plus que dans les fruits, dans les pailles plus que dans les grains, se retrouvent presque en totalité dans les déchets végétaux, qui, naturellement et d'eux-mêmes en quelque sorte, retournent au sol par les fumiers d'une ferme bien tenue.

Dans les conditions particulières de l'hypothèse, où je me suis déjà placé, d'une exploitation agricole n'exportant que des produits animaux, ces principes accessoires peuvent être considérés comme constituant un fonds de roulement toujours le même, qui, une fois complet, ne saurait éprouver de déperdition sensible.

Si cette condition n'est pas remplie, si certains produits agricoles sont exportés à l'état naturel de grains et de fourrages ; si, bien plus encore, les déchets ou résidus, feuilles, marcs ou pulpes, sont vendus au lieu d'être consommés dans la ferme, ce fonds de roulement des substances accessoires tend à diminuer ; et si les ressources minérales du sol ne peuvent y pourvoir indéfiniment, l'appauvrissement peut devenir tel qu'il faille y suppléer par des apports étrangers de potasse, de chaux, de silice, d'alumine, de magnésie, analogues à ceux que

nous avons vus être nécessaires pour l'acide phosphorique
dans le cas particulier d'une exploitation de produits purement animaux.

II.

Nous venons de voir quel est le rôle général des divers éléments constitutifs de la production végétale. J'ai
cru devoir les diviser en trois classes, dont la première
provient exclusivement de l'atmosphère, la troisième du
sol. Les deux substances de la seconde classe, que j'ai
dites alimentaires, se comportent à cet égard différemment l'une de l'autre. L'acide phosphorique, de même
que les substances accessoires, provient exclusivement
du sol. Sa plus ou moins grande abondance doit donc
être subordonnée à la composition chimique essentiellement variable de ce sol. La protéine, au contraire,
participant, à ce point de vue, des substances indispensables, tire, comme elles, sa première origine de l'atmosphère, dont la constitution peut être considérée comme
sensiblement constante en tous lieux.

Par ces motifs, la protéine est, parmi les engrais proprement dits, la seule substance dont la production naturelle puisse être rapportée à des lois générales et constantes, et c'est sur elle que nous devrons plus particulièrement nous arrêter dans cette étude.

Je viens de dire que la protéine pouvait être reconstituée dans une certaine mesure par les apports de l'atmosphère. Le fait est incontestable, mais on n'est pas
toujours d'accord sur ce mode de reproduction. Certaines
personnes, se basant sur la grande quantité d'azote que
contiennent les récoltes successives de certaines plantes,

des légumineuses par exemple, sans que le sol paraisse en être épuisé, ont admis que ces plantes jouissaient de la propriété de fixer directement l'azote de l'air. Rien n'est moins démontré que cette hypothèse. Du moment où l'on reconnaît que, pour le cas le plus général, l'azote absorbé par les plantes doit se trouver dans un état préalable de combinaison chimique, rien n'empêche de généraliser ce principe. Dès que l'on admet la nécessité d'une certaine réserve d'éléments protéiques dans l'atmosphère, il est tout naturel de comprendre que, suivant leur espèce, certaines plantes puissent y puiser plus abondamment que d'autres. Telle est probablement la cause principale de l'action améliorante reconnue aux légumineuses, bien que cette action, caractérisée surtout par une accumulation superficielle de protéine, puisse être attribuée en partie aux longues racines de ces plantes pivotantes qui iraient puiser, pour le ramener à la surface, l'engrais protéique enfoncé par les eaux dans les profondeurs du sous-sol.

J'admettrai donc que, pour tous les végétaux sans exception, la protéine n'est fournie par l'atmosphère qu'à l'état de combinaisons chimiques déjà formées, produits nitreux ou ammoniacaux qui seraient diffusés dans l'atmosphère au même titre que l'acide carbonique, mais en proportion infiniment moindre, ce qui limiterait notablement la faculté d'absorption que chaque espèce végétale peut exercer sur cette réserve commune.

J'appellerai engrais naturel ou normal et désignerai par la lettre a cette quantité de protéine ou de produits azotés correspondants que l'atmosphère peut annuellement fournir au sol par hectare de surface. Mais il est bien entendu que cette quantité n'a rien de constant, qu'elle dépend, dans une certaine mesure, des influences atmosphériques et bien plus encore de la nature et de la durée des cultures, chaque végétal pouvant être considéré comme absorbant chaque jour dans l'atmosphère, par une action chimique ou physique, peu importe, une quantité d'éléments protéiques proportionnée à l'étendue de son appareil foliacé. Ce point de départ n'est pas une pure hypothèse, mais un fait qui me paraît avoir été parfaitement démontré par un récent Mémoire de M. Schneider.

M. Barral, que je suis heureux de prendre pour guide en cette matière, a établi que cette quantité a d'éléments protéiques était, en particulier pour le froment, équivalente à ce que représente une récolte annuelle de 9 hectol. de blé, soit environ 700 kilogr. de grain contenant en moyenne 100 kilogr. de protéine.

Cette quantité sera, toutes choses égales d'ailleurs, beaucoup plus grande pour une production fourragère se développant pendant une durée beaucoup plus longue, avec un appareil foliacé à surface beaucoup plus étendue. Mes observations particulières me portent à penser que dans nos régions méridionales elle pourrait correspondre, pour les prairies arrosées, à la production de 2,000 kilogr. de fourrage sec, représentant dans sa composition moyenne environ 200 kilogr. de protéine, soit le double d'une récolte de froment. Peut-être même faudrait-il admettre un chiffre encore plus élevé pour certains fourrages tels que la luzerne, lorsqu'elle est bien arrosée, dans un bon sol.

Ces points de départ admis, prenons, par hypothèse, le cas d'une prairie naturelle suffisamment arrosée avec des eaux d'irrigation complètement inertes, à défaut d'une

quantité suffisante d'eau pluviale, d'ailleurs convenablement pourvue, par la nature du sous-sol, d'acide phosphorique, de potasse et autres substances minérales
accessoires.

Admettons qu'on coupe et recoupe rigoureusement à
l'état de foin et de regain toute l'herbe produite, sans
importation d'engrais azotés, sans introduction d'aucun
animal dans le pâturage: la production annuelle se maintiendra uniformément à 2,000 kilogr. de fourrage sec,
tant que persistera la réserve de phosphate et autres
principes minéraux accessoires.

Supposons au contraire que ce même fourrage, au lieu
d'être exporté, soit consommé dans la ferme, séparément
et exclusivement par un nombre d'animaux convenable,
et que leurs déjections soient intégralement restituées à
l'état de fumier au sol de la prairie. L'observation permet d'admettre comme résultat moyen que des animaux
de bonne venue, en état de croissance moyenne, gagnent
en poids vif un vingtième du poids des fourrages qu'ils
consomment, ce qui représente à peu près le dixième de
la protéine contenue dans ce fourrage [1]. Les neuf dixiè-

---

[1] Pour les calculs qui vont suivre, j'admettrai les chiffres de comparaison ci-après, qui, sans vouloir leur attribuer un degré d'exactitude
rigoureuse que le sujet ne comporte pas, me paraissent assez bien représenter les quantités proportionnelles de protéine et d'acide phosphorique que contiennent moyennement 1,000 kilogrammes des matières animales ou végétales suivantes :

	Protéine.	Acide phosphorique.	Eau.	Autres substances.
Animaux vivants....	200	15	750	35
Foin de prairie......	100	10	150	740
Blé (froment).......	150	10	150	690
Autres grains (orge, avoine, seigle, etc.)	100	8	150	742
Tourteaux (moyenne).	350	20	130	500
Paille..............	20	2	150	828

mes de la protéine du fourrage retourneront donc à l'engrais ; et l'année suivante, s'ajoutant à l'engrais naturel, produiront une quantité de foin qui ne correspondra plus à a, mais à $a\left(1+\frac{9}{10}\right)$, soit 3,800 kilogram. au lieu de 2,000.

En recommençant la même opération, la production végétale s'accroîtra encore des neuf dixièmes de cette dernière quantité pendant la troisième année, et correspondra à un coefficient protéique égal à :

$$a\left(1+\frac{9}{10}+\frac{81}{100}\right)$$

et il est aisé de voir que le produit du fourrage annuellement récolté et consommé par un bétail spécial, ira en croissant suivant la somme des termes indéfinis d'une progression géométrique décroissante, dont la raison serait 9/10. Le nombre des termes d'une telle progression est indéfini, mais leur somme ne saurait jamais dépasser une limite finale qui, dans le cas particulier qui nous occupe, est égale à 10. En d'autres termes, la production végétale ira s'accélérant d'année en année, en se rapprochant d'une limite de 20,000 kilogrammes de fourrage sec, qu'elle ne saurait dépasser, et dans l'hypothèse de laquelle la production animale en viande sur pied correspondrait exactement à la protéine de l'engrais normal, soit à 1,000 kilogrammes de viande contenant 200 kilogrammes de protéine.

Dans ces deux hypothèses extrêmes d'une prairie constamment épuisée de fourrages sans addition d'aucun engrais, et d'une prairie qui reconstituerait intégralement les déjections des animaux nourris avec son propre

fourrage, le produit annuel sera donc représenté, dans
le premier cas, par 2,000 kilogrammes de fourrage
d'une valeur moyenne de 160 francs au plus, couvrant
à peine les frais de récolte et d'entretien ; dans le second
cas, par 1,000 kilogrammes de viande sur pied, d'une
valeur de 800 francs au moins.

C'est à tort du reste que l'on objecterait à l'exactitude
de ce calcul théorique que je n'ai pas tenu compte de
la déperdition des engrais par l'évaporation atmosphérique. Cette déperdition, parfois très considérable, il est
vrai, dans les fermes mal tenues, peut être atténuée
par l'emploi convenable d'amendements habituellement
employés, tels que le sulfate de chaux et les phosphates
acides qui fixent les produits volatils du fumier. Elle est
d'ailleurs largement compensée par l'accroissement de
valeur du coefficient d'engrais normal a, qui n'est pas
constant, mais augmente au contraire à raison du développement des parties herbacées du fourrage.

Je crois donc exact de dire que, suivant qu'il vendra
ses fourrages ou les emploiera sur place à la nourriture
du bétail, le propriétaire qui ne comptera que sur l'engrais naturel recevra, dans le premier cas, 160 francs au
plus pour la vente nette de 2,000 kilogrammes à 8 francs
les 100 kilog. ; dans le second cas, 800 francs au moins
en viande sur pied pour la consommation effective de
20,000 kilogrammes de fourrage sec, qui, en apparence,
ne lui seraient payés, par l'élevage, qu'à moitié prix, soit
4 francs au lieu de 8 francs les 100 kilogrammes, s'il
voulait dans ses livres de compte les faire figurer à leur
valeur vénale.

Ces deux cas extrêmes se rapportant, le premier plus
particulièrement aux habitudes agricoles du Midi, dans

lesquelles le propriétaire s'efforce de vendre. le plus possible de fourrages en nature ; le second, aux exploitations agricoles du Nord et du Centre, dans lesquelles les fourrages sont à peu près exclusivement consommés sur place et le plus souvent en vert sur le pré, la comparaison que je viens d'établir me paraît résumer les termes de la discussion qui s'est si souvent élevée sur le plus ou moins de nécessité de faire intervenir les engrais industriels dans l'agriculture. Dans les pays herbagers de la Normandie, où le bétail est presque toute l'année au pâturage, où l'on récolte relativement peu de foins et encore moins de regains, la fertilité des prairies s'entretient par les déjections des animaux qu'elles nourissent directement pendant plusieurs mois, sinon pendant toute l'année. Dans le Midi, au contraire, où les prairies sont constamment épuisées par trois ou quatre coupes successives de fourrages, le rendement cesserait d'être rémunérateur s'il n'était incessamment entretenu par des apports d'engrais de provenances diverses. Toute la question est de savoir à quel prix reviennent ces engrais, s'ils sont relativement moins coûteux que ceux que l'on obtiendrait en transformant directement le fourrage en viande sur pied. J'y reviendrai. Je tiens seulement à prouver que les termes extrêmes du calcul que je viens de faire n'ont rien d'exagéré et correspondent au contraire à des faits pratiques positifs.

Dans les bons herbages de Normandie, où les bœufs à l'engrais se succèdent indéfiniment à raison de deux ou trois, d'un poids moyen de 2,000 kilogrammes, par hectare, paissant toujours sur le même sol, la consommation annuelle doit atteindre et même dépasser l'équivalent de 20,000 kilogrammes de fourrage sec dans l'année. Mais c'est toujours la même protéine accumulée et sans cesse reconstituée, qui tour à tour sort du sol à l'état de fourrage frais, ou y retourne à l'état de déjection animale.

Que les méthodes d'exploitation méridionale soient appliquées à de semblables prairies ; qu'on les interdise à tout bétail et que chaque année on les coupe et recoupe impitoyablement à l'état de foins et regains, sans restituer aucun engrais, et l'on verra la production annuelle s'abaisser rapidement à la limite inférieure de 2,000 kilogrammes de fourrage qui m'a servi de point de départ. Il n'est d'ailleurs aucun propriétaire qui n'ait pu reconnaître, chez lui ou chez d'autres, que sur les meilleurs terrains, les prairies arrosées avec des eaux inertes, sans engrais, ne donnent pas davantage. En revanche, j'ai constaté chez moi, sur des terrains au-dessous du médiocre, qu'une riche fumure, abondante en phosphates, pouvait donner jusqu'à 10,000 et 12,000 kilogrammes de fourrage en première coupe, soit certainement plus de 20,000 kilogrammes pour l'ensemble des quatre ou cinq coupes que l'on peut faire annuellement sous notre climat.

III.

Nous venons de voir quels résultats on doit théoriquement attendre de l'intermédiaire des cultures fourragères, pour transformer intégralement en viande sur pied la protéine naturellement fournie par l'atmosphère. Faisons le même calcul pour une culture différente, celle des grains, ou plus particulièrement du blé, pour mieux préciser la question.

Nous supposerons, pour point de départ, que, la cul-

ture de cette céréale se renouvelant indéfiniment sur le
même sol, les produits, au lieu d'être exportés, soient
intégralement et exclusivement consommés sur place par
des animaux aptes à les profiter, des porcs par exemple,
et que la totalité des déjections animales, pailles comprises, soient à mesure restituées au sol, dont elles accroî-
tront progressivement la fertilité. Le même phénomène
d'accumulation se reproduira, mais avec des coefficients
numériques différents. D'une part, nous avons vu que
la quantité de protéine recueillie par le blé ne pouvait
être portée à plus de moitié de celle des fourrages, à 100
kilogrammes par hectare au lieu de 200. D'autre part,
la proportion assimilée par des animaux ou, pour mieux
dire, leur gain en poids vif, est sensiblement plus considérable pour les grains que pour les foins, à raison du
plus haut degré d'élaboration des substances alimentaires
et de la plus forte proportion de matières amylacées susceptibles de se transformer en graisse, existant dans les
céréales. Nous avons admis que l'augmentation de poids
vivant, acquis par des animaux exclusivement nourris de
fourrage, correspondait à un dixième de la protéine in-
gérée. Nous resterons dans le vrai, je pense, en admettant que cette proportion pourrait s'élever à un sixième
pour des animaux qui seraient uniquement nourris de
blé ; si tant est qu'il s'en trouve qui pourraient s'accom-
moder pratiquement de ce mode d'alimentation exclusive.

Sur ces bases, l'hectare de terrain cultivé en blé, qui la
première année n'aurait donné que 9 hectolitres, soit
700 kilogrammes, en fournirait :

$$\text{la 2}^e \quad 700 \text{ kil. } \left(1 + \frac{5}{6}\right) = 1,267 \text{ kilog.}$$

$$\text{la 3}^e \quad 700 \text{ kil. } \left(1 + \frac{5}{6} + \frac{25}{36}\right) = 1,769 \text{ kilog.}$$

et ainsi de suite, suivant la somme des termes d'une progression géométrique dont la limite extrême serait égale à 700 $\times$ 6, soit 4,200 kilogrammes ou 52 hecto-litres.

Ce résultat final de 52 hectolitres n'a rien d'inadmissible sur des terres fumées à outrance. Il n'a jamais, que je sache, été obtenu chez nous d'une manière régulière, mais il a été souvent atteint et même dépassé en Angleterre.

Arrivé à ce terme extrême de 52 hectolitres de production annuelle, la viande sur pied transformée représenterait une production également annuelle de 100 kilogrammes de protéine correspondant à 500 kilogrammes de viande exportable. Le résultat serait en apparence, comme on devait s'y attendre, de moitié inférieur à celui des fourrages, et, de plus, les frais de culture et de récolte de 52 hectolitres de blé seraient infiniment supérieurs à ceux de l'utilisation de 20,000 kilogrammes de fourrage que les bestiaux récoltent eux-mêmes au pâturage.

Cette double circonstance explique suffisamment que nous ne puissions trouver dans la pratique agricole, comme nous l'avons trouvé dans la culture fourragère, des exemples de ce mode théorique d'exploitation qui consisterait à transformer directement en viande sur pied des récoltes successives de céréales.

Un propriétaire pourra, à la rigueur, comprendre qu'il peut être préférable pour lui de faire consommer au prix de 5 à 6 francs son fourrage sur place par des bestiaux, que de le vendre 8 francs à l'état de fourrage sec. Mais il serait plus difficile de lui persuader qu'il trouverait des avantages analogues à faire consommer par des bestiaux qui ne le lui payeraient qu'à raison de 10 francs l'hectolitre, du blé engrangé qu'il trouverait à vendre de 20 à 25 francs sur le marché.

Dans la pratique, d'ailleurs, bien que le fait ait été, dit-on, réalisé en Angleterre avec des engrais chimiques, il serait impossible de cultiver indéfiniment blé sur blé sur un même terrain, avec des engrais de ferme ordinaires. Il faut, en effet, tenir compte des germes de plantes adventices que contiennent ces derniers engrais, et qui ne tarderaient pas à étouffer les céréales si l'on n'avait soin d'alterner les cultures.

Je n'ai donc indiqué un résultat théoriquement possible que pour poser les limites extrêmes entre lesquelles doivent se trouver les vrais termes de la pratique agricole, qui ne procède pas par cultures exclusives, mais associe plus ou moins heureusement des cultures diverses successives.

IV.

Bien des personnes se font encore une très fausse idée de l'engrais, le considérant comme une matière exerçant une sorte d'action de présence, pouvant pendant un temps plus ou moins long activer la fertilité naturelle du sol, stimuler ses forces productives. Ce n'est point ainsi que les choses se passent. Le sol n'est pas l'agent direct et suffisant, mais l'intermédiaire indispensable de la production, le creuset dans lequel s'élabore et se transforme en végétaux utiles l'engrais qu'il contient ou qu'il reçoit de sources diverses. Sous sa double forme de protéine et d'acide phosphorique, l'engrais est en réalité une substance toujours chimiquement identique à elle-même, qui tour à tour passe en partie du végétal à l'animal par la nutrition, en totalité du bétail au végétal par le bon emploi des déjections animales, qui sont et seront toujours, si l'on va au fond des choses, la véritable source des engrais intensifs venant en aide à l'insuffisance de l'engrais naturel. Ce dernier, tout au moins pour son élément principal, la protéine, provient directement de l'atmosphère à raison de 100 à 200 kilogrammes de protéine annuelle par hectare suivant l'espèce végétale cultivée ; mais cette quantité est très inférieure à la puissance de travail du creuset, qui, s'il est convenablement dirigé, peut élaborer et transformer six à dix fois plus d'engrais.

Sous ce rapport, je crois qu'il serait exact de définir l'agriculture: l'art de manœuvrer le creuset végétal pour en retirer le maximum de rendement, l'art de transformer, par l'intermédiaire du sol, en produits végétaux comestibles et assimilables, le plus possible de déchets végétaux et de déjections animales résultant d'une alimentation précédente. C'est sur ces bases qu'il faut s'appuyer pour juger du rôle des engrais et apprécier leur véritable valeur agricolo.

Pour ceux de mes lecteurs, peu habitués aux termes et aux équivalences des formules chimiques, qui auraient quelque répugnance à suivre des calculs d'apparence algébrique, je préciserai la question sous une forme plus simple, par un exemple pratique. Un propriétaire achète 100 jeunes porcs du poids moyen de 20 kilogrammes, au prix de 30 francs l'un, soit 3,000 francs. Il les nourrit pendant dix mois ou un an de grains, de tourteaux et autres produits végétaux achetés au dehors au prix de 12,000 francs. Si l'opération a bien réussi, chacun d'eux a pu gagner 100 ou 120 kilogrammes de poids et vaut

par suite à la vente 150 francs, soit 15,000 francs pour
l'ensemble. Le produit immédiat de l'opération étant égal
à la dépense, il faudrait bien se garder d'en conclure que
le résultat sera nul pour le propriétaire. L'analyse chimique indique en effet que, pour que ce résultat soit obtenu,
il suffit que les animaux se soient assimilé un sixième au
plus de la protéine et des phosphates qu'ils ont absorbés.
Les cinq sixièmes restants se retrouveront forcément à
l'état de déjections animales dans les fumiers, susceptibles de reproduire par un judicieux emploi une quantité
de produits identiques aux aliments ingérés, d'une
valeur de 10,000 francs. Admettons que les frais d'exploitation de toute nature, tant à la porcherie que dans
les champs, absorbent la moitié de cette somme, il n'en
restera pas moins un bénéfice net de 5,000 francs, représentant la valeur réelle et effective du fumier produit.
   Ce que je viens de dire de la nourriture du porc pourrait également s'appliquer à celle du bœuf et du mouton,
avec cette différence que pour ceux-ci la proportion de
substances assimilées n'est plus d'un sixième, mais d'un
dixième à peu près. Suivant qu'il s'agira de l'une ou de
l'autre espèce animale, je crois qu'on pourrait admettre
en principe que dans une bonne comptabilité agricole on
devrait évaluer l'engrais de cinq douzièmes à neuf vingtièmes de la valeur vénale des aliments, ou, ce qui revient
au même, faire subir une réduction proportionnelle au
prix des substances alimentaires achetées au dehors ou
provenant de la ferme, peu importe, pourvu qu'elles y
soient consommées, en ne les comptant que pour les
sept douzièmes ou les onze vingtièmes du prix de vente.
Ainsi, pour les fourrages, un propriétaire n'aura pas plus
d'avantages à les vendre 8 francs les 100 kilogrammes

qu'à les faire consommer par son bétail, qui en lait ou
en viande ne les lui payera que 4 fr. 40. Les grains ou
tourteaux achetés au dehors 15 francs les 100 kilogram.
ne devront pas être portés à plus de 8 fr. 75 en consommation.

V.

Tout en indiquant que l'engrais, tel que je l'ai défini,
était double, qu'il se composait à la fois de protéine et
de phosphate de chaux, j'ai surtout fait porter mes rai-
sonnements sur un seul de ces éléments, la protéine. La
même argumentation pourrait, jusqu'à un certain point,
s'adapter au phosphate de chaux assimilable, avec cette
différence que, provenant dans sa source naturelle d'une
lente désagrégation des phosphates minéraux existant
dans le sol, il ne saurait être considéré comme devant
avoir en chaque lieu le même coefficient de progression
annuelle. Si certains champs en contiennent naturellement une quantité assez considérable pour qu'on puisse
la considérer comme illimitée, beaucoup d'autres, au
contraire, n'en renferment que des proportions très res-
treintes, et leur insuffisance, si l'on n'a soin d'y remédier, pourrait complètement enrayer et dénaturer cette
loi de l'accroissement des substances protéiques que j'ai
dite être le caractère essentiel de la culture, basée sur
l'emploi exclusif des ressources naturelles. Ainsi s'expliquent les résultats prodigieux que l'on obtient, souvent
au début, de l'application des superphosphates, parfois
même des phosphates fossiles, sur des terrains qui, en
étant naturellement privés, se trouvaient au contraire
pourvus d'une grande réserve de protéine. A cet égard,

d'ailleurs, il sera bon d'établir une distinction entre les deux éléments essentiels de l'engrais alimentaire, et de faire plus ou moins intervenir l'introduction des phosphates étrangers, non-seulement d'après la composition connue du sol, mais encore d'après la nature des produits animaux ou végétaux à exporter.

S'il s'agit d'un sol essentiellement pauvre en phosphatés, comme les sables des Landes, de la Sologne ou de tant d'autres régions qui en sont naturellement dépourvues, toute production agricole de végétaux comestibles est radicalement impossible sans une large et préalable importation de phosphates.

S'il s'agit d'un sol en état de culture régulière, contenant un fonds de roulement d'engrais suffisant, mais n'ayant en lui-même que peu d'éléments phosphatés susceptibles de réparer ses pertes, l'introduction des phosphates devra être graduée suivant la nature des produits exportés.

Pour des produits identiques, reposant sur un même sol et se reconstituant par la totalité des déjections des animaux qu'ils nourrissent, les phosphates seront inutiles ou deviendront indispensables suivant que, dans le premier cas, la prairie ne servira, comme les bons herbages de Normandie, qu'à l'engraissement de bestiaux adultes ayant leur appareil osseux au complet ; ou que, dans le le second cas, elle devra servir à l'élevage de jeunes animaux ou de vaches laitières devant donner lieu à l'exportation de substances phosphatées.

Ce que je viens de dire des phosphates s'applique au même titre aux principes que j'ai qualifiés d'accessoires, qui, bien que n'étant pas des engrais proprement dits, puisqu'ils ne sont pas retenus par la nutrition animale, n'en sont pas moins indispensables au développement de la végétation et devraient être fournis au sol s'ils lui manquaient naturellement, ou si un mode d'exploitation inintelligent les lui avait fait perdre.

Telle est, par exemple, la potasse qui se trouve en général en quantité assez abondante dans le sol, qui dans le phénomène naturel de la végétation s'accumule surtout dans les pailles, les siliques, les pulpes et autres déchets végétaux. Ce principe minéral, retournant naturellement au sol par les engrais, ne subira qu'une perte insignifiante dans une exploitation agricole qui consommera tous ses fourrages, réservera toutes ses pailles et ses pulpes, n'exportera que de la viande sur pied, et au pis aller des céréales en grains.

Mais s'il s'agit au contraire d'une exploitation agricole incomplète, comme nous en voyons un si grand nombre; d'un propriétaire vendant ses pailles et ses fourrages dans le Midi, ne restituant pas à ses engrais les pulpes de ses betteraves ou les siliques et les tourteaux de ses colzas dans le Nord, l'appauvrissement du sol en potasse peut se produire très rapidement et entraîner une infertilité si l'on n'y supplée par l'intervention d'engrais spéciaux.

En dehors de ces principes minéraux, que j'ai appelés accessoires, qui exercent surtout une action de présence en agriculture, qui dans les conditions ordinaires d'une bonne exploitation se maintiennent toujours les mêmes sans déperdition sensible dans le sol, l'engrais réellement alimentaire est une substance parfaitement définie, toujours la même, qui par une incessante évolution passe tour à tour du végétal à l'animal et de l'animal au végétal, par l'intermédiaire du fumier.

Pour mieux faire comprendre par une image cette évolution de l'engrais, je pourrais la comparer à celle d'une roue qui tourne, entraînant sur sa circonférence cette substance uniforme, ce composé de protéine et de phosphate de chaux, lui assignant tour à tour des valeurs marchandes très diverses, suivant la hauteur verticale correspondante d'un même point de la roue au-dessus du sol. Tout l'art de l'agriculteur, dans le choix et l'emploi de son engrais, devra consister à le mettre au point le plus bas de la roue et à l'en retirer pour le vendre au point le plus haut possible.

Transformer par les méthodes de culture, aidées dans ce cas de quelques agents chimiques, la carcasse d'une bête morte dont la peau paye le prix d'achat, en une bête vivante, bœuf ou cheval, valant de 80 à 200 francs les 100 kilogrammes ; mettant l'engrais à la base de la roue pour le retirer au sommet, sera toujours en pareil cas l'idéal de la spéculation agricole.

Transformer par l'élève du bétail 100 kilogrammes de tourteaux qui coûtent 15 francs en 150 kilogrammes de viande sur pied à 80 francs les 100 kilogrammes, sera également une spéculation très fructueuse.

Faire fournir aux mêmes tourteaux, directement employés comme engrais, 200 kilogrammes de blé d'une valeur de 50 à 60 francs, sera une opération laissant encore d'assez belles marges de bénéfice pour qu'on puisse y recourir.

Mais employer, comme je le vois faire en beaucoup d'endroits, ces tourteaux en fumier sur une prairie, pour en retirer au maximum 300 kilogrammes de foin d'une valeur moyenne d'une vingtaine de francs, à peine supérieure au prix d'achat de l'engrais, est une opération

déplorable qui ne pourra jamais donner de résultats rémunérateurs.

VI.

La formule générale que je viens de poser sur le rôle
des engrais en agriculture est sans doute loin d'avoir
toute la précision désirable quant à la valeur réelle de
ses coefficients numériques ; mais je la crois rigoureusement vraie dans son cadre essentiel, et, telle qu'elle est,
elle me paraît suffisante pour permettre de classer et
de comparer les divers modes de culture employés en
différents lieux.

La culture sera *intensive* lorsque, opérant sur une surface restreinte, on se proposera de faire travailler le creuset végétal au maximum de son rendement possible, en
suppléant, par l'adjonction d'un surcroît d'engrais étrangers, à l'insuffisance de l'engrais normal que le sol ou
l'atmosphère peuvent fournir. C'est dans ces conditions
seulement qu'on pourra espérer arriver à ce maximum
de rendement de 20,000 kilog. de fourrage, de 50 hectolitres de blé à l'hectare, qu'on peut réaliser dans des
conditions de climat favorables, mais que le meilleur sol
ne pourrait produire à beaucoup près avec ses ressources
d'engrais naturelles.

La culture sera *extensive* lorsque le producteur, libre
de disposer à son gré de vastes surfaces, sans obligation
de les mettre toutes en valeur à la fois, se préoccupant
moins d'obtenir un rendement brut maximum que de
réaliser le plus grand revenu net possible, avec des
ressources de mains-d'œuvre limitées, laissera tour à tour
l'engrais normal s'accumuler par la jachère sur les diver-

ses parties de son domaine , ne traitant annuellement que celles qui sont en état de lui donner de bons produits avec peu de frais.

Entre ces deux extrêmes se place naturellement la culture qu'on peut appeler *normale*, usitée dans les pays où la population rurale est assez dense pour que la main-d'œuvre ne puisse faire défaut ; dans laquelle on s'efforce de retirer le maximum de produit net, en utilisant du mieux possible, sans perte ni gain, la totalité de l'engrais normal exportable que les conditions du sol et de l'atmosphère permettent de reproduire annuellement.

Le mode d'opérer, l'assolement habituel de ce genre de culture, reposent en général en chaque lieu sur des bases peu variables, qu'une longue pratique a empiriquement déterminées et dont il serait assez difficile de s'écarter.

Dans le cas le plus habituel des terres arables bonnes ou médiocres, mais de nature sensiblement uniforme, la surface du sol est répartie en trois zones de production, de surfaces égales : un tiers en prairies permanentes ou pâturages réservés exclusivement à la nourriture du bétail ; un tiers en céréales d'exportation ; le dernier tiers enfin en produits accessoires, prairies artificielles ou cultures de grains grossiers servant à la nourriture du bétail, associés à certaines cultures industrielles , colzas, betteraves, lins, qui, si on n'exporte que leur produit essentiel, huile, sucre ou fibre ligneuse, n'appauvrissent pas le sol en engrais.

Si nous nous plaçons dans l'hypothèse d'une rotation régulière bien établie, la perte en engrais devra rester égale au gain ; en d'autres termes, les quantités de protéine et de phosphate exportées devront être rigoureusement égales à celles qui auront été fournies par l'atmosphère pour la protéine, rendues assimilables par le sol pour le phosphate.

Négligeons pour un moment l'équilibre de la matière phosphatée, pour ne nous occuper que de celui de la protéine, l'engrais recueilli s'élevant à 100 kilog. pour les céréales, 200 kilog. pour les prairies, 150 kilog. pour les cultures accessoires ; soit en moyenne 150 kilog., pourra suffire à une exportation annuelle de 450 kilog. pour 3 hectares, se subdivisant ainsi :

1° Blé récolté sur 1 hectare: 30 hectolitres contenant en protéine.................. 350 kil.

2° Croît du bétail par 3 hectares : 500 kil. contenant en protéine................. 100

Ensemble............ 450 kil.

Ce résultat moyen ne s'applique qu'à de bonnes terres contenant un fonds suffisant de roulement d'engrais. Sur les terrains de qualité inférieure, les proportions peuvent être changées ; mais la quantité d'engrais protéique exporté reste toujours égale à celle que le sol peut recueillir de l'atmosphère.

Dans nos propriétés du Midi par exemple, où, à côté des bonnes terres des vallées, se trouvent les garrigues ou landes rocheuses des coteaux, qui ne produisent qu'une très maigre végétation herbacée, un troupeau de moutons annexé à l'exploitation est chargé d'aller récolter l'engrais de la garrigue pour le rapporter à la ferme, où il sert à entretenir la végétation intensive des bonnes terres.

Dans la région des Landes, où les terres bonnes ou médiocres font complètement défaut, où l'agriculture n'a à sa disposition qu'un sol infertile ne contenant qu'une quantité infinitésimale de phosphate et d'engrais minéraux, de maigres troupeaux de vaches et de moutons vont au loin recueillir une partie de cet engrais dans les bois de pins, pour le condenser sur la surface cent fois moins étendue des terres en culture, qui grâce à cette accumulation finissent par produire une misérable récolte de 12 à 15 hectolitres de seigle à l'hectare.

CHAPITRE II.

De toutes les formations géologiques, la plus importante, bien qu'elle ait été la moins étudiée par la science, est, sans contredit, la terre végétale. Formant la couche supérieure du globe, la seule qui puisse servir au développement de la vie des végétaux, elle est très inégalement répartie suivant les diverses localités. Elle n'a d'ailleurs été l'objet d'aucune étude complète, d'aucune classification générale ; passée sous silence par les géologues, qui ne s'occupent que du sous-sol, elle ne figure sur aucune carte spéciale.

Et cependant, c'est en étudiant non-seulement la nature physique ou la constitution minéralogique du sol végétal, mais les conditions dans lesquelles il se produit, s'améliore ou s'appauvrit, que l'on peut arriver à quelques progrès en économie rurale, dans l'art de faire rapporter à la terre le plus possible de végétaux utiles. Tel est, à mes yeux, le but de la géologie agricole, science éminemment pratique, dont le nom seul existe aujourd'hui, et qui devrait être à la géologie générale, à la science des révolutions du globe, ce que l'agriculture est à la botanique, ou, pour mieux dire, à la physiologie végétale.

VIII.

Le premier élément de la géologie agricole doit être la connaissance approfondie des qualités de la terre végétale. Uniquement composée de débris minéraux suffisamment broyés, triturés et mélangés entre eux, il est nécessaire de distinguer en elle deux choses essentielles, suivant qu'on l'envisage au point de vue physique ou minéralogique. En premier lieu, la partie passive, la masse même du sol, le compost, qui, quel que soit l'élément minéral dominant, doit être à la fois meuble et consistant, perméable à l'eau et à l'air, et offrir aux organes nutritifs des végétaux, aux racines, un abri suffisant contre les influences atmosphériques extérieures, tout en leur permettant de se développer librement ; en second lieu, la partie active, la variété minéralogique de ce compost, qui doit contenir en suffisante proportion tous les amendements ou engrais minéraux dont j'ai défini et étudié le rôle distinct dans le chapitre précédent.

Une première opération, toute rudimentaire, qui doit précéder toute analyse exacte d'un sol végétal, assez simple pour que chacun puisse la faire sur le coin d'une table, sans aucune ressource de laboratoire, consiste à délayer et mettre en suspension dans un vase quelconque un échantillon de terre végétale, et à le séparer par lévigation en deux composantes distinctes : un dépôt sablonneux qui reste au fond du vase ; un limon boueux qui s'écoule avec les eaux de lavage et s'en sépare à l'état de précipité vaseux.

De ces deux grandes composantes du sol végétal, la première, qui est le plus souvent un sable quartzeux, mais qui peut avoir toute autre composition minérale, ne joue d'autre rôle que celui d'une matière inerte et divisante ; la seconde, le précipité limoneux, contient seule tous les amendements minéraux utiles. La proportion relative de ces deux composantes, sablonneuse et limoneuse, détermine les conditions physiques du sol, le rendant plus ou moins perméable, poreux ou compacte. La composition minéralogique de la composante limoneuse détermine seule ses propriétés chimiques et sa qualité fécondante, et, avant de passer à une analyse plus exacte, il est bon de distinguer en elle deux éléments principaux dont la proportion différencie surtout les terres végétales, l'élément argileux et l'élément calcaire.

Au point de vue le plus général, on peut donc définir une terre végétale comme *un mélange, en proportions variables, d'une matière inerte, sable quartzeux ou autre, et d'un limon fécondant argilo-calcaire.*

Ces deux composantes, qu'il est toujours si facile de distinguer l'une de l'autre, le sable et le limon, ne sont évidemment autre chose que celles qui, plus ou moins mélangées dans le parcours, constituent les troubles charriés par les torrents et les alluvions qu'ils laissent sur leurs rives.

Cette analogie n'a d'ailleurs rien que de très naturel. Personne n'ignore que les alluvions modernes déposées sur les rives de nos cours d'eau constituent en général nos meilleures terres végétales; et pour peu qu'on veuille remonter à l'origine géologique de celles qui ont une date plus ancienne, il est facile de reconnaître que, sauf de très rares exceptions, elles appartiennent à la grande classe des terrains de transport, l'action des eaux courantes pouvant seule produire cet état de division extrême, ce broyage mécanique, ce mélange intime des éléments minéraux qui est nécessaire au développement de toute production agricole.

Mais, si l'action des eaux courantes est toujours indispensable, il s'en faut qu'elle ait toujours donné des résultats également avantageux. Les terrains de transport se subdivisent essentiellement en deux groupes distincts : les terrains diluviens, nom générique sous lequel nous classons tous ceux qui ont été produits par les grands courants accidentels qui à diverses époques ont bouleversé la surface du globe ; et les terres d'alluvions, qui sont dues à l'action lente et continue de nos cours d'eau actuels.

Nos bonnes terres végétales, sauf de très rares exceptions, appartiennent à cette dernière catégorie. La valeur des terres des vallées, des alluvions, est, en quelque sorte, proverbiale. Mais on commettrait une grave erreur en admettant, d'après l'opinion vulgaire, qu'elles sont exclusivement dues à l'entraînement d'un sol végétal déjà formé dans les montagnes et enlevé par les eaux. Il suffit d'avoir examiné de près l'action des torrents pour reconnaître qu'ils agissent moins encore par dénudation que par érosion. S'ils emportent parfois la mince couche de terre arable qui peut exister sur les flancs des montagnes, ils tirent une bien plus grande partie de leurs déjections de la masse de la montagne elle-même : éclats de roches, amas de sables, fragments de couches sédimentaires, débris minéralogiques de toute nature, isolément improductifs, qui, roulés, complètement broyés, mélangés dans le transport, acquièrent des qualités fertilisantes d'autant plus grandes que l'opération mécanique a été plus entière, le mélange plus parfait.

Si supérieures que soient, en général, les terres de
vallées, surtout celles qui, restant submersibles, sont
incessamment enrichies d'amendements nouveaux par
les crues, il en est pourtant un grand nombre qui sont
loin d'offrir tout le degré de fertilité désirable. Si on les.
observe avec quelque soin, on reconnaît que cette infériorité est due, soit à une incomplète trituration du sol,
qui le rend ou trop perméable ou trop peu consistant,
soit au manque de quelque élément minéral, de quelque
amendement utile qui ne se trouvait pas dans les terrains
désagrégés par le courant, ou qui, par le fait de leur
densité plus ou moins grande cu d'un phénomène naturel
de lévigation, a été inégalement réparti sur la masse totale.

Si la richesse végétale des terres d'alluvions laisse
quelquefois à désirer, combien, à plus forte raison, n'en
est-il pas de même des terrains diluviens, sur le dépôt
desquels la densité et la lévigation ont dû avoir une action bien plus grande encore ! Ces terrains n'existent pas
uniquement dans le fond des vallées comme les précédents.
Soulevés ou remaniés par les convulsions postérieures
du globe, ils se retrouvent dans toutes les positions, sur
les plateaux élevés, sur les flancs, comme parfois sur les
sommets des plus hautes montagnes. Dus à l'action de
phénomènes qui se sont produits avec une énorme intensité, ils présentent en général, sur de vastes espaces,
une uniformité de composition, un défaut de variété minérale, qui n'en font que des sols arides ou médiocres.
Ce seront parfois des débris de cailloux amoncelés les
uns sur les autres, qui n'ont subi qu'une imparfaite trituration, comme dans les plaines de la Crau, en Provence ;
parfois des sables siliceux purs de tout mélange, comme

en Sologne ; parfois, au contraire, des limons argileux, également dépourvus de tout autre élément minéral, comme sur les plateaux de la Gascogne.

L'infériorité de ces terrains, si répandus à la surface du globe, n'est pas due seulement à leur défaut naturel de variété minéralogique. Cette cause d'appauvrissement a été augmentée encore, soit par l'effet des eaux pluviales, qui, agissant pendant des siècles, ont délavé et dénudé la surface ou dissous les principes solubles, tels que la chaux et les sels alcalins ; soit par l'action épuisante de la culture, qui a également enlevé à la superficie une partie des éléments minéraux nécessaires à la production végétale ; action d'autant plus grande que les terrains diluviens n'ont pas, comme les terres d'alluvions, l'avantage de recevoir incessamment de nouvelles couches de limon rendant au sol ce qu'il a perdu. Ce n'est que par des moyens artificiels, par l'emploi de fumures, d'amendements minéraux apportés à grands frais, que l'homme a pu jusqu'à ce jour lutter avec plus ou moins de succès contre leur dépérissement continu.

IX.

Bonnes ou médiocres, presque toutes nos terres végétales appartiennent à la catégorie des terrains de transport.

Il est cependant des agents physiques autres que les eaux courantes qui ont constitué parfois des étendues assez vastes de terres végétales : ce sont les glaciers[1], qui à

[1] La cause originelle du déplacement des glaciers, de l'extension anormale qu'ils paraissent avoir prise, tantôt sur un point, tantôt sur un autre, est tout aussi incertaine que celle des courants diluviens. Les

certaines époques géologiques ont prolongé leur action sur des surfaces dont ils ont aujourd'hui complètement disparu.

Les amas de glaces produits par la fusion et la congélation alternatives des neiges permanentes dans les régions élevées, sont animés d'un mouvement très lent, mais continu. Ils s'écoulent comme des courants solides, suivant les pentes et épousant toutes les sinuosités des vallées dans lesquelles ils sont renfermés, jusqu'à ce qu'ils atteignent un point bas, dont la température moyenne soit assez élevée pour fondre à mesure la glace apportée.

Comme les courants liquides, les glaciers opèrent des phénomènes d'érosion et de dépôt. Ils déchirent et entraînent par fragments les parois et le plafond de la cuvette des hautes vallées qu'ils parcourent, broient plus ou moins complètement ces débris minéraux, et les rejettent ensuite en dehors de leur lit.

Les dépôts glaciaires portent le nom de *moraines* : moraines latérales lorsqu'ils sont distribués en longues bandes sur les flancs des coteaux encaissant les glaciers ; moraines frontales lorsqu'ils constituent un large barrage à son extrémité inférieure.

Malgré quelques analogies apparentes, je n'essayerai pas, dans un but de vaine généralisation, d'assimiler les deux modes de transport opérés par les glaciers solides

deux phénomènes, bien que l'un ait été instantané et de courte durée, l'autre permanent et continu, ont été déterminés sans doute par le retour périodique ou accidentel d'un même fait géologique. Quel a été ce fait ? La science l'ignore, et en est à cet égard réduite à des conjectures et à des hypothèses plus ou moins vraisemblables qu'il me paraît inutile de reproduire ici.

et les courants liquides. Des différences considérables
distinguent les deux formations, au point de vue des
conditions de dépôt, comme à celui de la composition
minéralogique et de la valeur des terrains produits.

La lévigation, qui joue un si grand rôle dans la préparation des matières minérales charriées par les courants
liquides, est sans action sur les déjections des glaciers.

Les dépôts de cette dernière nature s'opèrent en masses
confuses, comprenant indistinctement les débris minéraux entraînés à tous les états de désagrégation. La
gangue boueuse est mélangée d'éclats de roche de toute
forme, de toute dimension, arrondis parfois comme des
galets diluviens, conservant au contraire, le plus souvent,
des faces de cassure planes, caractérisées par des stries
longitudinales provenant des frottements subis dans le
parcours.

Les boues glaciaires résultant d'une trituration incomplète comprennent à la fois le sable et le limon produits
par la désagrégation d'une seule roche, ou les débris de
deux éboulements distincts qui, voyageant côte à côte,
se mêlent plus difficilement à la surface des glaciers que
dans le sein des eaux courantes.

Les terres végétales d'origine glaciaire devraient être
dès-lors supérieures, comme constitution physique, aux
alluvions charriées par les courants, dans lesquelles les
deux éléments de transport, le sable et le limon, tendent
à se séparer; mais cet avantage est loin de racheter leur
défaut de variété minérale et leur incomplète trituration.

Quelque tranchés que soient les caractères généraux
qui séparent, en principe, les terrains glaciaires des terrains diluviens, il est parfois bien difficile, en fait, de les
distinguer nettement les uns des autres.

Il existe d'ailleurs entre eux un point de rapprochement. Ces divers dépôts se sont accumulés, en obéissant
tous également aux lois de la pesanteur, en suivant des
plans inclinés continus à partir des chaînes de montagnes
qui leur ont donné naissance. Ils sont le trait d'union
naturel qui relie les faîtes culminants et les gorges supérieures de ces montagnes aux formations sédimentaires
étagées à leurs pieds.

X.

Les alluvions dues à l'action lente et prolongée de nos
cours d'eau actuels, constituent, sauf de rares exceptions, nos meilleures terres végétales. Elles en forment le type essentiel ; mais elles sont loin d'être
partout également fécondes. Nous avons vu qu'elles ne
provenaient pas de l'entraînement de terres végétales déjà
formées, mais d'un mélange de roches inertes et de terrains géologiques isolément improductifs, qui n'acquièrent leur valeur agronomique que par le fait de la trituration par l'action mécanique des eaux courantes.

La variété minérale des matériaux constituant les
alluvions joue le plus grand rôle dans leur valeur réelle.
Les alluvions les plus fécondes sont celles qui sont formées par un cours d'eau dont les torrents alimentaires
se ramifient dans un massif de montagnes présentant la
plus grande variété de composition minéralogique; et l'on
peut en général citer comme type de fertilité exceptionnelle les alluvions qui se déposent au confluent de deux
rivières provenant de bassins géologiquement différents.

Le mélange laisse aussi parfois beaucoup à désirer
au point de vue physique. Les troubles charriés par les

eaux torrentielles se rapportent, en effet, à deux classes bien distinctes : le sable et le limon, qui se comportent très différemment quant à leur mode de transport et de dépôt.

Le sable, formé de matières lourdes, ayant un volume et des dimensions appréciables, n'est entraîné par les eaux courantes, animées de faibles vitesses, qu'à l'état de roulement ou de glissement au fond du lit ; après un temps suffisamment long de trituration, les sables de fonds sont exclusivement quartzeux. Le calcaire et l'argile, complètement broyés à l'état de boue impalpable, constituent le limon, qui est charrié à l'état de suspension dans le courant. Cette distinction n'est pas complètement absolue : suivant que la vitessse du courant est plus ou moins grande, les particules sablonneuses peuvent être soulevées en plus ou moins grande quantité et rester mélangées dans le transport aux matières limoneuses [1].

La classification que nous venons d'établir dans les troubles se retrouve dans les éléments de la terre végétale.

La partie active du sol végétal est le limon argilo-marneux. L'argile, produit de la désagrégation des feldspaths, porte ordinairement avec elle, à part la silice et l'alumine, la potasse, le fer et les diverses substances

---

[1] Cette circonstance se présente plus particulièrement pour une certaine classe de matières minérales qui, par le fait d'un clivage naturel, ne se transforment pas, par la trituration, en fragments sensiblement cubiques ou sphériques, mais en lamelles aplaties de faible épaisseur. Tels sont surtout les sables micacés, qui, présentant une surface considérable relativement à leur poids, offrant une assez grande résistance au courant, participent des propriétés du limon dans le transport par les eaux courantes.

qui se trouvent dans les terrains primitifs. La marne calcaire, produit de la désagrégation de dépôts sédimentaires riches en débris fossiles, contient le phosphore, la soude, la magnésie, les sulfates, etc. L'alluvion limoneuse pure, telle que la charrient habituellement les cours d'eau torrentiels, composée de calcaire et d'argile, comprend donc tous les éléments minéraux nécessaires au développement de la végétation. Chimiquement, elle pourrait donc à elle seule constituer de la bonne terre végétale. En fait, il n'en est pas ainsi. A la composition minérale doivent se joindre certaines conditions physiques qu'un dépôt exclusivement limoneux présente rarement. Abandonnée à elle-même, l'alluvion limoneuse a une tendance à s'agréger, par le fait de la dessiccation, en une couche compacte, homogène, que l'air et la lumière ne sauraient pénétrer, qui étouffe toute végétation. Une substance inerte est indispensable pour constituer avec l'alluvion limoneuse une bonne terre végétale, jouant le rôle du sable dans le mortier, de l'azote dans l'air atmosphérique. Cette substance est en général le sable; elle peut être suppléée par d'autres matières non-seulement minérales, mais organiques. C'est à ce titre surtout qu'agissent les résidus charbonneux de l'humus provenant de la désagrégation des engrais et des débris de végétations antérieures, dont le mélange, facilité par les labours, donne aux sols trop exclusivement limoneux la souplesse et la perméabilité qui leur manquent.

Nos meilleures terres végétales sont habituellement des alluvions modernes ; mais on peut aisément comprendre qu'une alluvion récente ne soit pas toujours immédiatement une bonne terre végétale.

Prenons pour exemple une rivière essentiellement limoneuse, la Durance. Les alluvions qu'elle charrie sont différentes suivant qu'elles proviennent de tel ou tel affluent.
Uniquement composées, parfois, de schistes désagrégés,
elles sont trop argileuses, manquent de calcaire, et ne
sauraient à elles seules, par suite d'un défaut de composition minérale, constituer un bon sol végétal. Provenant, le plus souvent, d'un mélange en proportion
chimiquement convenable de mollasses calcaires et de
schistes, elles n'en sont pourtant pas beaucoup plus fertiles, et leur infériorité dans ce cas est due à une cause
physique, à la force d'agrégation qui se développe en
elles aussitôt après leur précipitation.

Les dépôts qui se forment sur les bords de la rivière
même, mélangés de sables, sont en général les plus
faciles à transformer en terres végétales promptement
productives. Ceux qui proviennent des eaux dérivées par
les canaux d'arrosage sont au contraire d'autant plus
infertiles qu'ils s'éloignent davantage de l'origine. Les
produits du curage des dernières branches des canaux de
Craponne ou de Marseille, amoncelés en cavaliers sur les
rives, présentent l'aspect de pierres endurcies et restent
impropres à toute végétation pendant de longues années.
L'analyse indiquerait pourtant en eux la présence des
matières minérales utiles à la production agricole. Leur
infertilité provient uniquement de leur agrégation physique, qui ne peut être détruite que très à la longue, par
les intempéries des saisons, l'action des pluies, du soleil
et de la gelée, par la culture et le mélange des engrais
organiques divisant le sol et suppléant à l'absence du
sable.

Si nous prenons des rivières torrentielles d'un autre

ordre, dans lesquelles l'élément limoneux soit moins dominant, provenant de terrains granitiques ou quartzeux,
où le sable abonde, les grèves latérales, composées uniquement de sables mouvants, restent stériles et improductives tant qu'elles ne sont pas recouvertes d'une
certaine couche d'alluvions limoneuses. La transformation est en général immédiate dès qu'on amène la précipitation d'un dépôt vaseux. Sur les bords de l'Isère, du
Var, de l'Hérault, de l'Orb, de tous les torrents des Cé-
vennes, de la plupart des affluents de la Loire, il suffit
de fixer les graviers des rives par des digues transversales
ou par tout autre moyen, pour amener cette précipitation
des limons et obtenir une terre aussitôt fertile.

Ces explications nous permettent de comprendre
comment, à la condition de savoir fabriquer des alluvions artificielles, on pourra, suivant les circonstances,
améliorer un sol existant, ou produire une nouvelle terre
végétale.

S'il fallait constituer le sol de toutes pièces, à la surface d'un plateau de roc imperméable, par exemple, un
mélange de sables et d'alluvions limoneuses serait indispensable. Le transport de l'alluvion en grande masse
est toujours chose facile : une faible vitesse suffit pour
la maintenir en suspension. Le canal de la Durance, avec
une pente de $0^m,33$ par kilomètre, en charrie parfois
4 ou 5 %, et pourrait en charrier bien davantage. Les
limons se maintiennent en suspension, non-seulement
dans les moindres rigoles d'arrosage, mais dans les conduites fermées de distribution. Le dépôt, pour se produire, exige un repos presque absolu, et il suffit d'avoir
vu fonctionner le service des eaux de la ville de Marseille,

véritables boues liquides après certaines crues, pour comprendre la facilité qu'on aura toujours à maintenir le mouvement des alluvions limoneuses.

La question n'est plus aussi simple pour les sables : une assez forte vitesse est en général nécessaire pour les entraîner[1].

Mais il est fort heureusement un grand nombre de circonstances dans lesquelles le transport de l'élément sablonneux ne sera pas nécessaire. Avant de songer à recouvrir de terres fertiles les roches dénudées, les poudingues imperméables, il sera naturel de s'occuper des terrains meubles contenant déjà une partie des éléments du sol végétal. Telles sont en particulier les landes sablonneuses qui, dans l'ouest et le centre de la France, en Gascogne, en Sologne, en Bretagne, occupent de si vastes étendues. Une faible proportion de limons argilo-marneux suffira pour les transformer en terres fertiles. Le même résultat sera obtenu sur les terrains crayeux d'une part, sur les sols exclusivement argileux de l'autre. L'alluvion ne devra apporter que la matière qui fait défaut, le complément du sol : l'argile dans le premier cas, le calcaire dans le second. Quant à l'élément sablonneux, il sera constitué par les débris de mica-schistes, lorsqu'on le pourra, et, à défaut de cette substance, par les engrais végétaux.

---

[1] Il est cependant une variété de sables citée plus haut qui, tout en conservant la faculté de diviser le sol arable, participent des propriétés des limons, non-seulement quant aux conditions de transport, mais quant à l'alimentation des végétaux : ce sont les sables micacés. Toutes les fois qu'on pourra les faire entrer pour une proportion notable dans la préparation de l'alluvion, il sera possible d'aborder le problème dans toute sa généralité, de constituer en bloc une terre végétale.

CHAPITRE III.

Nous venons de voir quelle était l'origine des terres végétales ; il me reste à exposer comment il serait possible d'en reproduire artificiellement d'excellentes et de généraliser leur emploi, sinon sur toute la surface du globe, du moins sur un grand nombre de points qui en sont aujourd'hui dépourvus.

Rien n'est, en effet, moins fréquent qu'un sol présentant toutes les conditions physiques et chimiques d'une bonne terre végétale. Nous sommes habitués à entendre célébrer la fertilité proverbiale de notre pays ; elle n'est cependant que relative par rapport aux autres contrées qui l'avoisinent.

A côté de terres réellement riches et fécondes, se vendant de 8 à 10,000 francs l'hectare, il n'est pas rare d'en rencontrer qui ne valent pas 5 francs, et entre ces deux termes extrêmes existent tous les intermédiaires possibles.

Les relevés officiels de la statistique générale de 1860 portaient à 5 milliards de francs environ la valeur totale de nos produits agricoles. C'est à peu près ce que pourraient donner en revenu brut 6 millions d'hectares de terres de première qualité. La surface totale de la France était alors de 53 millions d'hectares. Sa production agricole totale ne dépassait guère celle que pourrait donner une superficie neuf fois moindre de terres exceptionnellement fertiles, analogues à celles que nous retrouvons éparses sur certains points de son territoire, dont elles ne représentent peut-être pas la centième partie.

Si, au lieu de prendre un terme de comparaison aussi exclusif, nous convenions de considérer seulement comme terres fertiles celles qui ont une valeur supérieure à une moyenne de 4 à 5,000 francs, l'examen d'une Carte agronomique qui indiquerait par deux teintes différentes les sols au-dessus et au-dessous de cette moyenne, nous ferait embrasser d'un coup d'œil combien les premiers sont en infime minorité : ils ne représenteraient pas le vingtième de la surface totale. Distribués en lanières étroites le long de nos vallées, disséminés en taches éparses sur quelques points privilégiés, ils paraîtraient presque aussi clairsemés dans l'ensemble que peuvent l'être les oasis cultivées sur l'immense étendue des déserts du Sahara.

XI.

Le but que je poursuis est de généraliser ces conditions exceptionnelles du sol végétal, de constituer une terre éminemment fertile, sur tous les points où elle fait défaut. Les moyens consisteront à créer un torrent artificiel, réalisant sur une plus petite échelle, quant à la masse des eaux en mouvement, mais avec une plus grande intensité et régularité d'action, le phénomène qui produit les alluvions naturelles.

La terre végétale, ai-je dit, se compose d'une matière inerte qui ne joue qu'un rôle purement physique, telle que le sable quartzeux, et d'un mélange en proportions convenables de deux éléments minéraux essentiels, l'ar-

gile et le calcaire, à l'état de limons complètement désagrégés.

Toutes les fois que la matière inerte se trouvera sur
place, que l'on aura affaire à un sol déjà meuble, nous
devrons en tenir compte. L'alluvion artificielle ne sera
donc pas le sol végétal lui-même, mais le complément de
ce sol, l'amendement nécessaire pour le constituer par
son mélange minéral avec le terrain naturel. Sur le sable
des Landes et de la Sologne, il nous suffira d'apporter un
limon argilo-marneux ; sur la craie de la Champagne,
un limon argileux et peut-être une certaine proportion de
sable quartzeux ; et ainsi de même partout ailleurs. La
terre végétale fabriquée de toutes pièces ne serait rigoureusement nécessaire que sur les sols à surface de
roche résistante, inattaquables par l'outil du travailleur.

Le torrent artificiel devra reproduire les divisions
principales du torrent naturel ; comme lui, il devra présenter : un bassin récepteur ou centre de désagrégation ;
un goulet ou chenal régulier servant à la fois à la trituration, au mélange et au transport des matières minérales ;
un cône de déjection comprenant la surface entière sur
laquelle les limons fécondants et convenablement élaborés
devront être distribués et répandus.

Le point de départ de toute création d'un torrent artificiel sera l'approvisionnement de la masse d'eau nécessaire pour alimenter ce torrent et produire le quadruple
travail de désagrégation, de trituration, de transport et de
répandage des limons auquel il devra suffire. Il est bien
évident, à cet égard, qu'on ne pourra s'établir que dans
certaines régions, sur les gradins inférieurs des hautes
chaînes de montagnes, dont les cîmes saillantes, les flancs
escarpés, sont surtout propres à déterminer la précipi-

tation des eaux pluviales, à produire ces averses répétées
qui ont pour résultat d'entretenir un débit relativement
si considérable dans le lit des torrents.

Il n'est pas d'ailleurs nécessaire que ce débit soit uniforme et régulier. Nous n'avons nul besoin d'une dérivation fonctionnant, soit d'une manière permanente,
comme l'exige le service des usines, soit pendant une
saison déterminée, comme le demande l'arrosage.

L'opération que nous avons en vue peut se faire en tout
temps, supporter des chômages plus ou moins longs, sans
autre inconvénient que celui d'un ralentissement dans le
travail projeté. On trouvera toujours, sans nuire à aucun
intérêt existant, les quantités d'eau nécessaires, si l'on
veut se borner à les dériver seulement dans les temps de
surabondance. Le débit d'un canal d'arrosage doit se calculer sur les moindres ressources de la saison d'étiage ;
les nôtres pourront s'établir sur le produit moyen de la
saison pluvieuse. C'est assez dire combien il sera relativement facile d'alimenter des dérivations suffisantes, qui,
prises au cœur des montagnes, seront conduites avec
plus ou moins de frais sur les gradins des formations
sédimentaires et diluviennes, en général étagées au
pied de ces montagnes, et aménagées pour avoir, autant que possible, un débit assez considérable, de 10 à
12 mètres cubes par seconde.

On ne saurait, d'une manière générale, donner de règle
précise sur le choix des terrains qui devront servir d'éléments minéraux aux nouvelles terres végétales. Des circonstances locales, la nature particulière du sol à amender,
décideront surtout à cet égard.

Cette question préliminaire résolue sur les lieux, la
première opération devra consister à amener la désagréga-

tion des matières minérales choisies. Ce travail peut se faire par des procédés différents, suivant les circonstances. Il est cependant aisé de comprendre que s'il s'agit surtout, et ce sera le cas le plus habituel, de masses déjà friables, à demi-meubles, il sera très-facile d'amener une première dislocation par des éboulements convenablement dirigés.

Personne n'ignore comment s'écroulent d'eux-mêmes les coteaux argileux dont un déblai a légèrement entamé le pied. Si l'on a le plus souvent beaucoup de peine à arrêter ce premier mouvement de désagrégation, on conçoit combien, au contraire, on aura de facilités pour l'accélérer.

De prime-abord, sans penser qu'il fût indispensable ou même utile de trouver mieux, j'avais cru devoir indiquer la possibilité de recourir au moyen dont se servent, pour un travail analogue, les mineurs américains : la méthode des jets d'eau appliquée à l'abattage des terrains aurifères.

Ce procédé, aussi simple qu'expéditif, me paraissait pouvoir s'appliquer dans tous les cas à de grandes masses affouillables, tant pour les argiles et les marnes que pour les amas de cailloux roulés, de débris diluviens, amoncelés en masses puissantes sur les flancs de nos montagnes comme sur ceux des Cordillères.

Des dérivations abondantes sont amenées à des niveaux aussi élevés que possible. Les eaux, concentrées dans des conduites forcées sous des pressions de 30 à 40^m, sont dirigées en jets puissants contre le pied des terrains qu'on veut soumettre au lavage. Les coteaux, affouillés par la base, s'écroulent verticalement par pans énormes, et leurs débris, facilement désagrégés, liquéfiés par les eaux, sont entraînés avec elles dans de longs canaux de bois, appelés *sluices*, pourvus à leur plafond de poches remplies de mercure, métal qui retient au passage les parcelles aurifères, tandis que la masse des déblais est rejetée dans les rivières les plus voisines, où elle s'accumule en attendant de pouvoir être entraînée par les crues d'hiver. La puissance de ce procédé de désagrégation est telle que les ingénieurs qui en ont décrit les effets citent, comme exemple courant des résultats obtenus, un cube de 3000^m de déblais lavé en dix heures par quatre ouvriers avec un volume d'eau ne dépassant pas 500 litres à la seconde ; ce qui représente, pour les eaux de lavage entraînées par le *sluice*, une richesse en détritus minéraux comptée au volume, de 12 %.

XII.

La méthode expéditive de l'abattage au jet d'eau permet de traiter avec d'énormes bénéfices des minerais ne contenant pas plus de 1^f,25 d'or par mètre cube. Rien ne paraissait donc plus naturel que d'en proposer l'emploi pour la démolition des terrains meubles devant fournir les éléments minéraux de l'alluvion artificielle.

En réfléchissant cependant aux causes particulières qui avaient pu faire ajourner l'exécution de mon projet et motiver l'hésitation de ceux qui dès l'abord y avaient paru les plus favorables, j'ai été amené à me demander si je ne devais pas attribuer en partie cet insuccès à ce que pouvait avoir de vague et d'indéterminé, dans ses détails d'application pratique, un procédé qui est sans doute usité de nos jours en Amérique ; qui, au dire de Pline, l'était déjà de son temps en Espagne et dans les Gaules ;

mais qui, pour le moment, est en dehors des habitudes
courantes de nos ingénieurs européens.

Je ne me dissimulais pas, d'ailleurs, qu'il faudrait
avant tout établir et former un personnel spécial d'ouvriers à des manœuvres qui leur étaient étrangères, et que
si l'on pouvait être certain que cette méthode d'abattage
réussirait pour des terrains sablonneux et argileux, qui
n'ont, en général, que trop de tendance à s'ébouler
d'eux-mêmes, on pourrait avoir quelques doutes, quant
à la certitude de son efficacité, sur des bancs de marnes
de résistance pâteuse, comme ceux que je comptais
attaquer.

Pour obtenir le maximum d'intensité d'action d'un
jet d'eau, on doit d'ailleurs admettre qu'il faudra pouvoir
le diriger sur un front d'attaque vertical d'une grande
hauteur, analogue à celui que présentent assez généralement les flancs escarpés des coteaux qui longent les
vallées d'érosion déjà profondes, mais qu'on serait moins
certain de rencontrer à l'origine des vallées de faîte, dont
le sillon est beaucoup moins accusé. Dans ces dernières
conditions, qui seront les plus habituelles pour des entreprises de cette nature, on devait donc s'attendre à des
travaux préliminaires d'installation de chantier d'autant
plus coûteux qu'on serait conduit à vouloir entamer plus
profondément le talus d'un plateau faiblement incliné à
sa base.

Sans m'exagérer ces difficultés de détail, qui se seraient résolues d'elles-mêmes à l'exécution, je ne cessais
pas cependant d'en être préoccupé, lorsque procédant,
il y a peu de jours, à une reconnaissance attentive des
terrains meubles du plateau de Lannemezan, destinés à
fournir l'alluvion artificielle des Landes, creusant tantôt

des puits verticaux à la surface du plateau, tantôt des
galeries d'avancement dans les flancs de ces talus, ces
travaux de recherche m'ont suggéré une idée qui résout
complètement le problème que je cherchais, mais qui est
en même temps si simple, si naturelle, que je ne puis
comprendre qu'elle ne me soit pas venue plus tôt, et que
d'autres ne l'aient pas eue avant moi.

Cette idée consiste uniquement à ouvrir dans le flanc
des coteaux à abattre, aux points les plus bas d'attaque,
une galerie de mine ordinaire se prolongeant avec une
faible rampe de $0^m,005$ jusqu'au point le plus éloigné
qu'on pourra atteindre sans trop de difficultés d'aérage,
mettons un kilomètre, et à la terminer par une galerie
remontante ou puits vertical arrivant à fleur du sol du
plateau, à une altitude pouvant atteindre 100 mètres et
plus au-dessus de l'orifice de la galerie.

Ce travail terminé, si je retire les bois de coffrage, ce
qui peut se faire sans difficulté en allant de l'amont à
l'aval, et que je fasse engouffrer dans l'orifice du puits
toute l'eau dont je puis disposer, 10 à 12 mètres cubes
d'eau à la seconde, par hypothèse, nul ne saurait mettre
en doute le résultat qui va se produire sous l'action d'une
telle chasse, dans une galerie de terrain meuble, dégarnie
de tout revêtement protecteur.

Des éboulements auront lieu dans tous les sens, enlevés
à mesure par les eaux, et l'effondrement, se prolongeant
de droite et de gauche, mais surtout dans le sens vertical, ne pourra s'arrêter que lorsqu'il aura atteint le
niveau du sol, quelle que soit la profondeur du puits.

La nature nous offre bien, sans doute, quelques ponts
naturels ; mais leur existence ne peut se comprendre
qu'à la condition d'admettre qu'ils se sont ouverts dans

des couches déjà résistantes par elles-mêmes et recouvertes par une assise supérieure, ou toit, d'une grande solidité. Or, rien de tel n'existe dans l'hypothèse où nous nous plaçons. Le terrain de la galerie est supposé meuble : l'éboulement devra nécessairement se prolonger jusqu'à la surface, et il est probable que l'existence de quelques assises rocheuses intercalées ne saurait jamais l'arrêter.

Nous obtiendrons donc au bout d'un temps plus ou moins long, comme résultat de cette première opération, l'ouverture d'un étroit sillon d'éboulement recoupant le massif à abattre sur une longueur d'un kilomètre, dont il suffira de nettoyer le plafond, pour y établir une cuvette maçonnée, qui sera désormais l'origine de notre torrent artificiel. Les talus escarpés des rives se présenteront dès-lors dans les meilleures conditions pour être attaqués avec des jets d'eau, si l'on veut recourir à leur emploi ; mais il vaudra mieux opérer sur les côtés comme en avant, et, en même temps qu'on prolongera un nouveau tronçon de galerie dans le sens de la plus grande inclinaison du massif, en ouvrir d'autres latéralement, à des distances déterminées par l'inclinaison naturelle des talus d'éboulement qui se produiront.

Les jets d'eau seront uniquement réservés à l'abattage des témoins ou piliers isolés, qui resteront debout entre les divers sillons, si l'on veut plus tard régulariser et niveler le fond de la fouille générale.

Par ce moyen, on pourra donc creuser dans le massif d'un plateau de terrain meuble une fouille de forme quelconque, l'allonger ou l'élargir à volonté, au besoin même la subdiviser en un chapelet de fouilles distinctes. Il suffira pour cela de substituer un tunnel solidement

muraillé à un tronçon quelconque de la galerie d'avancement, pour préserver de tout éboulement le massif de
terre qu'il supportera et dont le maintien aura été reconnu nécessaire pour desservir, par exemple, une voie de
communication transversale. En plaçant ce tunnel sur
un des premiers tronçons d'aval de la fouille, on constituera une digue d'une résistance à toute épreuve, qui
permettra de transformer la totalité de la fouille en réservoir d'approvisionnement, dans lequel on pourra accumuler et emmagasiner de l'eau à toute hauteur, sans
avoir à craindre aucune rupture. Ainsi se trouvera obtenue
accessoirement, sans aucun surcroît de dépenses, la solution d'un problème d'hydraulique agricole vainement
cherchée jusqu'à ce jour, dont l'importance ne sera peut-
être pas moindre que celle des alluvions artificielles, et
qui, à ce titre, mérite d'être traitée dans un chapitre particulier.

Au point de vue spécial de l'abattage, le procédé que
je propose me paraît être d'une efficacité certaine. Tel a
été, du reste, l'avis de tous les Ingénieurs que j'ai con-
sultés; un seul a manifesté la crainte que la galerie ne
pût se boucher par le fait des éboulements. Quand on
voit la difficulté, je pourrais dire l'impossibilité où l'on
se trouve d'arrêter une fuite d'eau produite par un simple trou de taupe dans la digue d'un réservoir de quelques mètres de hauteur à peine, on ne saurait comprendre
l'obstruction accidentelle d'une galerie de 1 à 2 mètres
de hauteur sous une charge d'eau pouvant s'élever à
100 mètres et plus. Si, par impossible, un tel accident
était à craindre, on y remédierait facilement en couchant
au fond de la galerie un simple fil de fer s'enroulant des

deux bouts sur un treuil auquel il suffirait d'imprimer un mouvement alternatif de va-et-vient pour déterminer l'ouverture d'une gaîne étroite que la pression de l'eau élargirait très rapidement en rétablissant le courant normal.

En fait, ce qui est beaucoup plus probable, ou du moins devra se produire plus fréquemment, ce sera une obstruction générale résultant d'un effondrement trop rapide, se prolongeant jusqu'à la surface du sol du plateau. Mais dans ce cas le résultat cherché n'en sera pas moins obtenu, car les eaux refluant à l'ouverture du puits n'auront d'autre issue, pour s'écouler vers l'aval, que la traînée même de cet éboulement, dont elles délayeront facilement les terres désagrégées. Ce qu'il y aurait plutôt à craindre dans ce cas, c'est que les terres détrempées ne s'avançassent en bloc, d'une seule masse, sans avoir la fluidité de boues liquides nécessaire pour assurer leur transport par le canal d'écoulement inférieur ; mais il est bien évident que dans ce cas rien ne sera plus aisé que de diriger une partie des eaux latéralement à la fouille, pour ne les faire agir qu'à l'extrémité d'aval, où l'on parviendra toujours à ne les charger que de la quantité de terres qu'elles pourront entraîner.

Si, dans une hypothèse contraire, l'éboulement, au lieu de se produire trop rapidement, venait à s'arrêter momentanément, les couches supérieures de la galerie offrant une résistance accidentelle assez grande pour leur faire former voûte pendant quelque temps, il n'est pas moins évident qu'on assurerait l'écroulement rapide de cette voûte en l'attaquant avec des jets d'eau, au besoin quelques charges de dynamite ; mais le plus souvent en laissant tomber les eaux en simple cascade sur la clé de voûte résistante.

Si ce procédé d'abattage doit donner des résultats certains et paraît de nature à déterminer l'écroulement d'un massif, ou pour mieux dire d'une montagne de terre meuble, d'une hauteur quelconque, il est aisé de voir que la dépense de l'opération sera des plus minimes, bien au-dessous de ce que l'on pourrait attendre de tout autre moyen d'attaque. Une galerie de mine en terrain meuble coûte rarement plus de 25 à 30 fr. le mètre courant. Pour une longueur d'un kilomètre, y compris le puits ascendant, la dépense n'ira pas à 40,000 fr. En supposant que la hauteur moyenne soit de 100 mètres et que les talus d'écoulement, presque verticaux, n'aient pas plus de 1 de base pour 2 de hauteur, le volume du déblai obtenu n'ira pas à moins de cinq millions de mètres cubes, ce qui fera revenir le prix du mètre à moins de 0 fr. 01.

XIII.

Les matières minérales disloquées, désagrégées par l'effondrement, poussées par les eaux hors de la fouille, seront reçues dans un canal muraillé, le vrai torrent artificiel, qui devra naturellement se diviser en deux sections distinctes : un canal broyeur ou de débourbage à l'origine, destiné à délayer les terres meubles, à les transformer en boues impalpables, et à triturer au besoin une partie des matériaux plus résistants devant entrer dans la composition de l'alluvion ; un simple canal d'amenée à la suite, n'ayant plus qu'à conduire au lieu d'emploi les boues fluides séparées des sables ou galets qui n'auraient pas subi une complète trituration.

Ces divers canaux seront établis suivant un type uniforme, avec une section trapézoïdale de forme semi-hexagonale, qui correspond au maximum de vitesse pour une même pente.

Cette vitesse devra être variable et calculée suivant la nature du travail à produire. D'une manière générale, je crois qu'on restera au-dessus des exigences nécessaires en admettant que :

Une même vitesse de $1^m,00$ par seconde suffit à l'entraînement des boues fluides et sables légers ;

Une vitesse de $2^m,00$, des sables grenus et menus galets ;

Une vitesse de $3^m,00$, des cailloux et galets arrondis de grande dimension ;

Une vitesse de $3^m,50$ à $4^m,00$, des blocs de rocher de forme quelconque et de toute grosseur, pourvu que leurs dimensions ne dépassent pas celles du canal lui-même.

La pente du canal broyeur sera établie sur les bases qui précèdent, correspondant à une vitesse théorique variant de $2^m,00$ à $8^m,00$, suivant la grosseur présumée des cailloux ou fragments rocheux que l'on pourra avoir à entraîner.

Le plafond et les parois du canal seront pavés et muraillés en matériaux durs et résistants. Un parcours de quelques kilomètres dans un pareil canal sera suffisant, non-seulement pour désagréger et délayer les terres meubles, mais pour broyer et transformer en boues fluides les substances rocheuses de résistance moyenne, telles que les schistes, les marnes et les calcaires tendres. Le canal ne contiendra plus que des limons fluides en suspension qu'il s'agira de débarrasser des sables ou galets roulant par glissement sur son plafond.

La séparation des galets s'opérera au moyen d'une grille de triage à barreaux longitudinaux, de fer ou de bois, prolongeant le plafond du canal au-dessus d'un mur de chute, et venant déboucher sur l'escarpement naturel d'un ravin, comme il sera toujours possible d'en trouver au voisinage des lignes de faîte suivies par le canal. Les galets projetés, en vertu de leur vitesse acquise, roulant à sec sur la grille, s'amoncelleront en cônes de déjection sur les talus de cet escarpement. Les sables et les limons, passant à travers la grille, continueront leur course dans le bief inférieur.

A peu de distance de la grille, et en divers points convenablement espacés, seront disposées des poches inclinées aboutissant à des vannes de fond, dont l'ouverture intermittente permettra d'évacuer par des chasses les sables déposés dans les approfondissements du canal, de manière à ne plus laisser dans le courant que le limon fluide en suspension.

Cette seconde section n'aura plus dès-lors besoin que d'une pente beaucoup plus faible, calculée pour assurer l'entraînement des eaux limoneuses. La cuvette en sera d'ailleurs revêtue en maçonnerie de moellons ou de béton à surface lisse, permettant de réduire la pente longitudinale au minimum nécessaire lorsqu'il sera besoin de la ménager, assurant en tout cas la plus grande action possible au torrent artificiel.

Les expériences que j'ai eu personnellement occasion de faire au canal de Marseille m'ont démontré que des proportions de 10 et 15 % de limons ne diminuaient pas la fluidité de l'eau, augmentaient même, toutes choses égales d'ailleurs, sa vitesse d'écoulement dans des canaux de section régulière. Une vitesse de $1^m,00$ à $1^m,50$ par seconde[1] paraîtrait suffisante pour l'entraînement d'une telle proportion de limon; mais il est évident qu'il y aura tout avantage à augmenter cette vitesse

[1] La formule usuelle réglant les conditions d'écoulement de l'eau dans un canal est

$$RI = \beta u^2$$

dans laquelle

R le rayon moyen $= \dfrac{\Omega}{\chi}$

Ω étant la section, χ le périmètre mouillé,

I la pente en mètres par kilomètre,

u la vitesse par seconde,

β un coefficient variable avec la nature des parois du canal qui pourra être pris égal à $0,34$ pour la surface rugueuse du canal broyeur; à $0,22$ pour la surface lisse et unie du canal des limons.

Dans le cas particulier du canal à section semi-hexagonale dans lequel la largeur en gueule est double de celle du plafond, égale elle-même à la longueur inclinée de chaque paroi latérale ; en appelant h la profondeur de l'eau, on aura

$$R = \frac{h}{2} \qquad\qquad \Omega = h^2 \sqrt{3}.$$

Si nous supposons un débit normal de 12 mètres cubes d'eau à la seconde, on aura

$$Q = u\,\Omega = 12^m,00.$$

De ces diverses relations on peut déduire, pour un tel canal et un tel débit, les pentes kilométriques I, les largeurs en gueule L, et les profondeurs h ci-après, correspondant à diverses valeurs de la vitesse u.

1° Canal broyeur à surface rugueuse $\beta = 0,34$.

$u = 4^m,00$	$I = 8^m,25$	$L = 3^m,02$	$h = 1^m,31$
$3^m,50$	$6^m,21$	$3^m,25$	$1^m,40$
$3^m,00$	$4^m,22$	$3^m,59$	$1^m,52$

2° Canal des limons à surface lisse $\beta = 0,22$.

$u = 2^m,00$	$I = 1^m,06$	$L = 3^m,83$	$h = 1^m,66$
$1^m,50$	$0^m,46$	$4^m,96$	$2^m,15$
$1^m,00$	$0^m,17$	$6^m,07$	$2^m,63$

lorsque les circonstances permettront d'accroître la pente qui lui correspond.

XIV.

La quantité de matière transportée par un volume d'eau déterminé devant dépendre de sa vitesse, et le procédé d'abattage par effondrement permettant toujours de charger ces eaux au maximum de saturation à l'origine, il sera essentiel de ménager avec beaucoup de soin la pente totale dont on pourra disposer pour maintenir cette vitesse, sinon constante, du moins uniformément décroissante. Le profil en long du canal devra en général présenter une courbe concave, analogue à celle qu'on retrouve dans les conditions normales sur les courants naturels, dont l'inclinaison va en diminuant de la source à l'embouchure.

Nous ne saurions avoir la prétention de déduire, du calcul pour le véritable profil en long du canal, des règles et des formules précises, qui devraient être notablement modifiées par des observations empiriques. On conçoit cependant qu'une molécule en suspension dans l'eau peut être considérée comme en équilibre sous l'action de deux forces, dont l'une, la pesanteur, qui tend à en amener la précipitation, est proportionnelle au volume de la molécule ou au cube de son rayon, soit $F = Kr^3$; dont l'autre, qui maintient la molécule en suspension, dépend de la force vive du courant agissant sur la surface de la molécule, est dès-lors proportionnelle au carré du rayon en même temps qu'à celui de la vitesse, $F' = K'r^2 v^2$.

Toutes choses égales d'ailleurs, on peut donc admettre

que la force vive d'entraînement peut décroître comme le rayon de la molécule, $\dfrac{F}{F'} = C\,\dfrac{r}{v^2}$.

La vitesse nécessaire pour maintenir une même quantité de limons en suspension sera dès-lors d'autant moindre que les particules limoneuses auront été réduites à de plus faibles dimensions par le transport, seront devenues plus fluides.

Le profil en long pourra donc aller en s'aplatissant suivant une certaine loi. Cette dégradation dans la pente sera naturellement obtenue, — et cela probablement dans les conditions normales les plus avantageuses, — toutes les fois que la ligne de pente suivie par le canal de transport sera, comme dans le projet de fertilisation des Landes, un fragment intact d'un épanchement naturel dont on n'aura qu'à rétablir l'écoulement primitif interrompu.

L'axe du canal devra d'ailleurs être aussi rectiligne que possible, et le ralentissement dans les courbes racheté par un surcroît de pente longitudinale.

La section du canal devra être constante, ou du moins uniformément variée d'après la pente. Les parois en seront invariables et muraillées. Le profil type sera calculé de manière à donner le maximum de vitesse pour un débit et une pente donnés.

Le canal sera autant que possible établi en ligne de pente entièrement en déblai. Les terres provenant de la fouille seront retroussées sur les berges, où elles formeront deux banquettes de service. En prévision des obstructions accidentelles qui pouraient se produire sur quelques points du canal, il sera, de distance en distance, ménagé dans ces banquettes de larges déversoirs de

superficie, rejetant les eaux dans les affluents naturels du
voisinage, de manière à éviter toute chance de submersion momentanée.

Les limons une fois conduits, par la pente naturelle
des eaux, au point où devra s'en faire la répartition, le
canal principal se divisera en canaux de deuxième et de
troisième ordre, tracés suivant les lignes de faîte des
dernières saillies du sol à féconder.

S'il s'agissait d'une simple irrigation, les sections et
les pentes de ces canaux pourraient êtres réduites dans la
proportion de la surface que chacun devrait embrasser.
On ne pourra agir tout à fait de même pour des eaux
troubles, qui n'ont pas seulement besoin d'arriver au
lieu d'emploi, mais doivent l'atteindre avec une vitesse
suffisante pour ne pas laisser déposer les limons dont
elles sont supposées chargées à saturation. On sera donc,
suivant la pente relative des faîtes secondaires à desservir, amené à donner des dimensions relativement considérables aux canaux secondaires, qui ne fonctionneront pas tous ensemble, mais successivement, de manière
à ce que le courant des eaux troubles conserve une im-
pulsion suffisante en chacun d'eux.

Cette condition de maintenir en tout point une vitesse
déterminée, sera parfois difficile à remplir pour les rigoles
de dernier ordre, destinées au répandage définitif des
limons sur des terrains très plans. Pour cette opération
finale, il faudra nécessairement se contenter de rigoles de
petite section, dans lesquelles il pourra se produire des
dépôts exigeant un entretien et un curage continuels. Mais
il est bien évident que ces curages, ces retroussements
incessants, feront partie du répandage lui-même, puisque

les limons seront parvenus au lieu d'emploi. Ces dernières rigoles seront essentiellement mobiles, formées de chenaux en bois, ou de simples parois de planches qui seront déplacées parallèlement à elles-mêmes jusqu'à ce que la quantité voulue de limon ait été répartie sur chaque point. Ce répandage se fera, soit par le débordement ou l'envasement des rigoles, soit par l'ouverture de saignées convenablement dirigées à travers les cônes boueux qui se produiront à l'issue de chaque chenal.

Réduite à ces derniers termes, l'opération ne sera plus qu'une question de pratique exigeant le concours d'ouvriers exercés, qui acquerront promptement l'habileté nécessaire pour répandre les limons en couches uniformes et d'épaisseur déterminée à la surface de tous les sols.

L'alluvion ainsi livrée à l'agriculture, le reste sera de son ressort ; nous aurons cependant occasion de revenir sur ces derniers détails.

XV.

Il serait sans doute impossible de préciser à priori d'une manière rigoureuse quelle sera la proportion relative de substances minérales utiles que pourront entraîner des canaux construits dans le système que nous venons d'exposer.

Dans son Rapport sur les mines de Californie, M. Laur cite des cas particuliers dans lesquels la quantité de matière désagrégée par un jet d'eau et entraînée par les eaux de lavage s'élevait jusqu'à 12 % du volume d'eau employée.

Opérant sur des masses plus grandes, avec des vitesses

probablement supérieures au départ, et des moyens
d'abattage beaucoup plus efficaces, nous pourrons très
certainement obtenir, comme désagrégation et transport
dans le canal broyeur, une proportion analogue, avec
d'autant plus de raison que nous aurons affaire à des
terrains naturellement plus meubles et plus légers que
les amas de cailloux roulés qui forment la masse principale des terrains attaqués par les mineurs américains.

Il sera toujours facile, en effet, de ne soumettre au
débourbage que des terrains sédimentaires argilo-marneux, ne contenant pas plus de 10 à 15 % de cailloux
non broyés ou de sables quartzeux.

Nous avons vu comment on se débarrasserait de cet
excédant de matières inertes. Quelle sera la proportion des
limons que les eaux du canal d'amenée pourront définitivement entraîner à l'état de complète suspension ? Il
serait impossible de le préciser ; mais il est facile de
comprendre qu'elle sera très considérable, certainement
supérieure à celle de 10 à 12 % du volume des eaux
constatée en Californie.

L'entraînement des limons après le débourbage produira peut-être un ralentissement dans la vitesse normale du courant, telle qu'elle serait déduite de la pente
et de la section du canal. Des expériences directes m'ont
paru cependant démontrer le contraire et établir que
le poids des limons en suspension accélérait la vitesse
de l'eau au lieu de la réduire.

A chaque vitesse théorique résultant de la pente et
de la section que les circonstances locales obligeront à
donner au canal sur son parcours principal, correspondra,
en tout cas, une proportion déterminée de limons dont

l'entraînement sera possible, une puissance de saturation maximum qu'il sera nécessaire de ne pas dépasser, et que la pratique seule permettra de préciser.

Tout ce que l'on devra se proposer, tant que l'observation ne nous aura pas fourni de nouveaux éléments d'appréciation, sera de rendre ce maximum théorique, encore inconnu, aussi grand que possible, en aménageant en conséquence les conditions de pente et de tracé du canal. Sans crainte de me tromper, je crois pouvoir affirmer que, par les dispositions proposées plus haut, on se rapprochera notablement de ce maximum, si on ne l'atteint. La puissance effective de saturation sera en tout cas incomparablement supérieure à celle d'un cours d'eau naturel, dans lequel la variation incessante des sections et des pentes produit des changements alternatifs de vitesse qui se traduisent infailliblement par une perte de force vive.

A défaut de chiffres plus précis sur le travail de transport que peut effectuer un courant régulier de vitesse donnée, nous pouvons provisoirement déduire un minimum certain d'observations positives faites sur un canal qui, depuis plusieurs années, fonctionne dans des conditions de régime et parfois de service analogues à celles que devront réaliser les torrents artificiels. Je veux parler du canal qui conduit à Marseille les eaux de la Durance. Sa longueur est de 83 kilomètres, et son débit de 8 à 10 mètres cubes d'eau par seconde. Il est muraillé sur tout son parcours, et sa vitesse à peu près constante, déterminée par une pente de $0^m,33$ par kilomètre, varie de $0^m,70$ à 0^m80 par seconde.

Dans ces conditions, le canal de Marseille ne nécessite pas de curage ; aucun dépôt n'a jamais été constaté dans sa cuvette, et cependant il charrie habituellement des quantités considérables de limons dont le maximum, en temps de crue, constaté par des observations officielles, s'est élevé à 4,25 % du volume des eaux.

Je ferai observer toutefois que ce chiffre, dont je dois la communication à M. le Directeur du canal de Marseille, est rapporté à une unité spéciale. Les volumes de limon, dans les observations faites sur les eaux de la Durance, sont mesurés dans des éprouvettes graduées, après tassement naturel, sous une charge d'eau de $0^m,20$, maintenue pendant quinze jours. La dessiccation complète de ces limons, qui les transforme en un sédiment dur et compacte, amène une réduction de moitié dans les volumes observés.

La densité des limons ainsi durcis et stratifiés est sans doute très-supérieure à celle des terres végétales, qui doivent nous servir de terme de comparaison. Sans tenir compte de cette circonstance, il n'en est pas moins vrai que le canal de la Durance, dans les grandes crues, réalise le fait d'une proportion de plus de 2 % d'alluvions limoneuses mesurées à l'état de dessiccation complète, transportées sur un parcours de 83 kilomètres, sans que le moindre dépôt se soit jamais produit dans la cuvette du canal.

Cette proportion de 2 % est le maximum de ce qui a été observé, le maximum de ce que contiennent les eaux superficielles de la Durance après les grandes pluies ; mais elle est certainement bien loin de représenter la véritable capacité de saturation du canal de Marseille. M. le Directeur des eaux de Marseille ne mettait pas en doute que cette capacité de saturation ne fût très-supérieure, que le canal ne pût transporter une beaucoup plus forte quantité de limons, si les eaux de la Durance les contenaient.

La puissance d'entraînement d'un courant ne dépend que de sa force vive ; elle doit être, à peu de chose près, proportionnelle au carré de la vitesse des eaux ou à la pente, pour des cuvettes de même section.

Il n'y aura donc aucune exagération de ma part à admettre qu'avec une pente de 1^m,50 par kilomètre, correspondant à une vitesse plus que quadruple de celle du canal de la Durance, la proportion de limons entraînés par un canal d'égale section pourra atteindre 8 à 10 °/$_0$ du volume des eaux.

La proportion d'alluvions artificielles serait-elle beaucoup moindre : descendrait-elle à 4 ou 5 °/$_0$; s'abaisserait-elle, par impossible, dans l'état normal, au produit accidentel de la Durance, à 2 °/$_0$, que, par la continuité de leur travail, les canaux artificiels donneraient des résultats incomparablement supérieurs à ceux des colmatages produits par les dérivations des cours d'eau réputés les plus riches en limons.

Avec un débit moyen de 1700^m à la seconde, le Rhône ne porte pas annuellement à la mer plus de 17 millions de mètres cubes de sables ou de limons. Un canal de colmatage établi pour un débit normal de 10^m empruntés à ce fleuve, ne fournirait pas plus de 50,000^m d'alluvions. Avec un débit égal, un torrent artificiel, fonctionnant pendant six mois seulement, pourrait fabriquer et conduire 3 millions de mètres si la puissance d'entraînement n'était que de 2 % ; 15 millions si elle atteignait 10 °/$_0$, proportion dont tout me fait espérer qu'on pourra se rapprocher le plus souvent. Le rapport serait de 60 à 1 dans la première hypothèse, très-certainement inférieure à la réalité ; de 300 à 1 dans la seconde. Et cependant, il n'est pas de région avoisinant un cours d'eau naturellement limoneux dans laquelle on n'ait cherché à en utiliser les troubles fertilisants.

J'ai choisi pour exemple particulier d'une première application de mon système la région des landes de Gascogne. Admettons que, près la ligne de faîte qui rattache aux Pyrénées ce vaste et stérile plateau, il existât un fleuve analogue au Rhône, ou même à la Garonne, bien qu'elle soit trois fois moins riche en limons, dans des conditions de hauteur telles qu'on pût en dériver les eaux sans plus de difficulté que n'en présente le tracé de mon torrent artificiel. Qui pourrait mettre en doute que, dans ces circonstances, on n'eût depuis longtemps mis à profit ce Nil hypothétique, pour lui emprunter une source de richesse qui aurait à la longue transformé le sol ingrat des Landes ? Ce que la nature n'a point réalisé pour cette région, nous verrons bientôt qu'il dépend uniquement de nous de le faire avec un effet utile qui, à volume égal des eaux employées, sera très-probablement 300 fois plus grand que celui qui résulterait d'une dérivation du Rhône opérée dans les parties les plus limoneuses de son cours.

XVI.

Sans sortir encore du cadre des généralités, dans lequel je me suis tenu jusqu'ici, il ne sera pas inutile de rappeler quelques avantages accessoires de l'opération, de traiter quelques questions de détail peu importantes, sur lesquelles je désire n'avoir plus à revenir.

Nous avons vu comment les alluvions produites par des torrents artificiels seraient conduites au lieu d'emploi, répandues en couches d'épaisseur uniforme à la surface des sols à féconder. Mais les méthodes que j'ai indiquées ne devraient pas être nécessairement bornées à des travaux exclusifs d'amélioration agricole.

Les mêmes procédés pourraient être également employés, avec certains avantages, à diverses entreprises d'utilité publique nécessitant de grands mouvements de terre, au déblai comme au remblai.

L'abattage par galerie, en même temps qu'il servirait à produire la désagrégation des masses minérales utilisables par l'agriculture, permettrait, s'il était convenablement dirigé, d'ouvrir par une sape puissante de vastes et profondes tranchées dans tous les terrains meubles que l'on aurait un avantage quelconque à déraser en tout ou en partie.

Un résultat analogue pourrait être obtenu pour les terrassements à faire en remblai. Les troubles en suspension, de même qu'ils seraient répandus en couches minces à la surface du sol, pourraient sur d'autres points servir, soit à opérer de grands comblements de marais, d'étangs, de bras de mer au besoin, soit même à édifier des remblais d'une grande hauteur. Ils trouveraient leur emploi, soit dans la construction de digues longitudinales ou transversales à établir dans les vallées, soit même dans l'application spéciale qui nous occupe. Rien ne serait en effet plus aisé, avec quelques soins, que de diriger les dépôts de manière à former une sorte de colline artificielle qui pourrait être nécessaire pour combler une coupure accidentelle de la ligne de faîte, sur laquelle devrait être dirigé un de nos canaux.

On ne saurait opposer comme une objection sérieuse à l'emploi des alluvions artificielles, la nécessité de sacrifier à l'amélioration des terres inférieures celles qui, dans les régions élevées, serviraient, soit de chantier de désagrégation des masses minérales, soit d'entrepôt pour les débris quartzeux qui devraient être cantonnés au départ.

Les terrains supérieurs, sur lesquels nous aurons à opérer, si puissantes que soient les couches utiles dont ils sont formés, sont en général dénudés et stériles à la surface. Leur dépréciation, si dépréciation il y avait, ne saurait être d'ailleurs que momentanée. Une fois dérasés jusqu'au niveau des canaux de colmatage, rien ne serait plus aisé que de leur restituer à la superficie une couche suffisante de limons fertiles, provenant des opérations suivantes, qui leur assureraient une valeur agronomique bien supérieure à celle qu'ils avaient naturellement.

Mais il sera en général beaucoup plus avantageux de diriger la fouille de manière à creuser une vallée profonde et fermée, qu'une simple vanne transformera en réservoir d'approvisionnement des eaux de crue, d'une solidité à toute épreuve.

L'obligation d'emmagasiner au fond des ravins supérieurs, en quelques points déterminés, une masse plus ou moins considérable de sables quartzeux, de cailloux inertes, dont il serait utile de débarrasser au départ les alluvions artificielles, ne saurait être considérée non plus comme une perte définitive et sans compensation. Non-seulement, sur ces amas convenablement nivelés, à mesure qu'ils auraient comblé les bas-fonds destinés à les recevoir, on pourrait répandre des alluvions fertiles, mais il serait encore parfois possible de tirer directement parti du dépôt de ces déjections, inutiles à l'agriculture.

Au nombre des questions de détail qui m'ont plus particulièrement attiré le reproche d'utopie lors de mes premières publications, il en est peu qui aient paru plus audacieuses et plus risquées que mon hypothèse sur le rendement éventuel de l'or qu'on pourrait retirer des eaux de débourbage.

L'or, disais-je, est beaucoup plus abondant qu'on ne le pense, à la surface du globe. Il est universellement répandu dans tous les terrains primitifs, et se retrouve encore dans les formations diluviennes incomplètement broyées, dont les argiles et les galets appartiennent en plus ou moins grande proportion aux terrains anciens.

Sur un grand nombre de nos rivières, dans le midi de la France surtout, l'existence de l'or est un fait depuis longtemps admis. Au siècle dernier, l'industrie des orpailleurs subsistait encore sur beaucoup d'entre elles. Les vallées qu'elles parcourent recèlent donc dans leurs flancs des parcelles du précieux métal, qui, pour ne pas être aussi abondantes que celles qu'on retrouve dans les formations analogues de la Californie, n'en ont pas moins, sur de très-grandes masses, une importance réelle. Le mètre cube de terre lavé, entraîné, broyé, ne devant pas le plus souvent, ainsi qu'on le verra plus tard, coûter plus de quelques centimes, l'or contenu pouvant être recueilli à peu de frais, puisque le canal de débourbage constitue un *sluice américain* d'une grande puissance, on comprendra qu'il ne faudrait pas que cette proportion d'or existant dans les terrains désagrégés fût bien grande pour couvrir parfois à elle seule les frais de l'opération[1].

Mais si cette hypothèse de l'or, sur laquelle je ne voudrais pas insister plus qu'il ne faut, paraissait devoir être le plus souvent gratuite, il est certaines substances

---

[1] Le nord de l'Espagne, le midi de la Gaule, ont été pendant plusieurs siècles, sous la domination romaine, le siège d'une exploitation aurifère dont l'importance relative ne le cédait en rien à celle qu'ont acquise de nos jours les placers de la Californie. La production annuelle s'élevait à 20,000 livres, représentant plus de 20 millions de notre monnaie.

Ces résultats étaient obtenus par des procédés très-inférieurs à ceux des mineurs américains. Les anciens ne savaient se servir, ni des conduites forcées pour diriger les jets d'eau, ni de l'affinité du mercure pour retenir au passage et séparer l'or entraîné. Ils opéraient à peu près au hasard sur tous les terrains diluviens ou glaciaires, convaincus par l'expérience qu'ils contenaient tous de l'or en quantité plus ou moins grande. Des motifs d'intérêt général avaient seuls déterminé l'administration romaine à reléguer aux confins de l'Empire les exploitations de cette nature, qui, sans les mesures prohibitives prises contre elles, auraient été pratiquées dans la vallée du Pô et sur les versants des Alpes ou des Apennins aussi bien que sur ceux des Pyrénées.

Le lavage des minerais aurifères, tel qu'il se faisait autrefois, tel qu'il se pratique de nos jours, en grande masse, amène une séparation complète des deux éléments de la terre végétale ; il entraîne les limons jusqu'à la mer, et ne laisse à la surface du sol que des sables et des galets infertiles.

Un voyageur qui a longtemps habité la Californie et en a visité tous les placers, m'a affirmé à cet égard que la quantité de terres végétales détruites ou frappées à jamais de stérilité par les amas de sables et de graviers dont elles restaient recouvertes, était telle qu'en l'évaluant à 1,000 ou 1,200 fr. l'hectare seulement, sa valeur serait supérieure à celle de l'or qu'on en avait extrait.

Nous avons vu un industriel, après avoir fait des essais de lessivage sur les alluvions de Saint-Bauzille, dans le bassin de l'Hérault, obligé d'y renoncer, bien qu'il eût trouvé de l'or, parce que sa valeur était inférieure à celle des terrains cultivés qu'il eût fallu détruire pour l'extraire. Il est donc très-naturel d'admettre que la désagrégation en grande masse des terrains nécessaires pour constituer l'alluvion végétale donnerait lieu à la séparation d'une quantité d'or considérable, qui pourrait être recueillie sans nouveaux frais, sans aucun des incon-

minérales d'une moindre valeur dont on ne saurait contester l'abondance, et qu'il pourrait être avantageux de recueillir à peu de frais. Tel serait par exemple le minerai de fer, qui entre pour une forte proportion dans les argiles de Lannemezan, dont je propose l'emploi pour la fertilisation des Landes.

A raison de sa plus grande densité, ce minerai serait rejeté avec les sables de fond par les vannes de décharge, et il paraîtrait aisé de l'isoler dans un assez grand état de pureté pour pouvoir l'utiliser avec bénéfice.

On me pardonnera de signaler, en passant, ces produits accessoires d'une opération dont les résultats essentiels sont trop importants et trop certains pour qu'il soit nécessaire de rien demander au-delà de l'amélioration agricole qu'ils doivent produire. J'aurais pu me dispenser de revenir sur cette question ; j'ai cru cependant devoir la signaler, vaille que vaille, sans lui attribuer plus d'importance réelle qu'elle n'en mérite.

XVII.

Dans mes premières brochures, j'avais cherché à faire entrevoir l'extension que mon système pourrait recevoir non-seulement en France, mais à l'étranger ; j'avais signalé, parmi nos diverses provinces, celles qui étaient plus spécialement propres à être régénérées par les alluvions artificielles.

vénients inhérents aux exploitations spéciales des Romains et des Américains. Les procédés pratiques que je propose auront en effet pour résutat d'enfouir ou de cantonner sur des espaces restreints les sables et cailloux infertiles, de conserver au contraire et de répartir sur d'immenses surfaces les alluvions limoneuses.

Dans l'intérêt de la réussite de mes idées, j'aurais peut-être mieux fait de m'abstenir à cet égard de développements qui, par cela surtout qu'ils étaient incomplets, devaient avoir une apparence hypothétique.

Il en est toujours ainsi aux débuts d'une industrie nouvelle. Tant qu'elle ne repose que sur une conception théorique, il serait bien difficile de pouvoir déterminer jusqu'où elle pourra s'étendre, en deçà de quelles limites elle devra s'arrêter. Lors de la pose des premiers rails de chemins de fer en France, quand il était besoin d'une garantie d'intérêt de l'État pour assurer la construction de la ligne de Paris à Orléans, on eût sans doute été mal venu à prédire le moment prochain où un réseau de 30.000 kilom. réunirait les uns aux autres, dans tous les sens, nos moindres centres de population.

Il serait tout aussi téméraire aujourd'hui de vouloir préciser, avant toute expérience pratique, l'avenir des canaux de colmatage artificiel. Je ne crois pourtant pas inutile d'entrer à cet égard dans quelques considérations générales, qui ont surtout pour but de résumer les principes de ma théorie, de la rattacher plus étroitement à tous les développements qui précèdent, sur le rôle que les courants d'eau actuels ont joué dans la production de nos bonnes terres végétales. Les meilleures, mais en très-petite quantité, appartiennent à la catégorie des alluvions modernes. La plupart ont une origine diluvienne, proviennent des grands déplacements d'eau qui, à diverses époques géologiques, ont dû balayer et remanier la surface du globe. Quelques-unes appartiennent aux épanchements de matières boueuses que des glaciers aujourd'hui disparus ont distribués sur les flancs ou à la base du massif de nos montagnes principales.

J'ai étudié avec soin, dans un autre ouvrage, comment se produisaient les alluvions actuelles, comment il paraît possible d'améliorer, par un aménagement convenable, les terres végétales qu'elles ont produites. Mais le but essentiel à atteindre est moins de régénérer ces formations naturelles, d'une étendue restreinte, que d'appeler les terres d'origine diluvienne ou sédimentaire à profiter des mêmes avantages.

Les courants qui les ont formées sont interrompus. Je propose de les rétablir, non plus avec la masse de leurs eaux et leur première intensité d'action, mais avec tous leurs effets réellement utiles.

En remontant à la source de l'épanchement primitif, nous trouverons tout à la fois les éléments minéraux nécessaires à la régénération du sol et la force mécanique propre à mettre en œuvre ces matériaux. L'alluvion végétale, reconstituée au point de départ, s'écoulera sur les formations sédimentaires, suivant le plan incliné naturel qui les rattache aux régions supérieures.

L'opération sera d'autant plus facile que les lieux auront été moins dénaturés par les bouleversements géologiques, et par suite que les terrains à améliorer appartiendront à une période plus récente.

L'observation confirme de tout point ces prévisions. Les terrains diluviens les plus modernes, ceux qui se rapportent au diluvium alpin, ont conservé parfaitement intacts leurs plans inclinés de déversement. Le courant a déjà été rétabli sur la plupart pour le service des irrigations, ainsi qu'on le voit sur la Crau de Provence, les plaines du Comtat et du Roussillon en France, celles de la Lombardie en Italie, celles de l'Aragon dans la vallée de l'Èbre, etc.

Le même état de conservation du relief primitif se retrouve encore dans les formations immédiatement antérieures. J'aurai occasion de mentionner les dérivations exécutées ou projetées jusqu'à ce jour pour porter sur les terrains de l'Armagnac et du Béarn les eaux de la Neste et du Gave.

Un simple changement dans la destination de ces canaux leur permettrait de conduire, non plus un filet d'eaux limpides, toujours insuffisant pour un arrosage de quelque étendue, mais un fleuve boueux dont les sédiments changeraient en terres fertiles la vaste région de trois millions d'hectares comprise entre les Pyrénées et le circuit de la Garonne.

Nous trouverions des facilités d'exécution du même genre sur tous les terrains de la rive gauche de la Loire, la Sologne, la Brenne, adossées aux montagnes du Centre, et sur un grand nombre de formations sédimentaires encore plus anciennes.

A mesure cependant que nous remonterons dans l'âge géologique, les conditions pourront changer. Les convulsions successives du globe ont parfois interrompu la continuité primitive des épanchements diluviens ou glaciaires. Sur certains points, les montagnes alimentaires se sont affaissées ou ont disparu ; sur d'autres, les couches sédimentaires se sont relevées.

Je ne conclurai donc pas *à priori* qu'il soit également possible de dévier des torrents d'alluvions artificielles sur la totalité des terrains sédimentaires à surface horizontale, dont l'ensemble, d'après MM. Élie de Beaumont et Dufresnoy, occupe plus de la moitié de la surface de la France.

Je ne crois pas trop m'avancer toutefois en admettant,

par ce que je connais de la topographie de notre sol, que le bénéfice de cette régénération agronomique pourra s'étendre, en France, à une surface de 10 à 12 millions d'hectares.

Ce que l'application de mes procédés pourra produire au-delà ; les résultats qu'on pourra obtenir en faisant franchir aux limons des faîtes intermédiaires [1], en les transportant peut-être d'un bassin dans un autre, il serait sans doute prématuré de ma part de vouloir l'annoncer d'avance.

Réduite aux termes dans lesquels je la présente, au répandage d'une nouvelle couche d'alluvions fécondantes sur une surface de 12 millions d'hectares groupés aux pieds des Pyrénées, des Alpes, ou des montagnes du Centre, la question n'en a pas moins une très-grande importance. Ces contrées régénérées pourraient, à elles seules, rapporter deux fois autant de produits agricoles

[1] L'exemple du canal de la Durance nous a montré qu'avec une pente de 0m,33 par kilomètre et un débit de 8 à 10 mètres à la seconde, un torrent artificiel pouvait maintenir en suspension et transporter une proportion de limons secs dépassant très certainement 2 p. %, atteignant probablement 3 à 4 %, soit, pour un travail de 200 jours par an, un cube de 6 à 8 millions de mètres d'alluvions.

Dans ces conditions, le rayon d'approvisionnement des torrents artificiels pourrait être prolongé bien au-delà des limites naturelles des bassins qu'ils seraient appelés à régénérer. Une pente disponible de 2 à 300 mètres, convenablement aménagée, suffirait pour leur faire traverser la France entière. Le niveau des lacs de Genève ou de Neufchâtel permettrait de porter leurs eaux enrichies de limons jusqu'aux rivages de la Bretagne.

Je ne cite, bien entendu, ces dernières dérivations que pour en signaler la possibilité théorique, quant à la suffisance des pentes ; mais je n'entends nullement en préjuger les avantages économiques, qui pourraient ne pas se trouver en rapport avec les énormes dépenses qu'un semblable travail entraînerait.

que la France entière dans son état actuel. En nous limitant à ce point de vue éminemment pratique, en nous restreignant aux sols sur lesquels l'emploi de ma méthode paraît immédiatement applicable, avec des frais relativement minimes, je suis donc fondé à prédire qu'elle aura pour effet de tripler notre richesse agricole.

Les résultats des alluvions artificielles ne se traduiront pas seulement par un énorme accroissement de la production, mais par une réduction équivalente dans la masse de travail que la main de l'homme pourra produire.

Nos bonnes terres végétales, et nous avons vu combien sont rares celles qui peuvent mériter ce titre, sont disséminées sur toute la surface de notre territoire en lambeaux épars.

Les divisions naturelles résultant de l'inégalité de relief du sol, des découpures des vallées, des saillies des collines, autant peut-être que le morcellement artificiel des héritages, rendent impraticables tous les procédés de grande culture.

Toute autre sera la tâche du cultivateur lorsque, au lieu d'avoir à varier à l'infini les détails de l'exploitation, le choix des assolements, suivant la nature variable du sol, il pourra opérer sur un terrain sensiblement plan, de composition parfaitement uniforme. La culture pourra être ramenée, en quelque sorte, à une œuvre purement mécanique, comportant des règles fixes et certaines où le travail de l'homme se réduira à diriger l'emploi des engins perfectionnés que l'industrie moderne peut lui fournir.

Ainsi se trouvera résolu en fait ce double problème des subsistances et du travail agricole, qui préoccupe nos économistes. Exonérés du lourd tribut d'importation des

denrées alimentaires que nous payons en ce moment à
l'étranger, nous aurons en même temps plus de bras disponibles pour notre industrie. Laissant les choses suivre
leur cours naturel, nous n'aurons plus besoin de mettre
des entraves à cette tendance vers une classification plus
normale des castes sociales qui pousse le prolétariat trop
nombreux de nos campagnes à chercher dans l'industrie des villes un salaire plus rémunérateur que celui
que notre agriculture peut lui offrir aujourd'hui.

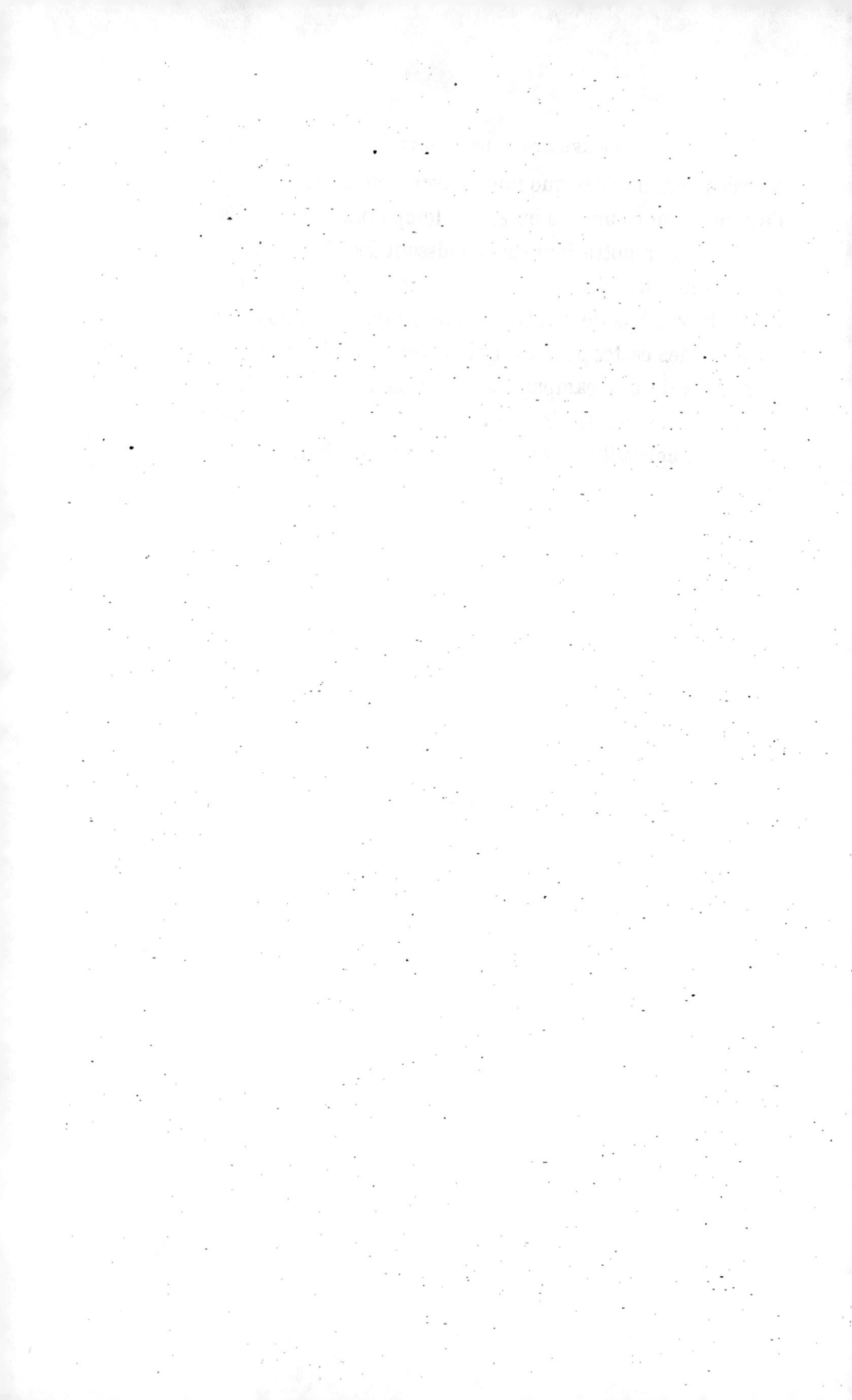

DEUXIÈME PARTIE.

Fertilisation des Landes.

CHAPITRE IV.

DESCRIPTION GÉOLOGIQUE ET AGRONOMIQUE DE LA RÉGION
DES LANDES.

Toute la région comprise au sud-ouest de la France,
entre les Pyrénées, la grande courbe de la Garonne et
l'Océan, formant la Gascogne proprement dite, présente
une grande uniformité de composition géologique. Sur
ie flanc des Pyrénées s'adosse une épaisse formation
d'argiles tertiaires, dont la masse totale, s'infléchissant
vers le fleuve d'un côté, vers la mer de l'autre, est dé-
coupée sur toute son étendue par un grand nombre de
cours d'eau, divergeant dans tous les sens après avoir
affecté des directions sensiblement parallèles à l'origine.

XVIII.

Au centre de cette formation principale, touchant à la
mer, s'étend la région des Landes, immense plateau
constituant comme un golfe sablonneux enchâssé dans
les argiles, qui se prolonge sans interruption de Mont-

de-Marsan à Lesparre, dans sa plus grande longueur ; de Nérac à l'Océan, dans sa largeur.

Limité au Sud par l'Adour, au Nord et à l'Ouest par la Garonne et son affluent la Gélize; découpé sur son pourtour par des affluents de ces deux rivières principales, au centre par le bassin d'une petite rivière qui lui est propice, la Leyre, l'ensemble du plateau des Landes s'infléchit d'une pente uniforme dans le sens de ses vallées, à partir de son sommet qui se trouve vers Gabarret, à une altitude de 150 mètres.

Une ligne de faîte régulière séparant les affluents de la Garonne de ceux de l'Adour, rattache aux massifs tertiaires le sommet du Gabarret. Tronçon intact d'un épanchement primitif dont il suffirait de rétablir le cours, cette ligne présente une voie toute naturelle pour apporter les sédiments minéraux des Pyrénées sur toute la région des Landes. A partir de son point culminant, en effet, le faîte du plateau se bifurque en deux branches principales, dont l'une se continue jusqu'à la pointe de Grave, à l'embouchure de la Gironde ; dont l'autre, traversant la formation des Landes dans toute sa largeur, sépare le bassin central de la Leyre de celui de la Midouze, affluent de l'Adour.

Dans tous les sens, à partir de ces croupes culminantes, le sol s'incline en faîtes secondaires par des pentes continues, sans qu'aucune dépression, aucun soulèvement, vienne interrompre la continuité des lignes de pente qu'on peut partout tracer à fleur du sol, entre le pied des Pyrénées et un point quelconque des Landes.

Tels sont les caractères saillants, ressortant nettement aux yeux, à l'examen d'une carte géologique et topographique, qui seuls avaient déterminé mon choix, en me faisant reconnaître que, par l'immensité des résultats à obtenir et l'excessive facilité des moyens, la région des Landes était, plus que toute autre contrée, merveil-leusement disposée pour servir de champ à la première application pratique de la théorie des alluvions artifi-cielles.

Aussi n'hésitai-je pas, après une première reconnais-sance sommaire, à appeler la publicité sur les bases d'un projet dont vingt ans d'études assidues n'ont fait que con-firmer dans mon esprit tous les avantages.

Le vaste plateau que nous avons vu s'infléchir vers le littoral ne prolonge pourtant pas directement tous ses versants jusqu'à la mer.

Au voisinage de l'Océan, les sables marins, soulevés en dunes puissantes par les vents du large, ont envahi le sol des Landes et refoulé au-devant d'elles les eaux pluviales. Concentrées dans une série d'étangs qui s'étendent en chapelet, parallèlement à la côte, ces eaux forment une nappe presque continue, communiquant avec la mer par un petit nombre d'embouchures nom-mées courants, qui, des environs de la pointe de Grave à l'Adour, sépare la région des Landes de celle des dunes, qui en est distincte.

Bien que les alluvions artificielles doivent, en certains points, atteindre la région des dunes et atterrir sans doute une partie des étangs, c'est surtout à l'est de cette nappe d'eau, dans la région des Landes proprement dite, que nous aurons à les utiliser. Je ne saurais cependant, en laissant les dunes en dehors de cette étude, oublier de rappeler en tête des hommes dont le nom vivra à ja-mais dans les Landes celui de Brémontier, qui le premier, donnant un corps à de vagues pratiques locales sur l'ensemencement des sables et la fixation des dunes, parvint à les arrêter dans leur marche dévorante, en indiquant les procédés positifs auxquels nous devons la création des belles forêts de pins qui couvrent aujourd'hui cette zone littorale.

XIX.

Les landes proprement dites, situées en arrière des étangs, restées étrangères aux bienfaits des travaux de Brémontier, avaient été de tout temps vouées à une stérilité complète, sauf sur leur pourtour, au voisinage des étangs littoraux, dans les petites vallées affluentes de la Garonne et de l'Adour, où la pente plus grande du terrain permettait un plus facile assèchement ; et les qualités un peu différentes d'un sable plus ferme, plus argileux, plus enrichi aux dépens des Landes supérieures, déterminaient un certain degré de fertilité relative. Dans cette région des basses landes ont existé de tout temps des contrées largement boisées, çà et là des lambeaux de culture et de prairies, et quelques villages populeux. Mais à mesure qu'on s'éloignait du pourtour de la formation en se rapprochant du point culminant de Gabarret, la situation empirait. Les eaux, ne trouvant plus d'écoulement, s'accumulaient en flaques stagnantes, tour à tour entretenues par les pluies de l'hiver, asséchées par les chaleurs de l'été, sur un sol de sable pur, qui ne produisait plus qu'une maigre végétation de bruyères et d'ajoncs, entremêlés de quelques rares bouquets de pins et de chênes rabougris.

Quelques tentatives de défrichement et de mise en culture avaient été faites sans succès, à diverses époques, sur ces landes extérieures ou basses landes ; mais avant 1860 on n'avait rien osé entreprendre de pareil sur des landes intérieures, tant le mal paraissait incurable. Dans ce désert, où les propriétés particulières ou communales n'avaient même pas de limites fixes, la terre se vendait à la *huchée*, aussi loin que la vue pouvait s'étendre, à un prix moyen ne dépassant pas 5 fr. par hectare, et cette dépréciation du sol était justifiée par son revenu insignifiant, provenant du parcours de quelques maigres moutons calculés à raison d'une tête par hectare.

Le défaut d'écoulement des eaux pluviales, cause principale de cette stérilité absolue des landes intérieures, était attribué surtout à l'imperméabilité du sous-sol, de l'*alios*, formation spéciale à la région, et sur laquelle il sera bon de donner quelques détails.

Bien que l'opinion ne soit pas unanime à cet égard, je ne saurais, pour ma part, considérer l'alios comme autre chose que le sable superficiel agglutiné par un ciment végétal.

On ne saurait admettre, en effet, que l'alios ait une origine géologique, diluvienne ou sédimentaire. Un semblable dépôt ne se serait pas produit avec l'uniformité qui caractérise l'alios. Nivelant les aspérités du sol primitif, il aurait des épaisseurs considérables dans les bas fonds, manquerait dans les points hauts, et présenterait en outre l'aspect d'une couche géologique nettement tranchée. Loin de là, l'alios se confond par nuances insensibles avec le sable qui lui est inférieur comme avec celui qui le recouvre. Il se retrouve d'ailleurs sur tous les points, en couches minces, dans les vallées d'érosion toutes récentes comme sur les plateaux, en rapport avec le relief actuel et non avec le relief ancien.

On ne pourrait rapporter non plus l'alios à une concrétion sous-marine qui se serait formée dans une période géologique antérieure à la nôtre, à une époque où le plateau des Landes aurait été recouvert par la mer ; car dans ce cas, en même temps qu'il ne se retrouverait pas dans les érosions récentes, il devrait former plusieurs couches, au lieu d'une seule, et contenir des fossiles qu'on n'y trouve pas.

On ne peut évidemment attribuer à cette étrange formation qu'une origine, toute moderne, et j'ai été amené à penser qu'elle était due à la lente sécrétion des matières organiques provenant de la décomposition des végétaux superficiels, constituant une sorte de ciment résineux, concentré et rendu insoluble par un phénomène d'évaporation analogue à celui qui produit les concrétions salines dans le sous-sol de nos terrains salés du littoral de la Méditerranée. Si cette explication était vraie, la formation de l'alios devait en chaque point se trouver en rapport avec les effets de l'évaporation annuelle, qui, concentrant les principes organiques tenus en dissolution, doit en amener le dépôt dans une couche d'autant plus profonde et plus épaisse en même temps que cette évaporation a été plus active et plus prolongée.

Ces prévisions théoriques ont été pleinement confirmées par les premiers renseignements qui me furent donnés, il y a près de vingt ans, par les agents du domaine de Solférino, et rien n'est venu les infirmer depuis. La couche de l'alios n'est pas partout uniforme, mais cette variation est régie par les lois suivantes : La couche est d'autant plus épaisse qu'elle est plus profonde au-dessous du sable de la surface ; cette profondeur est d'autant plus grande que le sol est lui-même plus élevé, plus sec, sujet à une plus longue évaporation, l'alios manquant complètement dans les points bas, marécageux, où la concentration des sucs résineux ne peut se produire.

Il serait difficile de trouver une concordance plus grande entre les faits et la théorie. On ne saurait considérer comme une objection sérieuse la spécialisation prétendue de l'alios au sol des landes de Gascogne. Cette spécialisation est loin d'être aussi complète qu'on le suppose généralement. Pour ma part, si je n'ai pas retrouvé l'alios à l'état de concrétion compacte dans les landes de la Sologne, je l'y ai pourtant constaté à l'état rudimentaire, indiqué par une coloration très marquée de la couche correspondante du sous-sol. Cette différence entre les effets d'une même cause trouve son application toute naturelle dans celle des climats, qui non-seulement peuvent avoir de l'influence sur l'intensité de l'évaporation, mais sur la nature des sucs végétaux qui peuvent être dissous par les eaux pluviales. De même que les pins des Landes produisent des quantités de résine incomparablement supérieures à celle des pins de Sologne, on peut comprendre que les bruyères, les fougères et autres produits spontanés du sol y soient plus riches en principes solubles, résineux ou autres, susceptibles de donner une concrétion complète du sous-sol dans les Landes, une simple coloration dans la Sologne.

Quoi qu'il en soit, cette formation, constituant un sous-sol imperméable, est un obstacle qui, à défaut d'autres dans l'état actuel, rendrait bien difficile la culture des Landes. L'infertilité de la couche supérieure résulte autant de sa constitution physique que de son défaut de

variété minérale. Une des propriétés du sable, en effet,
est de manquer complètement d'hygroscopicité, d'être
imperméable à l'eau, de ne pouvoir la retenir et l'emmagasiner à cet état de combinaison physique, d'hydratation intra-moléculaire, qui est nécessaire au développement d'une végétation régulière.

L'eau supérieure, filtrant à travers le sable de la surface, pénètre librement jusqu'à l'alios. Suivant qu'elle
est plus ou moins abondante, elle divise le sol en deux
couches, dont l'une, restant noyée, ne peut faire naître les
germes végétaux ; dont l'autre, trop promptement dessé-
chée, ne peut les nourrir.

XX.

Les landes intérieures se trouvaient donc incultes et
n'avaient même été l'objet d'aucun essai sérieux d'amélioration agricole, lorsque vers 1850, M. Chambrelent,
un ingénieur dont le nom restera associé à celui de Brémontier parmi les bienfaiteurs du pays, commença ses
études sur les moyens de remédier à cette proverbiale
stérilité.

Il ne tarda pas à reconnaître que si les Landes étaient
restées improductives, si les semis d'essence forestière
qu'on y faisait, ou manquaient totalement, ou ne donnaient que des arbres rabougris, on devait l'attribuer
moins au défaut de profondeur du sol supérieur à l'alios
qu'à son état alternatif de submersion et de sécheresse, qui
empêchait les jeunes plants de germer au printemps et
de se développer en été. Il en conclut que la première
opération devait consister en un assainissement préalable
destiné à donner un facile écoulement aux eaux, et

démontra par des nivellements et plus encore par l'exemple de sa pratique personnelle, que cet assainissement pouvait être obtenu à peu de frais par un drainage à ciel ouvert, un réseau de rigoles creusées dans le sable superficiel, suivant les lignes de la plus grande pente du sol, en tous points supérieure à $0^m,001$, plus que suffisante pour assurer le prompt écoulement des eaux.

M. Chambrelent constata par sa propre expérience que ces travaux, dont la dépense n'excédait pas 30 fr. par hectare, étaient suffisants pour changer, sinon la constitution minéralogique du sol, tout au moins ses conditions physiques, en lui permettant de devenir apte à la production forestière, qui, comme nous l'avons vu dans le premier chapitre de ce livre, ne demande au sol qu'un point d'appui pour ses racines et se nourrit presque exclusivement par l'atmosphère.

La théorie de M. Chambrelent était trop simple, et surtout les résultats pratiques qu'il avait obtenus sur son domaine particulier étaient trop visibles aux yeux, pour que son exemple n'ait pas été suivi. L'administration supérieure encouragea ses efforts en facilitant la vente des landes communales, moyen le plus facile d'appeler les capitaux privés sur cette région, la veille inconnue et presque inaccessible, que la construction du chemin de fer et peu après celle d'un vaste réseau de routes agricoles, ouvrirent de toutes parts.

La transformation fut des plus rapides. Du jour au lendemain, la valeur du sol décupla, et le pays tout entier n'était déjà qu'un immense semis de jeunes pins, lorsque je me présentai à mon tour pour proposer une amélioration nouvelle. Je fus d'autant plus froidement accueilli par les intéressés, qu'un fait accidentel, le haut prix auquel la guerre d'Amérique venait de porter les résines, avait encore augmenté l'engouement général pour les semis de pins, en laissant entrevoir à leurs nouveaux possesseurs une source de richesse future très supérieure à la réalité.

Les résultats n'en ont pas moins été considérables, et c'est à bon droit que, dans ses derniers comptes-rendus, M. Chambrelent fait ressortir les immenses avantages de l'entreprise dont il a été le premier instigateur, en même temps qu'il en a dirigé les principaux développements. Mais si l'esprit se plaît à énumérer les richesses déjà créées, l'amélioration sanitaire réalisée ; si l'œil est récréé par la vue de ces immenses forêts de pins prolongeant sans limite leur océan de sombre verdure dans toutes les directions, on n'en est pas moins amené à se demander si le moment ne serait pas venu de faire mieux encore ; si l'on doit considérer comme la dernière expression du progrès d'avoir fait surgir du sol ces forêts résineuses qui, par le fait même de leur contiguïté, restent exposées sans défense aux chances d'incendie, qui à de si fréquents intervalles les détruisent sur de vastes étendues.

Le dernier rapport de M. Chambrelent nous apprend que, de 1865 à 1870, les surfaces incendiées ont été de plus de 10,000 hectares dans le seul département de la Gironde. On ne saurait guère estimer à moins du double les accidents du même genre qui ont dû dévaster les forêts deux fois plus étendues du département des Landes ; soit ensemble 30,000 hectares de brûlés en cinq ans, sur une superficie totale de 600,000 hectares environ.

L'administration s'est naturellement préoccupée des moyens de rémédier à cette cause permanente de destruction des richesses forestières de la région des Landes.

Les mesures de surveillance, si rigoureusement qu'elles soient observées, ne sauraient avoir d'action efficace, et faute de mieux on s'était arrêté, en principe, à l'idée de prescrire un réseau de pare-feux, de clairières longitudinales, isolant les massifs d'arbres résineux, destinés à limiter la trop grande propagation des incendies accidentels qu'on ne saurait empêcher de se reproduire.

Cette mesure, par elle-même insuffisante et d'une application pratique assez difficile par voie de règlements administratifs, aurait en outre l'inconvénient de vouer à une stérilité forcée l'étendue relativement considérable de ces pare-feux ; car dans son état actuel le sol des Landes, bien qu'il soit assaini, n'en reste pas moins impropre à toute autre végétation que la culture forestière.

Cette production spéciale, forcément exclusive de toute denrée alimentaire, a en outre pour résultat de limiter le développement de la population obligée de tirer du dehors tout ce qui est nécessaire à l'entretien de la vie animale.

A ces deux points de vue déjà, on comprend l'importance qu'il y aurait à restreindre la végétation forestière, à y associer d'autres cultures plus perfectionnées pouvant alimenter la population et utiliser tout au moins les surfaces des clairières que l'on voudrait réserver comme pare-feux.

Mais à ces considérations secondaires, qui suffiraient déjà pour justifier l'emploi partiel des alluvions artificielles dans les Landes, vient s'en joindre une bien plus importante encore, qui doit tendre à en généraliser

l'emploi. Je veux parler de la concurrence, chaque jour
plus redoutable, que nous font les cultures américaines
et australiennes, de l'importance qu'il y aurait pour nous
à nous exonérer de ce tribut annuel de plus d'un milliard,
en l'état, que nous payons, sans réciprocité, à l'importation étrangère des denrées d'alimentation.

J'ai traité la question avec assez de détails, sous forme
d'Introduction, pour n'avoir pas à y revenir autrement
que pour en rappeler l'importance économique, me réservant d'insister dans un autre chapitre sur son côté
agronomique.

XXI.

Je crois en avoir assez dit pour démontrer la nécessité
de compléter, par une amélioration nouvelle du sol des
Landes, la transformation si heureusement accomplie déjà
par les beaux travaux de M. Chambrelent. Convenablement assaini, le sol des Landes est devenu propre à cette
végétation d'espèces ligneuses, d'essences forestières,
qui, ne contenant qu'une très faible quantité d'éléments
minéraux, vivant surtout de l'atmosphère, n'ont d'autre
rôle que de fixer le carbone, de l'isoler en grandes masses, soit dans l'humus du sol, soit dans le bois des arbres,
soit dans l'essence résineuse, qui n'est qu'un composé de
carbone et d'hydrogène provenant de l'acide carbonique
et de l'eau atmosphérique.

Les débris de la végétation forestière joints à ceux des
bruyères, fougères, brandes et autres espèces naturelles
qui croissent spontanément à l'air libre aussi bien qu'à
l'ombre des arbres, accumulés depuis des siècles à la
surface du sol, ont produit une quantité considérable

d'humus, de détritus charbonneux, qui, mélangés avec le sable, constituent une couche plus ou moins épaisse de terre de bruyère.

L'humus n'a qu'un rôle secondaire dans la végétation. Il ne prend pas directement part à son développement, mais il contribue par sa lente combustion au contact de l'oxygène à donner un dégagement continu de chaleur qui facilite les réactions nécessaires à l'isolement des éléments minéraux engagés dans des compositions chimiques. A ce point de vue, l'humus, sans être indispensable, est un stimulant qui peut avoir une grande influence sur l'activité de la végétation, sur les bonnes terres, qui reste sans effet sur les mauvaises. Nulle part on ne pourrait en trouver un meilleur exemple que dans les Landes.

Récemment défriché, le sol présente l'aspect d'un terreau d'un noir foncé, contenant une forte proportion de matière organique, d'humus, qui lui donne une consistance apparente. Mais, au contact de l'air, la couleur s'efface, l'humus disparaît, et il ne reste plus qu'un sable fin, mobile, d'une éclatante blancheur.

Ce résultat est plus marqué encore sur les terrains qu'on a récemment conquis sur les étangs et les marais. La matière organique, en plus grande abondance, donne au sol récemment émergé l'aspect d'une terre forte, relativement compacte, à laquelle un coup d'œil peu exercé est, à première vue, tenté d'attribuer un caractère de fertilité qui n'a rien de réel.

Manquant des bases essentielles de toute végétation nutritive, ces amas, en apparence inépuisables, de matières organiques, brûlés par l'action du soleil, restituent à l'atmosphère tout ce qu'ils en avaient reçu en carbone et en azote, sans en faire profiter en rien les germes de

végétaux utiles qu'on leur a confiés. Au lieu des terres
fertiles qu'on avait espérées, on n'a fait qu'ajouter, en fin
de compte, quelques hectares de sables stériles de plus
au désert des Landes.

Ce n'est donc pas aux engrais organiques, pas même
aux engrais minéraux employés à l'état de pureté chimique, qu'on devra la mise en valeur des Landes. Pour
résoudre cette grande transformation agricole, il faut modifier le sol, autant et plus peut-être dans ses conditions
physiques que dans sa constitution chimique. Il faut lui
fournir le lien minéral, le ciment nécessaire pour assurer
sa consistance, pour lui faire acquérir la propriété qu'ont
les argiles et les limons d'absorber une grande quantité
d'eau sans en être noyés ; de la conserver longtemps dans
cet état d'hygroscopicité nécessaire au développement
végétal. Ce résultat acquis, il restera encore à incorporer
dans le sol une proportion convenable des engrais minéraux indispensables à la nutrition des végétaux herbacés,
dans la catégorie desquels se trouvent comprises toutes
les plantes alimentaires. Ce double effet ne pourra résul-
ter que de l'apport, en quantité convenable, de l'élément
limoneux, que l'alluvion artificielle nous permet d'obtenir
en quantités illimitées et dans des conditions inespérées
de prix de revient.

CHAPITRE V.

XXII.

La région des Landes, telle que je viens de la décrire,
n'est, au point de vue orographique, que le prolongement
naturel d'une autre région beaucoup plus étendue, que
nous pourrons appeler la Gascogne centrale. Prise dans
son ensemble, cette contrée, dont les grandes courbes de
la Neste et de la Garonne d'une part, des affluents de
l'Adour de l'autre, dessinent le contour, pourrait être
assez bien figurée sous la forme d'une feuille fortement
nervée, dont le limbe elliptique s'insère sur un étroit
pétiole qui seul pénètre dans le massif des Pyrénées,
entre les hautes vallées de la Neste et du gave de Pau.

Si, du point de faîte de Gabarret, qui forme le sommet
des Landes, on continue à remonter l'arrêt médiane jusqu'au point où se confondent les sources supérieures de
ces deux derniers cours d'eau, on voit de droite et de
gauche diverger, comme autant de nervures saillantes,
des lignes de faîte secondaires qui, se dédoublant à leur
tour, séparent les nombreuses vallées qui de toutes parts
s'infléchissent sur le pourtour du limbe. Ainsi défini, ce
limbe a environ 220 kilom., suivant son grand axe de
Toulouse à Dax; 140 kilom., suivant son petit axe de
Lannemezan à Nérac. La superficie totale est de plus de
deux millions d'hectares. Le point de rattachement n'a
pas plus de 35 kilom. dans sa partie la plus étranglée,

entre Montrejeau et Lourdes. Mais il s'élargit sur le faîte de la grande chaîne, dont il embrasse un développement de près de 100 kilom., entre les sources extrêmes de ses hautes vallées.

Bien que située au pied des Pyrénées, dont elle voit scintiller au loin les cimes neigeuses, la Gascogne profite peu de ce voisinage au point de vue de son alimentation hydraulique.

Tandis que la Neste et le Gave, drainant les eaux des plus hautes cimes des montagnes, ont un débit relativement considérable en toute saison, les rivières centrales, prenant naissance dans des massifs de collines peu élevées, formées de terres argileuses, imperméables, sans couches filtrantes, ne sont alimentées que pendant la durée des pluies, le reste du temps complètement à sec, ou ne roulant qu'un maigre filet d'eaux vaseuses, insuffisant aux usages agricoles et industriels de la région.

L'Adour proprement dit, et jusqu'à un certain point l'Arros, son premier affluent de droite, font seuls exception à cette règle, en insérant leurs sources dans un massif montagneux secondaire d'une certaine importance : le pic du Midi de Bigorre, qui se détache en avant de la grande chaîne, en saillie sur le relief général des formations argileuses avoisinantes.

Les principales vallées du Gers : les deux Bayses, le Gers, la Gimone, la Save, rayonnent sur les flancs du plateau de Lannemezan, qui forme, à l'insertion du pétiole de rattachement, un bourrelet culminant dont la plus grande altitude ne dépasse pas 700 mètres. Les vallées d'un ordre inférieur qui subdivisent plus loin les nervures des faîtes ont creusé leurs premiers sillons à des hauteurs bien moindres encore.

XXIII.

Cette disposition générale, par suite de laquelle cette vaste région se trouve exposée à une pénurie d'eau presque permanente, a dû attirer d'autant plus l'attention des ingénieurs qu'il était plus facile d'y remédier. Rien ne paraît, en effet, plus simple que de dériver des deux sillons où se concentre le produit de la fonte des neiges des Pyrénées : à droite les eaux de la Neste, pour les amener sur le plateau de Lannemezan, d'où l'on pourrait, à volonté, les distribuer dans toutes les vallées sèches du Gers, tributaires de la Garonne ; à gauche les eaux du Gave, pour les conduire sur le plateau d'Ossun, qui, occupant une position similaire à celle du plateau de Lannemezan, domine les vallées des Basses-Pyrénées, affluentes de l'Adour.

J'ignore à quelle époque l'idée première et si naturelle de cet aménagement rationnel des eaux pyrénéennes a pu se produire ; mais il y a déjà plus de quarante ans qu'elle a pris corps sous forme de projets définitifs, dont ceux relatifs à la dérivation de la Neste ont déjà reçu un sérieux commencement d'exécution.

Un canal dérivant les eaux de cette rivière, près de la petite ville de Sarrancolin, les amène sur le plateau de Lannemezan, à une altitude de 630 mètres. Bien que ce canal, dont la longueur totale ne dépasse pas 28 kilom., n'ait qu'un faible parcours à flanc de coteau, sa construction a rencontré des difficultés assez grandes. Son plafond, établi sur des roches fissurées et perméables, s'est effondré plusieurs fois, et l'on n'a pu assurer la parfaite étanchéité de sa cuvette qu'à l'aide d'un revêtement bitumi-

neux. Les derniers travaux de consolidation paraissent
avoir aujourd'hui complètement réussi et le canal fonctionne à peu près régulièrement dans les conditions de
portée très restreinte qu'on lui a assignée. Prévu à l'o-
rigine pour un débit d'une quinzaine de mètres, il a été
limité à sept, que la Neste ne peut même pas lui fournir
en tout temps.

Bien qu'elle ramifie ses sources dans les plus hautes
régions des Pyrénées, la Neste est loin d'avoir un régime uniforme. D'après les dernières constatations officielles, résultant d'une série de jaugeages continués
depuis plus de vingt ans, le plus faible débit d'étiage,
qui correspond aux mois de décembre et janvier, s'a-
baisse parfois au-dessous de 7 mètres. En moyenne, le
régime de la Neste peut être considéré comme se rapportant à trois périodes d'une égale durée de quatre mois
chacune, pendant lesquelles le débit par seconde resterait au-dessous de 7 mètres pour la première, varierait de 13 mètres à 33 mètres pour la deuxième, dé-
passerait 33 mètres pour la troisième.

Le débit annuel moyen, que des appréciations reconnues exagérées m'avaient fait porter à 35 mètres lors
de mes premières études, ne paraît pas dépasser 25 mètres, ce qui est encore beaucoup pour une surface de
bassin qui ne comprend pas plus de 60,000 hectares,
puisque ce débit correspond à l'écoulement annuel d'une
tranche d'eau superficielle de $1^m,25$ de hauteur environ.

Pour régulariser complètement le régime d'une pareille rivière et lui assurer en toute saison un débit uniforme de 25 mètres correspondant à son module moyen,
il faudrait pouvoir mettre en réserve, durant les six
mois de hautes eaux, un volume correspondant à une

insuffisance moyenne de 15 mètres à la seconde pendant quatre mois, de 6 mètres pendant deux mois, soit un volume total de 180 millions de mètres cubes par an à emmagasiner dans des réservoirs. Un pareil problème aurait été jusqu'à ce jour considéré comme inabordable. J'espère cependant démontrer qu'il n'a rien que de très réalisable par l'emploi des nouveaux procédés que je propose d'appliquer à l'établissement de pareils réservoirs.

Quoi qu'il en soit, l'auteur du premier projet de dérivation de la Neste, tout en ayant de moins hautes visées, avait reconnu l'absolue nécessité de grands réservoirs pour suppléer à l'insuffisance du débit d'étiage de ce cours d'eau. Il avait proposé d'en établir un d'une capacité de 20 à 30 millions de mètres cubes, construit en remblai, sur le plateau de Lannemezan.

L'administration supérieure recula, à bon droit, devant la responsabilité d'une semblable entreprise, qui aurait été une menace de ruine et de destruction incessamment suspendue sur la tête des populations inférieures.

Faute de mieux, on se borna à proposer l'établissement de plus modestes retenues, opérées sur de petits lacs naturels échelonnés dans les plus hautes régions de la vallée supérieure.

Un seul de ces réservoirs a été construit jusqu'à ce jour, et n'a même pas encore fonctionné : c'est celui du lac d'Orédon, dont la capacité ne dépasse pas six millions de mètres cubes. Réparti sur un étiage moyen de quatre mois, cet approvisionnement n'augmentera pas de plus de 5 à 600 litres le débit de la Neste et ne remédiera guère à son insuffisance actuelle.

Un règlement administratif a fixé à 6 mètres cubes le débit à réserver aux riverains de la basse Neste et à 7 mètres la portée du canal de Lannemezan; aucune disposition n'a été prise pour utiliser les eaux de ce canal pour des irrigations particulières.

Elles sont exclusivement affectées à l'alimentation des petites vallées du Gers, entre lesquelles elles sont réparties par une dizaine de rigoles spéciales. Une fois rejetées dans le lit de ces affluents, elles entrent dans le droit commun, mises gratuitement à la disposition des riverains pour leurs besoins industriels et agricoles. Bien que l'État ne perçoive aucune rémunération directe de ses avances et qu'il supporte seul les frais d'entretien du canal et de ses rigoles, l'entreprise, envisagée à un point de vue d'intérêt général, ne paraît pas mauvaise, la plus-value industrielle, dont profitent les particuliers, couvrant largement les frais de l'opération.

Quoi qu'il en soit, en l'état actuel, les eaux disponibles étant inférieures aux besoins réservés pendant une période moyenne de quatre mois, ce n'est que pendant le reste du temps qu'on pourra emprunter à la rivière l'excédant d'eau disponible pour de nouveaux usages; et il résulte des chiffres que j'ai donnés plus haut qu'on pourrait compter sur des périodes moyennes de six et de quatre mois au minimum, pendant lesquelles le débit du canal pourrait être porté à 20 ou à 33 mètres à la seconde, laissant en dehors de la dotation de 7 mètres cubes, réservée au service des rivières du Gers, un volume journalier de un ou de deux millions de mètres à affecter à d'autres usages, qui seraient, dans l'ordre d'idées où je me suis placé : en premier lieu, le fonctionnement immédiat du canal de colmatage des Landes;

en second lieu, le remplissage des réservoirs d'approvisionnement à installer dans les fouilles résultant de la production des alluvions artificielles. Cette dernière partie du programme pouvant être ajournée sans inconvénient, il suffirait donc pour le moment de porter de 7 mètres à 20 mètres la puissance de dérivation du canal de Lannemezan, entreprise de réfection qui, autant que j'ai pu m'en rendre compte par une vérification sommaire, ne devrait pas entraîner une dépense de plus de deux millions.

A ce prix, et je crois mon évaluation très large, on pourrait donc compter sur le travail mécanique annuel de 180 millions de mètres cubes d'eau, qui, entraînant 1/10 au moins de leur volume de limons, pourraient produire et répandre à la surface des landes un cube de 18 millions d'alluvions artificielles, suffisant à la régénération d'une superficie de 18,000 hectares, à raison d'une couche moyenne de $0^m,10$ d'épaisseur.

XXIV.

La question d'alimentation du canal résolue comme je viens de le dire, il nous reste à arrêter le meilleur emplacement à choisir pour l'installation des chantiers d'extraction, destinés à fournir ce cube énorme d'alluvions par l'emploi des procédés de fouille et d'abattage précédemment indiqués.

Avant d'aller plus loin, il est nécessaire d'entrer dans quelques explications préliminaires sur la constitution minéralogique des plateaux sous-pyrénéens. La géologie des Pyrénées, encore imparfaitement connue en bien des points, a donné lieu à un grand nombre d'études par-

tielles qui ont motivé bien des controverses, sans qu'il
en soit encore résulté aucun travail de synthèse définitive
et complète. Parmi les divers documents que j'ai consul-
tés, je dois cependant signaler, par son importance et sa
valeur réelle, le mémoire posthume de M. Henri Magnan,
publié sous les auspices de la Société géologique de
France. Cet ouvrage m'a été d'un grand secours pour le
tracé de la petite carte qui accompagne cette étude.

M. l'Inspecteur général des Mines Jacquot, directeur du service de la Carte géologique de France, qui
connaît la question et le pays mieux que personne,
a bien voulu d'ailleurs, avec une obligeance dont je ne
saurais lui être trop reconnaissant, se charger de réviser
plus spécialement cette carte pour la région des Landes.

Mais avec quelque soin, quelque exactitude relative que
ce travail d'ensemble ait pu être fait, il ne pouvait me
dispenser de procéder sur les lieux à une reconnaissance
détaillée ne portant pas sur la nature superficielle du
sol, mais sur la constitution de ses couches intérieures
que je me propose d'attaquer à une grande profondeur.

Je ne pouvais, en effet, songer à refaire une carte
géologique complète d'une partie de la chaîne des
Pyrénées, pas plus que de l'ensemble des coteaux de la
Gascogne intérieure. Outre que je ne me sentais ni l'aptitude ni les loisirs nécessaires pour entreprendre un travail de si longue haleine, il ne m'eût pas été fort utile.

Bien que j'aie cru devoir reproduire les principaux
traits géologiques de toute la contrée embrassée par ma
petite carte, mes recherches personnelles pouvaient
rester circonscrites dans la région avoisinant la ligne
de faîte, au point où elle se soude au plateau de Lanne-

mezan, et elles devaient avoir pour but de déterminer moins l'âge géologique des terrains et leur surface que leur nature minéralogique à de grandes profondeurs.

Le premier résultat de l'examen auquel je me suis livré a été de constater que, partageant une erreur assez commune aux géologues qui ont exploré la contrée avant moi et dont les observations m'avaient servi de guide, j'avais été amené à assigner à première vue une importance fort exagérée aux formations glaciaires du plateau de Lannemezan.

Quand on parcourt les lieux rapidement, en suivant les voies les plus usuelles, le chemin de fer de Toulouse à Bayonne, par exemple, dont les tranchées sur toute la rampe de Montrejeau sont ouvertes dans le flanc d'une moraine incontestable, et qu'on trouve ensuite une lande argilo-sableuse parsemée de blocs granitiques ou quartzeux, ayant évidemment la même origine glaciaire, on est assez porté à croire que ce genre de formation doit se prolonger très au loin vers le Nord, sur la croupe des collines qui se rattachent au plateau de Lannemezan. L'erreur est d'autant plus excusable à cet égard que, si ces terrains ne sont pas des formations glaciaires, dans le sens propre du mot, ils n'en ont pas moins été modifiés et en quelque sorte transformés par une action analogue et de même date, qui me paraît avoir été celle de la fonte des neiges.

A l'époque où de véritables glaciers descendant des Pyrénées par les vallées principales de la Neste, du Gave, et peut-être de l'Adour, déposaient sur leurs berges de vraies moraines encore existantes, des amas de neige considérables devaient s'accumuler sur les croupes inférieures du plateau de Lannemezan et des collines adjacentes. En même temps qu'elles agissaient jusqu'à un certain point comme des glaciers, entraînant avec elles, par des avalanches successives, des blocs de rocher plus ou moins gros, détachés des régions supérieures, ces neiges ont dû surtout produire une sorte de lavage superficiel du sol inférieur par le fait de leur fusion graduelle.

Les eaux de fusion qui s'écoulent en nappes liquides au pied d'un amas de neige, à la surface d'un terrain en pente, ont une action toute différente, en effet, de celle résultant de l'écoulement torrentiel des eaux de pluie. Tandis que ces dernières, dont le débit augmente sans cesse, à mesure qu'on s'éloigne de l'origine des talus, ont une action érosive croissante qui doit raviner et affouiller le sol de plus en plus profondément, les eaux de fonte de neige, au contraire, ont une action érosive nécessairement décroissante.

Leur débit, loin d'augmenter avec le cheminement, ne peut que s'amoindrir, par le fait de l'absorption du sol ou de l'évaporation atmosphérique. Susceptibles parfois de déplacer des matières assez lourdes à l'origine du courant, les eaux de fusion ne peuvent les entraîner jusqu'au bout, mais tendent à les déposer en amas superficiels, à travers lesquels elles filtrent en quelque sorte, n'entraînant d'abord que les sables, et plus loin que les limons les plus ténus.

Comme résultat final, la surface des terrains sur lesquels se produit ce genre de formation se couvre de concrétions sableuses ou caillouteuses que nous retrouvons presque partout à la superficie des diverses ramifications du plateau de Lannemezan.

Cette transformation du sol par l'entraînement des parties limoneuses paraît déjà évidente quand on procède à une analyse physique du sol. Dans les divers sondages que j'ai fait faire, tant par puits verticaux que par galeries horizontales, sur la surface et sur les flancs du plateau compris entre Burg et Bernadet, j'ai toujours constaté que les terres prises à la superficie de la fouille étaient plus chargées de sables, plus pauvres en limons, et surtout en substances minérales solubles dans les acides, que celles qui provenaient du fond de la fouille. Mais c'est surtout quand on parcourt les talus plus inclinés sur les versants des collines, que cette action du lavage du sol paraît hors de doute. Les tranchées en déblai des chemins transversaux, unissant l'une à l'autre les diverses vallées, mettent partout à découvert une couche mince de galets concrétionnés, suivant toutes les sinuosités du sol, dont l'épaisseur atteint rarement un à deux mètres, ne dépasse pas souvent plus de $0^m,50$, au-dessous de laquelle se retrouve, dans toute son homogénéité, le terrain naturel qui à une grande profondeur constitue le massif du plateau.

Cette modification, toute superficielle, du terrain a eu les résultats agronomiques les plus fâcheux. La terre, naturellement pauvre en calcaire, mais relativement riche en acide phosphorique et en sels minéraux solubles par les acides, dans les couches profondes, a perdu avec sa partie limoneuse presque toutes ses substances utiles, à la surface des plateaux. Le sol arable n'y peut être maintenu en culture que par un apport incessant de marnes calcaires. Les surfaces caillouteuses des versants plus inclinés sont impropres à toute culture arable, et ne peuvent plus être utilisées que par la production forestière.

Cette formation, toute superficielle, étant celle qui

frappe surtout l'œil du géologue, et se trouvant assez analogue, à première vue, avec celle qui résulte des actions glaciaires proprement dites, il est assez naturel qu'on les confonde en général l'une et l'autre sous une même teinte dans les cartes géologiques, bien qu'elles proviennent, en fait, de deux modes d'action essentiellement distincts : un remblai pour les terrains de moraines réellement glaciaires ; un déblai pour ces terrains parallèles, que je pourrais appeler terrains neigeux, provenant du lavage sur place du terrain naturel, qui continue à former le sous-sol à de très faibles profondeurs.

En même temps que ces deux formations différentes, il s'en est produit une troisième, celle des terrains diluviens, des amas de galets, de cailloux et de sable, entraînés par les courants et déposés dans les cuvettes des vallées, où ils occupent parfois des surfaces et des profondeurs considérables, toujours sur leur rive gauche, en vertu de loi générale résultant du mouvement de la terre, tantôt à l'état de terrain meuble, tantôt à l'état de poudingues concrétionnés par un ciment ferrugineux.

XXV.

Le terrain que j'ai appelé sous-sol naturel, à la surface ou dans les sillons duquel se sont produites pendant l'époque quaternaire les diverses formations dont je viens de parler, constitue une masse d'une grande puissance d'argiles ferrugineuses, que les géologues rattachent à l'étage du tertiaire moyen.

Cette formation miocène, qui d'une manière générale recouvre presque tout le bassin de la Garonne entre les versants élevés des Pyrénées et les montagnes du Centre,

présente une grande homogénéité de composition minéralogique sur toute son étendue, et surtout au plateau de
Lannemezan et dans les collines qui s'y rattachent. Abstraction faite de la couche très mince et toute superficielle
des concrétions sableuses et caillouteuses dont je viens
de parler, les puits et les galeries de sondage que j'ai
fait ouvrir en divers points des plateaux et des versants
latéraux des collines, m'ont indiqué en tous lieux et à
toute profondeur un terrain parfaitement uniforme, dif-
férant tout au plus par une coloration moins foncée près
de la surface. Ce terrain est surtout caractérisé par une
absence à peu près complète de calcaire et une assez forte
proportion de peroxyde de fer variant de 4 à 5 % pour
les divers échantillons que j'ai analysés. A ce fer, se
trouve associée une quantité d'acide phosphorique relativement considérable pour les terres profondes, qui
disparaît au contraire presque complètement dans les
terres de la surface.

Au point de vue de la formation géologique, le terrain
miocène de Lannemezan n'offre aucune trace de stratification régulière et bien moins encore de dislocations postérieures. Il se présente sous l'aspect d'un énorme amas
de boues qui se seraient déposées en masses confuses à
l'état pâteux, soit à l'air libre, soit dans des eaux tran-
quilles, mais sans aucune trace de lévigation.

Quelques petits galets quartzeux, ou plutôt des grains
de gros sable, se retrouvent çà et là disséminés dans la
masse en longue traînées disjointes, sensiblement horizontales, sans qu'on puisse toutefois les assimiler à des
lits réguliers de stratification.

L'absence générale et complète de calcaires, et l'ap-

pauvrissement accidentel en phosphates des terres déla-
vées de la surface, constitue une des plus grandes causes
d'infériorité du sol, non-seulement sur le plateau central où l'exagération de ces circonstances le rend à peu
près complètement improductif, abandonné à l'état de
lande inculte, mais sur toute l'étendue de cette grande
formation géologique.

Nulle part la nécessité des marnages n'est plus évidente,
plus reconnue. Dans tout le Gers, comme dans les Hautes
et les Basses-Pyrénées, cette pratique agricole est l'objet
constant et la préoccupation des propriétaires, qui, en
dehors de la saison des labours, consacrent presque tous le
travail de leurs bêtes de somme au transport de marnes
calcaires extraites souvent à de grandes distances.

Dans la région qui nous occupe, ces marnes calcaires
existent presque partout à la base des collines encaissant
les vallées les plus profondes, émergeant à des altitudes
qui vont successivement en se relevant à mesure qu'on
remonte vers le Sud, mais qui n'en restent pas moins en
tous lieux à une profondeur de 100 à 150 mètres au-dessous du plateau culminant de ces collines.

Ces marnes, toutes d'apparence terreuse, de couleur
variable, bien que généralement blanches ou jaunâtres,
sont d'habitude assez pauvres en calcaires, dont elle ne
contiennent pas plus de 4 à 7 o/o.

Comme origine géologique, elles se rattachent aux
argiles miocènes et stériles qui les recouvrent, dont elles
continuent la formation, se confondant avec elles par des
gradations insensibles, sans qu'il soit parfois bien facile
de les discerner l'une de l'autre.

Dans un grand nombre de cas cependant, les marnières
exploitées se trouvent sur des terrasses latérales, à mi-

hauteur du flanc des coteaux où elles ont été mises à
découvert par une érosion incomplète, et recouvertes,
après coup, de dépôts diluviens sableux et caillouteux,
au-dessous desquels on les retrouve.

En quelques points cependant, aux environs de Tournay notamment, sur un petit affluent de l'Arros, les
marnes s'exploitent à flancs de coteau et se trouvent séparées de la grande masse d'argiles supérieures par
quelques couches rocheuses concrétionnées. Sans que je
puisse pourtant affirmer le fait, il m'a paru assez vraisemblable que ces couches rocheuses n'appartenaient
pas au terrain miocène, mais à des concrétions diluviennes postérieures qui se seraient formées sur la marne
mise à nu par des érosions, et recouvertes après coup par
des éboulements argileux provenant des collines voisines.

L'exploitation des marnières, même lorsqu'elle a lieu à
ciel ouvert, ce qui est le cas le plus ordinaire, se fait
sans beaucoup d'ordre ni de méthode, chaque propriétaire creusant sa fouille sans se préoccuper de la mettre
à l'abri des eaux ou des éboulements, qui le forcent à
l'abandonner la saison suivante. On m'a d'ailleurs affirmé,
dans la plupart des marnières et plus particulièrement
dans celles d'Orieux, qui sont des plus importantes et
des mieux exploitées, que les marnes sont d'autant plus
fertilisantes et probablement riches en calcaire, qu'elles
ont été recueillies à de plus grandes profondeurs.

En résumé, ces marnes ne me paraissent constituer
qu'une seule et même formation géologique avec les argiles stériles qui les recouvrent. Elles n'en diffèrent que
par une certaine proportion de calcaire, et contiennent

habituellement du fer et de l'acide phosphorique, comme
l'argile. Parfois cependant elles en sont presque complètement dénuées, comme dans la marnière de Burg.

XXVI.

En opposition avec ces marnes terreuses, d'origine tertiaire, qui constituent l'approvisionnement le plus général de la région, les agriculteurs emploient parfois des
marnes d'un âge géologique différent, dont le premier
gisement m'est apparu dans la vallée de la Bayse, entre
les villages de Bégolles et de Houeydets.

Cette formation constitue un escarpement en saillie,
qui, primitivement enfoui sous les argiles du plateau, a
été mis à nu et excavé à une profondeur d'une cinquantaine de mètres par les érosions de la Bayse.

Les marnes, apparentes sur les deux rives du cours
d'eau jusqu'à une altitude maximum de 500 mètres, se
présentent en couches calcaires, feuilletées, fortement
plissées et disloquées, d'un blanc jaunâtre, qui pour la
plupart fusent et se dissolvent dans l'eau, qui dans tous les
cas sont promptement désagrégées par des actions atmosphériques, ce qui permet de les employer à l'amendement
des terres.

Elles sont deux ou trois fois plus riches en calcaires
que les marnes terreuses du terrain tertiaire ; mais en
revanche elles m'ont paru contenir une moindre proportion de phosphate, inconvénient fort amoindri pour
des terrains plus spécialement formés d'argiles dans
lesquelles cette substance se trouve en suffisante abondance.

M. Jacquot, auquel j'ai communiqué un échantillon

des marnes de Begolles, n'a pas hésité à reconnaître
qu'elles appartenaient au crétacé inférieur et m'a engagé
à rechercher si elles ne constitueraient pas la lèvre supérieure d'une grande faille dont l'escarpement se continuerait sur une grande étendue, parallèlement à l'orien-
tation générale de la chaîne des Pyrénées.

L'observation n'a pas tardé à vérifier cette prévision.
Non-seulement j'ai retrouvé le même banc de marnes
feuilletées à la traversée des vallées les plus voisines, à
Péré, à Gourgues et à Chèles sur les deux rives de
l'Arros, à Cieutat et à Orignac sur des affluents de l'Adour;
mais en reportant ces gisements sur la carte géologique de la région des Pyrénées qui accompagne le
mémoire de M. Magnan, j'ai pu constater qu'ils se
trouvaient précisément combler une lacune réunissant
l'une à l'autre deux grandes failles déjà signalées par ce
géologue, comme s'étendant : l'une de Rivesaltes, dans les
Pyrénées-Orientales, à Saint-Martory sur la Garonne,
l'autre d'Ossun, dans les Hautes-Pyrénées, à Bidache,
près de l'Océan. L'ensemble constitue donc une seule et
même faille qui, dans une direction sensiblement rectiligne, s'étend parallèlement à la grande chaîne, d'une
mer à l'autre.

J'ai d'ailleurs vu, dans le mémoire de M. Magnan, que
l'existence de failles de ce genre constituait le caractère
le plus saillant de la formation des Pyrénées et des terrains sous-jacents. M. Magnan ne signale pas moins de
sept grandes lignes de fracture rayant les versants des
Pyrénées sur toute leur étendue longitudinale et à diverses hauteurs, mettant en contact des terrains d'aspect
très différent, séparés autrefois par des milliers de mètres des formations intermédiaires, dont les unes auraient

été abaissées, les autres soulevées sur les deux lèvres de
la faille.

XXVII.

Il n'entre pas dans le cadre de cette étude de suivre
M. Magnan dans la description de ces diverses failles au
sud du plateau de Lannemezan, et de faire voir, d'après
lui, comment elles permettent d'établir une classification
relativement nette et précise dans la juxtaposition en apparence si confuse des formations géologiques de la
chaîne des Pyrénées.

Sans remonter trop loin dans les âges géologiques; en
me restreignant aux formations relativement récentes qui
peuvent seules nous intéresser en ce moment, en aval
de cet escarpement crétacé limitant le champ de mes recherches vers le Sud, je crois qu'on pourrait d'une manière synthétique rattacher l'une à l'autre ces diverses
formations, en admettant que les faits géologiques qui leur
ont donné naissance se seraient succédé dans l'ordre suivant.

Le dernier bouleversement géologique qui a donné aux
Pyrénées leur relief actuel se serait produit à la fin de
la période éocène, et, dans la région qui nous occupe,
aurait surtout affecté les terrains de la formation crétacée
antérieure. Il aurait été caractérisé surtout par de grandes failles parallèles, dont une des lèvres se serait ef-
fondrée en même temps que l'autre se serait soulevée.
C'est à ce genre de cassure que devrait se rapporter l'escarpement du terrain crétacé que j'ai reconnu dans la
vallée de la Bayse, entre Bégolles et Houeydets.

En même temps que se produisait cette dislocation

générale du sol, de puissants courants d'érosion ont dû
se produire, qui ont dénudé sur de grandes hauteurs les
terrains soulevés, donnant ainsi lieu à une masse énorme
de détritus minéraux dont le dépôt géologique plus ou
moins simultané a constitué cette immense formation
de terrain miocène, vaste mer de sédiments argileux
qui recouvre la presque totalité du bassin de la Garonne,
entre l'Océan et la dépression de Naurouze, où elle
affleure sur le terrain éocène qui se prolonge dans le
bas Languedoc.

Aucune convulsion considérable ne paraît avoir mo-
difié depuis lors cette formation miocène, qui a conservé
son caractère sédimentaire primitif. A cette action première d'un remblai boueux, opéré tout d'une pièce, suivant une faible inclinaison superficielle, dans le sens
général de la montagne à la mer, a dû succéder plus
tard une action superficielle et énergique de déblai,
une érosion générale, coïncidant peut-être avec une émer-
sion du terrain miocène, qui a creusé le lit des innombrables vallées qui sillonnent les bassins de la Garonne
et de l'Adour, dans le sens de la plus grande pente.

Les nouveaux détritus provenant de cette érosion ne
paraissent pas s'être, comme les premiers, déposés en
masse confuse dans la mer qui les a reçus. Il y a tout
lieu de supposer qu'ils ont été soumis, au contraire, à
un phénomène de lévigation générale, qui en a séparé
et entraîné vers la haute mer les parties limoneuses,
ne laissant en place que les sables délavés. C'est probablement à cette origine qu'on doit attribuer la formation des Landes, dont les sables paraissent identiques
à ceux qui résultent du lavage des argiles miocènes.

Quoi qu'il en soit de cette hypothèse, que l'âge géo-

logique du sable des Landes, incontestablement plio-
cène, rend très vraisemblable, le terrain miocène du plateau, ainsi découpé en longues bandes parallèles par des
courants d'érosion, a été l'objet d'un dernier remanie-
ment pendant l'époque quaternaire.

Les glaciers des Pyrénées, s'avançant au loin dans
les vallées principales, en ont empâté les berges de moraines puissantes, en même temps que des amas de neige,
en se prolongeant sur les couches intermédiaires, produisaient ce phénomène de lavage et de concrétions
caillouteuses que nous avons constaté sur les hauteurs,
et ces traînées de dépôts diluviens ou alluvionnaires
qui constituent le sol arable du fond des vallées.

XXVIII.

Ainsi que nous l'avons déjà vu, parmi les vallées
comprises entre la Neste et le Gave, il en est deux qui,
sans pénétrer dans le massif central des Pyrénées,
rattachent leurs sources aux chaînes secondaires du pic
du Midi de Bigorre, découpant par suite sur toute sa largeur la terrasse des argiles miocènes en deux bandes
distinctes, nettement séparées du plateau central de
Lannemezan. Ce dernier ne s'étend, en fait, que de
l'Arros à la Neste, avec une largeur réduite, qui, dans la
partie la plus étroite de son pédoncule de rattachement,
sur le parallèle de la Bastide, n'a pas plus de 6 kilom.,
bien qu'elle s'élève à 30 kilom. en son point de plus
grand épanouissement, entre Tournay et Montrejeau.

La grande ligne de faîte séparative des bassins de
l'Adour et de la Garonne qui se rattache à ce plateau est

d'abord limitée : à l'Est, par le sillon naissant de la Bayse de Trie ou de derrière, qui a son origine vers la cote 700; à l'Ouest, par deux petits affluents de l'Arros, les ruisseaux de Capvern et de Lanespède, ayant des directions divergentes et se creusant en ravines profondes, pour rejoindre à peu de distance le thalweg de l'Arros, qui est inférieur à la cote 300.

Le plateau de faîte intermédiaire s'affaisse lui-même assez rapidement à mesure qu'on s'avance vers le Nord. Il n'a déjà plus qu'une altitude de 500 mètres sur le parallèle de Burg, où il domine de 220 mètres environ le niveau de l'Arros, de 120 mètres seulement celui de la Bayse.

En ce point commence à se creuser le sillon, d'abord peu profond, d'un nouvel affluent de l'Arros, le Bouès, qui, restant parallèle à la ligne de faîte, doit désormais l'accompagner, et la limiter du côté gauche sur une longueur rectiligne de près de 30 kilom.

Un peu au-dessous de la naissance du Bouès, une autre vallée d'érosion, celle du Lizon, se creuse entre cette rivière et la Bayse. Relativement large et peu profonde, cette petite vallée ne tarde pas à être rejetée dans la Bayse par un renflement prononcé de la ligne de faîte, dont le point culminant au château de Saint-Christ se trouve à la cote 387.

Deux cols assez bas, franchis chacun par une route, celui de Villembits à la cote 347, celui de Vidou à la cote 350, donnent l'un et l'autre facile accès de la vallée du Lizon dans celle du Bouès.

Le renflement accidentel de Saint-Christ ne tarde pas à s'abaisser au-dessous de la cote 300, après le village de Bernadets-le-Bas, pendant que sur la droite reprend, en prolongement de celui du Lizon, le nouveau sillon de la Losse ou de l'Osse, qui désormais limite à l'Est la ligne de faîte comme le Bouès la longe à l'Ouest.

Sur le parallèle de Miélan, les deux rivières ne sont distantes à vol d'oiseau que de moins de 3 kilom., séparées par un étroit plateau aux berges abruptes, dont la surface, sensiblement plane depuis Bernadets, s'affaisse lentement vers un col de plus grande dépression, que le chemin de fer d'Auch à Tarbes franchit, en aval de Miélan, à la cote 262 mètres.

Un nouveau renflement, celui de Saint-Christaud, portant un nom de même origine que celui de Saint-Christ, succède au col de Miélan, relevant à la cote culminante de 289 mètres le sommet de la ligne de faîte, qui plus loin s'abaisse vers un nouveau point de dépression à la cote 262, près Peyrusse-la-Grande.

Le Bouès et l'Osse, rejetés l'un à gauche, l'autre à droite, par le renflement de Saint-Christaud, cessent de longer la ligne de faîte, d'où naissent plusieurs petites vallées divergentes. Le massif intermédiaire s'affaisse en même temps qu'il s'élargit, présentant une série de petites dépressions successives, dont la plus basse, celle du col de Parré, à la cote 206, en aval de Lupiac, peut être considérée comme un point de passage obligé, qui devra régler l'inclinaison de la ligne de faîte du canal, tant en amont qu'en aval.

Au-delà de Parré, la ligne de faîte est de nouveau limitée par deux sillons sensiblement parallèles : la Douze à gauche, la Gelize à droite, qui l'accompagnent jusqu'à son débouché sur le plateau des Landes, près Gabarret.

Sur cette dernière partie du parcours, le massif du

faîte, bien que sa largeur totale soit à peu près constante, n'en est pas moins échancré par des érosions latérales, qui le réduisent parfois à une crête étroite, à peine suffisante pour servir à l'assiette de la route, qui ne cesse de le suivre.

Cette route est une ancienne voie romaine, qui des Pyrénées se prolongeait, dit-on, jusqu'à Bordeaux. J'ignore ce que devient cette antique voie de communication au-delà de Gabarret ; mais, entre Capvern et cette dernière localité, elle s'est maintenue sous son vieux nom traditionnel, bien que portant des désignations administratives sans cesse différentes : classée, tantôt comme route départementale, tantôt comme simple chemin vicinal ; partout carrossable, sauf une étroite lacune aux environs d'Eauze ; suivant en direction rectiligne toutes les sinuosités du profil de la crête ; présentant cette particularité remarquable de n'avoir nécessité la construction d'aucun pont, d'aucun aqueduc d'écoulement sur tout son parcours, de plus de 120 kilomètres, entre Capvern et Gabarret.

Les érosions latérales qui échancraient déjà le massif de faîte, à partir de Parré, deviennent de plus en plus prononcées à mesure qu'on s'avance vers le Nord, dans la direction de la pente. Sur les 8 ou 10 kilom. qui précèdent Gabarret, ces érosions s'étendent sur toute la largeur du faîte. En d'autres termes, la route rectiligne qui continue à séparer, en fait, les deux versants de la Douze et de la Gelize, franchit en rampes et contre-pentes d'une inclinaison très-douce une série d'ondulations transversales, que notre canal ne saurait contourner sans s'astreindre à de trop longues sinuosités, qu'il devra dès-lors franchir en déblai ou en remblai. Mais comme on est déjà presque en pays de plaine, que ces ondulations n'ont qu'une faible hauteur relative, il n'en résultera pas, en somme, de dépenses très-coûteuses, ainsi que nous le verrons tout à l'heure.

Au-delà de Gabarret, où finissent les terres cultivées, le tracé débouche sur les sables des Landes, qui se présentent sous l'aspect d'une plaine sans limites, où les cours d'eau n'ont, à leur origine, que des pentes indécises, à travers de vastes marais desséchés depuis le siècle dernier.

La ligne de faîte en ce point présente en quelque sorte une lacune horizontale de 5 à 6 kilom., qu'il faudra franchir sur un remblai artificiel pour rejoindre le point où reprend la pente régulière de la grande formation sablonneuse, qui se dédouble un peu plus loin dans les deux directions principales que nous aurons à suivre : l'une, vers Morcenx et l'embouchure de l'Adour, à travers les grandes Landes ; l'autre, vers la pointe de Grave et l'embouchure de la Gironde, à travers les landes du Médoc.

CHAPITRE VI.

DÉTAILS TECHNIQUES DU PROJET ET ESTIMATION DES TRAVAUX.

Les nouvelles études techniques auxquelles je viens de me livrer sur les lieux, m'ont permis d'arrêter le tracé définitif des canaux à construire pour le colmatage des Landes, de préciser les difficultés relativement peu considérables que nous aurons à surmonter, et d'établir, par suite, une estimation assez approximative de toutes les dépenses de premier établissement.

Un dernier point reste à résoudre : celui du choix de l'emplacement le plus favorable à l'installation des chantiers d'abattage, dont les fouilles devront fournir les éléments minéraux de l'alluvion artificielle.

La question est délicate, et je ne voudrais pas y répondre prématurément sans mûre réflexion. Je me bornerai donc à exposer, dans ce qui va suivre, les diverses solutions qui se présentent, avec leurs avantages et leurs inconvénients respectifs, en attendant le moment où une reconnaissance plus complète du terrain et des analyses plus sérieuses de laboratoire me permettront de me prononcer définitivement, en parfaite connaissance de cause.

XXIX.

Trois éléments minéraux de nature différente sont à notre disposition pour constituer par leur mélange l'alluvion artificielle la plus convenable pour régénérer le sol des Landes :

L'argile miocène, qui sur une profondeur d'une centaine de mètres forme la couche supérieure du massif de Lannemezan et des contre-forts qui s'y rattachent ;

La marne terreuse, probablement de même origine géologique, qui se trouve au-dessous des argiles ;

La marne crétacée, également recouverte par les argiles miocènes, mais qu'on ne peut retrouver qu'à la condition de reporter les fouilles en amont de la grande faille qui, à partir de Houeydets sur la Bayse, se continue parallèlement à la chaîne des Pyrénées, dans la direction de Cieutat et de Montgaillard sur l'Adour.

En attendant les résultats définitifs des nombreuses analyses chimiques comparatives, dont M. le Directeur du laboratoire de l'École des ponts et chaussées a bien voulu se charger, et qui, je l'espère, m'arriveront à temps pour que je puisse les annexer et les discuter à la fin de cette étude, j'ai procédé personnellement à une reconnaissance sommaire, qui m'a permis de me rendre un compte assez exact de la valeur relative de ces divers amendements.

L'argile miocène se compose de matières minérales qui, pour près des trois quarts, sont insolubles dans les acides. La partie soluble contient 4 ou 5 % du total de peroxyde de fer et ne donne aucune trace de calcaire ; mais elle paraît, en revanche, relativement riche en potasse et en acide phosphorique, qui, comme nous l'avons vu, sont deux éléments essentiels de la constitution des bonnes terres végétales.

Les marnes terreuses participent beaucoup de la composition minéralogique des terres argileuses qui les re-

couvrent. Elles contiennent une proportion à peu près
égale de substances solubles, du fer, un peu moins de
phosphate, mais une proportion assez considérable de
chaux, qui, dans mes analyses, a varié de 10 à 12 %
pour les marnes de Bugar sur le Lizon, de Burg sur la
Bayse, et d'Orieux sur l'Allier.

Le mélange, en proportion à peu près égale, des argiles
et des marnes miocènes constituera donc très certainement un limon de bonne qualité, susceptible de former,
avec une certaine quantité de sable inerte des Landes,
une terre végétale très-fertile.

Je puis même affirmer déjà qu'on ne devrait pas uniquement baser une appréciation théorique à cet égard sur
la proportion, relativement minime, de substances solubles et assimilables en l'état, que les argiles de Lannemezan ont d'une manière générale accusée à l'analyse.
Ainsi que je l'ai déjà dit dans la première partie de cette
étude, et que je ne saurais trop le répéter : le fait de la
trituration mécanique des matières minérales entraînées
par un courant torrentiel n'a pas seulement pour résultat
de changer leur caractère physique ; il modifie aussi leurs
propriétés chimiques en dissociant leurs éléments minéraux, rendant solubles, et par suite assimilables, des
substances qui ne l'étaient pas.

M. Daubrée avait déjà constaté cette circonstance par
des expériences nombreuses pour les alcalis et surtout
pour la potasse. Dans les analyses incomplètes. que je
viens de faire, j'avais eu occasion de vérifier que la même
transformation se produisait pour beaucoup d'autres matières minérales, notamment pour la silice, qui, par exemple, se trouve en grande abondance à l'état gélatineux

dans les alluvions récentes de l'Hérault, tandis qu'elle n'existe pas, à cet état, dans les terrains géologiques qui les produisent, et pas même dans les alluvions de même origine, mais beaucoup plus anciennes.

J'ai tenu toutefois à préciser la question d'une manière positive; j'ai donc procédé à une expérience directe dont on trouvera plus loin le compte rendu détaillé [1], qui ne peut laisser subsister aucun doute sur cette action particulière que le fait de la trituration mécanique par les eaux courantes exerce sur les alluvions, en rendant solubles et assimilables une partie de leurs éléments minéraux qui ne l'étaient pas.

J'avais donc tout lieu de penser que le mélange direct de la marne terreuse et de l'argile qui la recouvre me donnerait des résultats suffisamment avantageux. Je n'en avais pas moins à examiner si l'on ne pourrait pas en obtenir de meilleurs, en substituant à ces marnes tertiaires celles du terrain crétacé, qui, à première vue, me paraissaient beaucoup plus riches en éléments solubles, surtout en calcaire, mais dans lesquelles je redoutais cependant de trouver une proportion notable de carbonate de magnésie, substance que les agronomes s'accordent, non sans quelque raison, à considérer comme plutôt nuisible qu'utile [2] à la végétation, quand elle existe en trop grande abondance dans le sol.

Une première analyse de ces marnes prises aux carrières de Houeydets n'a pas confirmé cette dernière prévision. La quantité de substances solubles dans les acides a atteint 60 %, ne contenant que des quantités insignifiantes de magnésie, et près de 30 % de chaux.

---

[1] Voir aux Notes annexes à la fin du volume.

[2] J'ai pu personnellement constater et vérifier le fait dans une pro-

Un mélange en proportions équivalentes de cette marne avec l'argile miocène donnerait donc une terre trois fois plus riche en calcaire que celle qui résulterait de l'emploi des marnes terreuses, et cet avantage ne serait pas racheté par la présence d'un excès de magnésie.

A la difficulté de faire un choix entre ces deux éléments minéraux, qui, pour être définitivement résolue, exigerait peut-être une série d'analyses beaucoup plus complètes, est venue se joindre une question plus délicate encore : celle d'utiliser l'emplacement de la fouille produite pour l'établissement futur d'un vaste réservoir d'aménagement des eaux de crue de la Neste.

Si l'on veut que ce réservoir puisse, sans aucun danger pour la sécurité publique, rendre tous les services qu'on est en droit de lui demander, il faut qu'il soit, en premier lieu, solidement encastré dans un massif de terres résistantes, peu perméables, à un éloignement suffisant de toute vallée profonde, vers laquelle on ne puisse jamais redouter qu'il parvienne à s'ouvrir une issue souterraine; que, d'autre part, il soit dans une position assez culminante pour qu'on puisse aisément en répartir les eaux dans les vallées sèches rayonnantes autour du plateau de Lannemezan.

L'emplacement de ce réservoir ne saurait d'ailleurs se trouver à une très-grande distance du massif central de la ligne du grand faîte.

priété que je possède au confluent de l'Hérault et de la Dourbie, petite rivière torrentielle qui prend sa source dans une région dolomitique. Les alluvions de ce dernier cours d'eau, chargées d'une forte proportion de magnésie, sont incontestablement moins fertiles que celles de l'Hérault, qui n'en contiennent pas de quantité appréciable.

Dans ces conditions, en tenant compte de la situation topographique des lieux et des facilités relatives que le procédé d'abattage par galeries nous donnerait au besoin, pour ouvrir à peu de frais une tranchée de communication profonde entre des vallées parallèles, ce réservoir pourrait être établi indistinctement sur l'une ou l'autre rive de la Bayse de Trie, sans qu'il paraisse toutefois admissible de le reporter au-delà de l'Arros vers l'Ouest, au-delà de la Bayse de Galan vers l'Est.

XXX.

Notre choix se trouvant ainsi circonscrit, si nous nous reportons à la Carte d'état-major au 1/40000e, qui donne les courbes de niveau des terrains, et dont j'ai joint à cette étude une réduction à plus faible échelle, nous pouvons reconnaître que les divers emplacements proposés pour le chantier des fouilles et du futur réservoir se réduisent, avec quelques variantes, à deux principaux. L'un, que j'appellerai réservoir de la Bayse ou de Lagrange, du nom du hameau le plus voisin, serait remonté le plus haut possible sur le plateau central, sans pouvoir toutefois être reporté au-delà de la route nationale et du chemin de fer, qui me paraissent être les extrêmes limites admissibles à cet égard.

L'autre réservoir, placé entre la Bayse et l'Arros, pourrait être remonté plus ou moins haut dans le massif intermédiaire. L'emplacement le plus convenable me paraîtrait être cependant celui du petit plateau qui se trouve entre les cotes 500 et 550, à l'origine même de la vallée du Bouès, dont je lui donnerai le nom, en amont du point de croisement des deux routes de Capvern à Orieux et de Burg à Tournay.

Ce dernier réservoir, dont je m'occuperai en premier lieu, pourrait être de forme à peu près circulaire, avec un diamètre ayant au besoin 2 kilom., ce qui lui donnerait une superficie extérieure de plus de 300 hectares, son pourtour restant partout inférieur à la cote 480, qui serait sa limite supérieure de remplissage.

Son plafond devrait être établi le plus bas possible, pour avoir la certitude de pénétrer à une profondeur suffisante dans les marnes tertiaires, qui devront fournir l'élément calcaire.

Les affleurements visibles de ces marnes sont exploités, vers la cote 380 sur l'Allier, affluent de l'Arros ; à la cote 440 à Burg sur la Bayse, à la cote 410 et même au-dessus dans le Lizon, en face Bugar. Enfin, un sondage (puits n° 2 de la carte) opéré dans le fond de la vallée du Lizon, près son origine, à la cote 405, m'a fait retrouver ces marnes, analogues à celles de Bugar, bien qu'un peu moins riches en calcaire, à une faible profondeur au-dessous du niveau du sol, et il est très probable qu'elles se retrouveront plus haut encore sur le flanc des coteaux, où elles ont été recouvertes par des éboulements d'argile.

L'inclinaison de ces marnes suivant la pente du sol est d'ailleurs de toute évidence. Il y a donc tout lieu de supposer qu'elles se trouveront vers la cote 450, peut-être 460, à l'emplacement de la fouille projetée. Dans l'intention de les reconnaître, j'avais fait ouvrir en ce point, à l'embranchement des deux routes, un puits de sondage (n° 1 de la carte), que des infiltrations ne m'ont malheureusement pas permis de descendre au-dessous de la cote 480.

Nous resterons donc dans de bonnes conditions en

admettant que le plafond de la fouille en ce dernier
point sera établi à la cote 400 ; ce qui, avec une tranche
d'eau moyenne de 80 mètres, assurerait au réservoir
une capacité de plus de 300 millions de mètres cubes,
si on lui conserve, en gueule, sa superficie de 300 hectares, qu'il y aura probablement lieu de réduire.

La fouille de ce réservoir ainsi défini pourrait être
à volonté attaquée par trois directions différentes : dans
le sens des vallées de la Bégolle, affluent de la Bayse,
du Lizon et du Bouès.

La première direction aurait l'inconvénient d'affaiblir le
massif de retenue dans sa partie la plus étroite ; la troisième, celui d'être trop rapprochée, de la route d'un
côté, du village de Bernadets de l'autre. L'attaque par
le Lizon serait donc de tout point préférable.

On entrerait en galerie dans le lit même du ruisseau,
vers la cote 370, à 6 kilom. environ du réservoir, vers
lequel on remonterait avec une rampe de $0^m,005$, correspondant à une vitesse torrentielle de plus de 3 mètres
dans le canal de débourbage, largement suffisante pour
entraîner les déblais, qui ne se composeront que de terres
meubles ne comprenant que très peu de gros sables
et moins d'un centième très certainement de galets de
petite dimension, provenant surtout de la surface du sol.
La fouille serait opérée, par voie d'effondrements successifs, jusqu'à 600 mètres environ du réservoir projeté,
longueur sur laquelle la galerie serait solidement maçonnée, en passant sous la route de Tournay à Burg.

En reprenant le tracé vers l'aval de la fouille, le canal
de débourbage, continué avec une pente de $0^m,005$,
abandonnerait le lit du Lizon et se développerait vers
sa gauche, pour rentrer en tranchée au voisinage du col

de Villembitz, qui serait franchi à une profondeur de 10 mètres environ, à la cote 335.

Le tracé se poursuivrait au-delà, toujours en pente de $0^m,005$, à flanc de coteau, suivant la rive droite du Bouès, sur une longueur de 9 kilom. environ, qui le ferait aboutir en tête d'un réseau de ravines profondes qui se creusent dans le relèvement du massif de faîte au-dessous du château de Saint-Christ. C'est en ce point, vers la cote 295 mètres, avec une chute disponible en réserve d'une dizaine de mètres, que seraient établis la grille d'épuration et les bassins de dépôts destinés à séparer les gros sables et les galets qui seraient rejetés hors du canal et cantonnés dans ces ravines.

XXXI.

Dans l'hypothèse où l'on préférerait ouvrir la fouille dans l'escarpement des marnes crétacées, elle devrait être, comme nous l'avons vu, reportée au plus près de la route nationale, entre Lutilhous et Lannemezan, en amont du hameau de Lagrange.

Le réservoir, de même forme et de même dimension que le précédent, pourrait être tracé en conservant le point le plus déprimé de son périmètre au-dessus de la courbe 540, qui limiterait la hauteur de son remplissage.

La galerie de vidange, débouchant naturellement dans la Bayse en aval de Houeydets, franchirait cette rivière à niveau et se développerait en terrain facile sur une sorte de terrasse naturelle, qui se continue sur la rive gauche jusqu'à Burg et au-delà. Le canal aurait sur ce parcours à franchir le ruisseau de Bégolles et un autre ravin, par des ponts de peu d'importance, qui seraient probablement les seuls ouvrages de cette nature que rencontrerait l'entreprise. Un peu en aval de Burg, le tracé pénétrerait dans la vallée du Lizon en franchissant en souterrain ou en forte tranchée le col étroit et déprimé de Bonnefont, dont le point culminant est à la cote 427.

Une fois dans la vallée du Lizon, le canal suivrait, en plan, à peu près le même tracé que celui du réservoir du Bouès, et ne pourrait même pas en différer beaucoup en hauteur de profil. La plus grande hauteur de retenue donnée au réservoir de Lagrange correspondrait à peu près, en effet, au surcroît de parcours et à la plus grande pente qu'il faudrait donner au canal de débourbage. La différence de longueur comptée à partir du point commun, serait de 6 kilom. environ, et, d'autre part, la nature plus résistante des marnes, de consistance rocheuse, qu'on aurait à abattre et à triturer, entraînerait l'obligation de donner au canal de débourbage une inclinaison plus forte, de $0^m,007$ environ, tout au moins sur les 12 kilom. compris entre le réservoir et le Lizon ; ce qui représenterait à très-peu près les 50 mètres de hauteur en plus de la retenue.

Sous ce rapport, le réservoir de Lagrange ne réaliserait donc aucun avantage sur celui de Bouès. Il offrirait seulement des facilités un peu plus grandes pour distribuer plus tard les eaux de réserve dans la Bayse de Galan et les autres vallées sèches de l'Est. Les frais de premier établissement ne seraient pas d'ailleurs plus élevés, car le surcroît de longueur qu'on aurait à donner au canal broyeur ne coûterait probablement pas plus que la longueur sensiblement égale de la dérivation, qu'on aurait à construire ou plutôt à remanier en terrain difficile, sur une crête escarpée, pour conduire les eaux du canal alimentaire jusqu'à l'orifice des puits d'effondrement en tête du réservoir du Bouès.

Ces considérations, jointes à la certitude de pouvoir, dès l'abord, s'enfoncer dans des marnes visibles, relativement très-riches en calcaire, me disposeraient à donner la préférence au réservoir de Lagrange sur celui du Bouès. Un examen plus attentif de la question me paraît cependant nécessaire avant toute décision définitive.

Les marnes crétacées sont notablement plus riches en calcaire que les marnes terreuses. Nous avons vu d'ailleurs qu'elles ne contenaient pas une proportion de magnésie assez considérable pour qu'on pût en redouter l'influence nuisible au point de vue agronomique, mais elles peuvent avoir un autre inconvénient provenant de leur résistance relative.

Les marnes crétacées, telles qu'elles se présentent sur les flancs de la Bayse, à Bégolles et à Houeydets, sont sans doute éminemment friables. A l'exception d'un seul banc réellement rocheux, d'une épaisseur de $0^m,30$, toutes les couches que j'ai pu reconnaître, sur une hauteur approximative de 50 mètres, se divisent naturellement en lamelles de plus en plus minces, qui pour la plupart fusent et se délitent dès qu'on les plonge dans l'eau ; dont les plus résistantes ne supporteraient pas un parcours de quelques kilomètres dans un canal torrentiel, sans y être complètement désagrégées.

Mais rien ne prouve qu'en pénétrant plus profondément dans le massif, et nous aurions à nous y enfoncer sur plus de 5 kilom., on ne trouverait pas des roches plus dures et plus compactes, ainsi qu'il arrive en d'autres

10

points de cette formation. C'est ainsi qu'à Cieutat, à une cinquantaine de mètres au-dessous des marnes tendres extraites pour l'amendement des terres, se trouvent des assises de pierre dure, exploitées pour moellons. La même transformation se rencontre dans la vallée de Capvern, où des carrières de pierre de taille d'une très-grande dureté succèdent aux marnes friables de Gourgue.

Nous ne saurions donc installer notre chantier d'abattage aux environs de Lagrange sans avoir reconnu, par des sondages précis, la nature exacte des terrains du sous-sol. En admettant même qu'il soit démontré qu'on n'aura affaire qu'à des marnes friables, il faudra, au point de vue de la solidité du réservoir, tenir compte de la perméabilité habituelle des formations de cette nature, sans toutefois s'exagérer les inconvénients de cette perméabilité.

Dans les conditions habituelles des réservoirs en remblai, tels qu'on les établit par le barrage d'une vallée, on ne se préoccupe que d'une manière accessoire de la nature physique des berges de cette vallée, dont les parois rocheuses, pas plus que le fond, ne sont ordinairement d'une complète imperméabilité. Si de trop fréquents accidents sont survenus aux réservoirs-barrages, ils ont été rarement dus à cette cause. La perméabilité des marnes calcaires de Houeydets serait d'autant moins nuisible que leurs couches ne se prolongent pas en affleurements naturels vers l'aval.

Fortement relevées par une cassure brusque, elles s'infléchissent plutôt vers le Sud, dans la direction des hautes montagnes auxquelles elles sont adossées, que vers le Nord, où elles buttent contre la formation des argiles qui les a empâtées de toute part.

On ne devra donc pas s'arrêter outre mesure aux difficultés et aux objections que je viens d'énumérer ; mais il faut en tenir compte et se donner le temps de réfléchir avant de prendre un parti définitif. Sous cette réserve, la dépense en frais de premier établissement devant être sensiblement la même dans les deux cas, je me placerai, mais uniquement pour fixer mes bases d'évaluation, dans l'hypothèse où l'on aurait choisi le plateau du Bouès pour l'emplacement des premiers chantiers d'abattage, destinés à être convertis plus tard en réservoir d'aménagement.

Ce réservoir pourra, comme nous l'avons vu, avoir au besoin une capacité de plus de 300 millions de mètres cubes, qu'il sera bon de réduire à 200, volume très-notablement supérieur encore à ce que pourra moyennement fournir la dérivation de la Neste pendant la durée annuelle de ses crues. Les déblais, provenant par moitié des argiles miocènes, par moitié des marnes calcaires inférieures, fourniront tous les éléments nécessaires à la fabrication d'un bon limon végétal, suffisamment riche en calcaire.

Enfin, la cuvette et les parois du réservoir seront partout, et sur une profondeur indéfinie, formées de terres franches et consistantes, absolument imperméables, constituant des digues naturelles, dont la moindre épaisseur, mesurée au niveau du plafond à la hauteur de la cote 400, sera de plus de 1,200 mètres dans la direction de la vallée de Bégolles, la plus voisine ; de 3 et 5 kilom. dans la direction des autres vallées de l'Allier et du Bouès.

Cet ensemble de conditions, si on les compare à celles des marnes crétacées, plus riches en calcaire, ne serait

sans doute pas aussi avantageux au point de vue de la
qualité des limons à produire que de la complète solidité du réservoir. Il n'en pourrait pas moins justifier
le choix de cet emplacement, comme point d'arrivée ou
de départ des canaux, dont il me reste à énumérer
sommairement les dispositions principales.

XXXII.

La première question à résoudre, en suivant l'ordre
logique et la marche naturelle des travaux, aura pour
but d'assurer le fonctionnement des canaux de colmatage
par une dérivation convenable des eaux de la Neste. On
pourra à cet effet agrandir le canal actuel ou en construire spécialement un nouveau.

J'ai déjà parlé du canal de Lannemezan. Sa branche
principale a une longueur de 28 kilom., entre la prise
à Sarrancolin et la Bayse de Trie. Au point de vue technique des conditions du tracé, il peut se diviser en trois
sections de longueur à peu près égale, ayant présenté
des difficultés de construction très-différentes, qui devront se reproduire dans les travaux de réfection.

La cuvette du canal est habituellement rectangulaire.
Sa largeur varie de 6 à 8 mètres. La pente totale est de
18 mètres, fort inégalement répartie sur tout le parcours,
moindre dans la section moyenne que sur les deux
extrêmes. A l'origine, et sur une longueur de 8 kilom.
représentant la partie en terrain difficile, elle est de
de $0^m,008$.

La tranche d'eau correspondant au débit actuel de
7 mètres devrait être respectivement portée à $1^m,80$ ou
$2^m,70$, si, conservant la même largeur et la même inclinaison, on voulait mettre la cuvette en état de porter

20 ou 30 mètres, suivant qu'on voudrait, dès l'abord, suffire seulement à l'alimentation du canal de colmatage, ou dériver éventuellement tout l'excédant d'eau disponible en temps de haute crue, pour l'emmagasiner dans des réservoirs.

Des études sérieuses et un projet complet seraient nécessaires pour savoir jusqu'à quel point la cuvette actuelle pourrait, sans inconvénient, recevoir ce grand surcroît de charge, ou s'il ne serait pas préférable de construire, pour la nouvelle dérivation, un canal spécial, dont la prise, placée en amont de Sarrancolin, serait relevée d'une quarantaine de mètres, ce qui permettrait de faire arriver ce canal en ligne droite, suivant l'isthme étroit du pédoncule de Lannemezan, sans l'astreindre au long développement du tracé actuel, qui a dû contourner le plateau pour desservir successivement toutes les vallées qui en dérivent.

Dans tous les cas, même en ne conservant à ce dernier canal que sa première destination, il me paraîtrait indispensable de déplacer sa prise, établie en un point où, par le fait des conditions naturelles du torrent, elle se trouve exposée à des ensablements incessants.

Dans mon *Traité d'hydraulique agricole*, j'ai formulé, sous le nom de lois d'inversion du profil et des plans, quelques règles théoriques que j'ai toujours vues confirmées par l'observation, et qui, bien qu'elles aient été rarement tenues en compte par les Ingénieurs, ne m'en paraissent pas moins devoir servir de guide en pareille matière.

Sans reproduire ici l'énoncé général et la démonstration de ces lois, il me suffira de rappeler ce que je disais des conditions d'équilibre dans lesquelles doit s'établir le régime respectif des débits de crue et d'étiage sur une rivière torrentielle.

« Dans une vallée de largeur inégale, présentant une succession de gorges étroites et de vallons élargis, les surfaces de l'eau, en temps de crue et d'étiage, ne sont pas parallèles, comme quelques Ingénieurs ont été parfois portés à l'admettre, faute d'y avoir réfléchi. Elles sont, au contraire, nécessairement inverses : aux plus grandes pentes superficielles du courant de crue correspondent les plus faibles inclinaisons de l'étiage, et réciproquement.

» La raison en est des plus simples. On comprend, en effet, qu'en temps de crue, la rivière coulant à pleins bords, à chaque étranglement des parois latérales supposées inattaquables correspond une accélération de vitesse, et par suite un approfondissement du plafond, qui est balayé et nettoyé jusqu'au vif, sans qu'aucun dépôt puisse s'y produire.

» A chaque élargissement compris entre deux étranglements voisins, au contraire, les eaux, retenues par les remous de l'étranglement inférieur, s'accumulent comme dans un lac intermédiaire. Elles y perdent une partie de leur vitesse en même temps que de leur pente de surface, et laissent par suite déposer les débris qu'elles tenaient en suspension.

» Lorsque le courant de crue se retire, on trouve, comme résultat final, des gouffres profondément affouillés dans les étranglements, des amas de dépôts et des bancs de gravier formant barrage dans les parties larges.

» Le régime d'étiage venant à s'établir, dans ces conditions, avec un débit très-réduit, il est bien évident que les eaux n'auront qu'une faible pente dans les parties affouillées du chenal, qu'elles se répandront au contraire en nappes moins profondes, nécessitant une vitesse et une pente plus grandes, sur les dépôts émergés des parties larges.»

Dans de telles conditions, pour qu'une prise puisse fonctionner en tout temps, il est indispensable de la placer en eaux toujours profondes, sur le côté d'un étranglement du chenal, en amont du barrage naturel qui suit cet étranglement.

Or, c'est précisément l'inverse qui a été fait à la prise de Sarrancolin. Elle a été disposée dans un élargissement du lit torrentiel, en un point où s'accumulent sans cesse des dépôts de graviers qui obstruent et obstrueront toujours le seuil de cette prise, en dépit de tous les travaux qu'on pourra faire pour s'en débarrasser, et qui le plus souvent n'auront d'autres résultats que d'aggraver la situation. Les dragages n'ont qu'une action éphémère, et la construction d'un barrage relevant le plan d'eau n'a d'autre effet que d'exhausser le niveau des dépôts.

Pour remédier à cet inconvénient, il suffira bien certainement de déplacer la prise d'eau en la remontant dans le chenal profond qui se trouve en amont, dût-on pour cela poursuivre le canal en galerie latérale dans les roches qui encaissent ce chenal.

Sans attacher pour le moment plus d'importance qu'il ne faut à cette défectuosité théorique que me paraît offrir la prise d'eau de Sarrancolin, je ne pouvais évidemment, dans cette étude sommaire, songer à présenter un projet définitif de tous les travaux à faire pour adapter le canal à sa nouvelle destination.

Je ne puis à cet égard formuler en quelque sorte qu'un chiffre de somme à valoir, et c'est sous cette réserve que je crois pouvoir admettre qu'on aurait à dépenser respectivement 100, 30 et 20 fr. par mètre courant, pour l'élargissement et l'exhaussement des trois sections successives du canal, suivant leur difficulté respective. Appliquant cette dépense moyenne de 50 fr. le mètre à la longueur totale de canal, qui est de 28,200 mètres, et comptant sur une dépense complémentaire de 200,000 fr. environ, pour le déplacement de la prise d'eau et autres imprévus, on arrive à un chiffre total de 1,600,000 fr., pour les frais que pourra entraîner la réfection complète du canal, en vue d'un surcroît de débit de 12 mètres cubes à la seconde en temps de crue.

XXXIII.

En même temps qu'on augmentera le débit du canal principal de Lannemezan, il faudra modifier dans des proportions bien plus grandes encore la rigole d'alimentation du Bouès, qui amène aujourd'hui à cette rivière sa dotation proportionnelle des eaux actuelles, de 700 litres seulement, et qui, dans sa destination nouvelle, devra conduire en même temps toute l'eau réservée au canal des Landes, soit environ 12 mètres cubes.

Dans l'état, cette rigole, qui a à racheter une différence de hauteur de près de 100 mètres avant de rejoindre le sillon d'origine de la vallée du Bouès, se développe dans des conditions d'établissement assez difficiles, présentant des chutes nombreuses, suivant la crête escarpée qui sépare à leur origine les bassins de la Bayse et du ruisseau de Lanespède, en amont de Lutillous. Peut-être, au lieu d'élargir cette rigole sur place, vaudrait-il mieux la reconstruire à neuf, en rejetant toutes les eaux dans la Bayse, où on les reprendrait un peu plus loin, pour les ramener, par un canal en ligne de pente régulière, à la hauteur voulue, sur le plateau de Burg, à l'emplacement de la fouille projetée.

Il y aura encore là matière à une étude définitive ultérieure, et c'est plutôt à titre de prévision probable que d'estimation sérieuse et approfondie que je crois devoir estimer à raison de 50 fr. le mètre en moyenne, soit 400,000 fr. ensemble, les 8 kilom. de parcours de cette rigole, dont moitié seulement en terrain difficile.

Les travaux d'abattage des déblais devant tous être compris dans les dépenses d'exploitation, nous n'aurons à faire figurer au compte de premier établissement, en ce qui concerne le chantier des fouilles, que l'achat des terrains et la fourniture du matériel et de l'outillage spécial.

L'emplacement des fouilles et de la grande tranchée d'évacuation faisant suite au réservoir, entraînera l'occupation d'une superficie de 400 hectares de terrain environ, dont la valeur vénale peut varier entre 300 et 900 fr. l'hectare. Nous devrons cependant nous attendre à les payer moitié en sus et peut-être le double de leur valeur, soit, pour ce fait, une dépense de 400,000 fr., à laquelle il faudra probablement ajouter une somme à peu près égale pour installation du chantier, constructions de bâtiments et hangars, achat de tuyaux de fonte ou de tôle pour jets d'eau et outillage divers.

Sans parler des grandes fouilles par effondrement que nécessitera l'ouverture de la galerie d'accès du réservoir, qui, comme je viens de le dire, figureront dans les frais annuels d'exploitation, nous aurons à compter en premier établissement la dépense d'aménagement du canal broyeur, s'étendant entre l'emplacement du réservoir et celui de la grille d'épuration placée sous le château de Saint-Christ, sur une longueur totale de 18 kilom.

J'ai déjà décrit le tracé de cette section du canal. En dehors de quelques déblais considérables qui seront utilisés pour l'exploitation dans le haut de la vallée du Lizon et à la traversée du col de Villembitz, ce canal sera établi dans des conditions d'un terrain relativement facile, ne nécessitant ni ouvrages d'art ni murs de soutènement de quelque importance. La cuvette, de forme semi-hexagonale, avec une largeur en gueule de $1^m,80$ et une profondeur de $1^m,50$, correspondant à la pente du canal pour un débit de 12 mètres, sera revêtue, sur tout son parcours, d'un solide muraillement en pierres quartzeuses ou granitiques et mortier de ciment. Ces matériaux se trouvant en grande abondance sur les lieux ou à peu de distance, le prix de cette maçonnerie ne saurait dépasser 12 fr. le mètre cube.

Les terrains à occuper n'ont, en général, qu'une valeur médiocre, et nous pourrons estimer à peu près comme suit le mètre courant du canal broyeur :

15 mètres de déblais à 1 fr............	15 fr. »
6 mètres revêtement de gros blocs siliceux sur $0^m,40$ d'épaisseur, à 5 fr. le mètre carré......................	30 fr. »
20 mètres terrain à 0 fr. 40...........	8 fr. »
Dépenses diverses ou imprévues........	17 fr. »
TOTAL....................	70 fr. »

soit, pour 20 kilom., 1,400,000 fr.; à laquelle dépense nous aurons à ajouter une somme à valoir de 100,000 fr. environ pour l'établissement de la vanne de triage et des bassins d'épuration en tête des ravins de Saint-Christ, ce qui porte à 2,300,000 fr. le chiffre de dépenses pour cette seconde section des travaux, comprenant le chantier d'abattage, le canal broyeur et les travaux accessoires qui en dépendent.

XXXIV.

Le canal broyeur ou de débourbage, à grande pente, se terminera, ainsi que je l'ai déjà dit, au vis-à-vis du château de Saint-Christ, en tête d'un réseau de ravines qui se creusent en ce point dans le massif du plateau sur une profondeur de 1,000 à 1,500 mètres. C'est en ce lieu que s'effectuera l'épuration des limons par le cantonnement des galets et des gros sables, au moyen de la grille de triage et des bondes de fond.

Les galets, roulant en vertu de leur vitesse acquise sur la grille inclinée, qui prolongera le plafond du bief supérieur du canal au-dessus des berges de son bief inférieur, seront projetés dans la ravine la plus voisine. Les sables, passant à travers la grille en même temps que les limons, tomberont dans le bief inférieur, dont la pente de surface sera déprimée, de manière à amener une réduction notable de vitesse, et par suite l'amoncellement des sables dans des poches de fond, d'où ils seront expulsés par le jeu intermittent des bondes de vidange.

Il est bien évident que les débouchés et orifices de sortie de la grille et des bondes ne tarderont pas à être obstrués par les dépôts, et qu'il faudra les déplacer assez fréquemment. On commencera naturellement par les mettre en tête de la dernière ravine d'aval, en les remontant progressivement vers l'amont, de manière à produire une première zone de dépôts, sur la lisière extérieure de laquelle on reportera le tracé du canal, de manière à opérer le comblement d'une seconde zone, et ainsi de suite, en opérant toujours le déplacement de l'aval à l'amont. La flèche de la courbure générale du canal, concave à l'origine, ira sans cesse en diminuant jusqu'à ce que ce canal soit devenu rectiligne, longeant le Bouès. Au besoin même, le canal pourra finir par décrire une courbe convexe, en empiétant sur le lit de la rivière, qui sera progressivement reporté vers la gauche, à la charge d'indemniser les propriétaires de la rive opposée.

L'ensemble des ravines dans lesquelles s'effectueront les premiers dépôts présente une longueur de 2 kilom. environ, sur 1,000 à 1,200 mètres de flèche, ce qui correspond à une surface de près de 200 hectares, dont les deux tiers environ se trouvent au-dessous du plan d'eau du canal, qui lui-même dominera le lit du Bouès de 40 mètres environ. Sur ces bases, on ne saurait évaluer à moins de 15 à 20 millions de mètres cubes la capacité du bas-fonds, qu'on pourra combler avant d'avoir définitivement aligné le canal, suivant la rive actuelle du Bouès.

La proportion de galets charriés par le torrent artificiel, ne pouvant provenir que du terrain de la surface, sera très-certainement inférieure à $1/100^e$ du volume des terres désagrégées, soit environ 180,000 mètres par an.

La quantité de sables serait beaucoup plus considérable si nous devions nous imposer l'obligation de nous débarrasser de toute matière minérale qui n'est pas à l'état de limon impalpable. Mais il est bien évident qu'il n'y aura nul inconvénient à laisser subsister dans le courant les sables les plus fins, qui ne seraient pas précipités par une réduction notable, de moitié par exemple, de sa vitesse. Dans ces conditions, n'ayant à cantonner que le gros sable graveleux, son volume n'ira probablement pas au-delà du double de celui des galets, soit au total un maximum de 500,000 mètres à cantonner tous les ans, ce qui nous laisserait une marge de près de quarante ans pour le comblement des ravines avant d'avoir à empiéter sur le lit du Bouès.

Encore y aurait-il à se demander si l'on ne pourrait pas utiliser une partie de ces dépôts, les galets notamment, qui seraient employés à l'entretien des routes ou au balastage des chemins de fer dans une contrée où les matériaux de cette nature font complètement défaut. Dans toute la région des Landes notamment, on est obligé de faire venir les pierres cassées de l'Adour, et leur prix de revient est rarement inférieur à 20 fr. le mètre cube. En organisant convenablement le chantier, les galets, au lieu d'être rejetés en dehors des berges, pourraient être automatiquement chargés par la grille de triage sur des gabarres pontées, par lesquelles, en suivant la pente du courant, ils seraient transportés, sans frais, en quelques grands centres d'entrepôts, au voisinage d'une gare de chemin de fer, d'où ils seraient répartis sur tous les points à desservir.

L'action mécanique du courant pourrait être également employée à assurer la remonte des bateaux vides, par le halage sur une chaîne noyée ou tout autre moyen.

La principale difficulté qu'on aurait sans doute à résoudre serait d'assurer le croisement des bateaux montants et descendants sur un canal étroit, dont on ne pourrait faire varier notablement la largeur uniforme.

Je n'insisterai pas sur cette question de détail, me bornant à faire observer que, si l'on peut avoir des doutes sur la possibilité d'utiliser une partie des matières minérales inertes, on ne saurait en avoir sur la facilité avec laquelle on pourra retenir l'or que les terrains à désagréger pourraient contenir, si petite qu'en fût la quantité; car il est évident que cet or se déposera avec les gros sables au voisinage des bondes de vidange, où rien ne sera plus aisé que de le recueillir à l'état d'amalgame dans des poches remplies de mercure.

J'ai déjà tenu compte des frais de premier établissement de la grille d'épuration et des bondes de vidange.

Les dépenses qu'entraînera le déplacement successif de ces ouvrages devront naturellement être comprises dans les charges annuelles de l'exploitation.

XXXV.

J'ai peu de chose à ajouter aux détails déjà donnés sur la topographie de la ligne de faîte, pour compléter la description du tracé que devra suivre le canal de limonage, à partir de la grille de Saint-Christ.

Commençant en ce point à la cote 290 mètres, il se développera à flanc de coteau sur la rive droite du Bouès, et à partir de Bernadets suivra la pente naturelle d'un plateau facile, qui le conduira jusqu'aux abords de Miélan.

La traversée de cette localité présentera quelques difficultés, qu'on simplifiera en se plaçant sur la berge de l'Osse, à quelques mètres en contre-bas du point culminant. La pente naturelle du terrain nous conduira jusqu'à la tranchée du chemin de fer, que l'on franchira en dessus, à la cote 270 mètres, en même temps qu'on se reportera sur le versant gauche du coteau longeant le Bouès, qu'on ne quittera plus sur tout le parcours, se prolongeant en ligne de pente uniformément décroissante jusqu'à Gabarret.

Ainsi que je l'ai dit, on n'aura à construire sur toute cette distance ni ponts ni ouvrages d'art de quelque importance. Le tracé sera de préférence établi en déblai, nécessitant des tranchées assez profondes et parfois quelques souterrains de faible longueur, pour éviter de trop longs développements sur les contre-forts qui se détachent de la ligne de faîte. Ces souterrains seront surtout relativement nombreux au-delà du renflement de Saint-Christaud, où le faîte, cessant d'être compris entre deux vallées longitudinales, donne naissance à une série de cours d'eau divergents. Autant que j'ai pu m'en rendre compte par une reconnaissance attentive des lieux, la longueur réunie de ces souterrains sera de 16 kilom. environ, pour un développement total de 92 kilom. de tracé, entre la grille de Saint-Christ et le débouché sur le plateau des Landes au-delà de Gabarret. La pente totale entre les points extrêmes sera de 125 mètres, soit $0^m,00135$ en moyenne, atteignant un maximum de $0^m,002$ entre Saint-Christ et Miélan, une moyenne de $0^m,0013$ entre Miélan et Parret, et un minimum de $0^m,001$ sur les 38 kilom. compris entre le point obligé de ce dernier col et la sortie de Gabarret.

Sur cette longueur totale de 92 kilom., la cuvette du canal conservera une section hexagonale avec une largeur moyenne de 1^m,90 au plafond et un tirant d'eau de 1^m,60. Cette cuvette sera revêtue sur tout son pourtour d'un perré en moellons et mortier de chaux hydraulique, avec enduit lissé au ciment. Les matériaux de construction, moellons et sables, étant rares sur tout le trajet, la maçonnerie sera relativement coûteuse, et ne saurait guère être comptée à moins de 20 fr. le mètre cube, soit 5 fr. le mètre carré de parement sur une épaisseur de 0^m,25.

Pour compléter les détails qui se rapportent à cette branche principale du canal de limonage suivant la ligne de faîte, je crois devoir signaler la possibilité de consolider et de renforcer les talus naturels ou artificiels du canal par un dépôt convenablement aménagé des troubles mêmes qu'il doit charrier. J'ai déjà dit, et l'on peut reconnaître à l'examen des courbes de niveau rapportées sur ma carte générale du tracé, malgré sa petite échelle, combien la crête de la ligne de faîte est parfois dentelée de déchirures profondes, dont l'axe du canal ne pourrait, sans un trop grand développement, contourner toutes les sinuosités. Au moyen des souterrains, on évitera les saillies principales des contre-forts; mais, par le procédé dont je parle, on arrivera plus facilement encore à adoucir les contours trop brusques des courbes rentrantes, en comblant sur toute leur hauteur les basfonds des érosions correspondantes.

Ce mode de remblai, qui n'est pas pour moi purement théorique, car j'ai eu occasion d'en reconnaître pratiquement les avantages[1] sur une petite échelle, est, en somme, des plus simples.

Supposons, pour fixer les idées, qu'on veuille combler le vide d'une courte érosion, de manière à réduire de 15 mètres la flèche de la courbe naturelle, tout en donnant au talus de remblai une pente plus douce que celle du terrain naturel, de 2 mètres de base pour 1 de hauteur, par exemple, la hauteur totale du comblement devant être de 20 mètres par rapport au niveau de la vallée sensiblement horizontale qui longe le pied du coteau du faîte. Le canal de limonage étant supposé provisoirement construit suivant la courbe naturelle de la ravine, le pied du remblai à effectuer devra se trouver à 55 mètres de distance horizontale de l'axe du canal. Cette ligne étant tracée sur le terrain inférieur, on creusera en avant d'elle une chambre d'emprunt, dont les terres retroussées serviront à édifier une digue extérieure de 2 mètres de

---

[1] Je me suis en effet servi d'un procédé analogue, à ma campagne, pour l'abattage et le règlement d'un talus escarpé que je voulais convertir en prairie arrosable à pente douce. Ce talus, presque vertical dans son état naturel, et d'une hauteur d'une dizaine de mètres, se composait d'un massif de marnes dures, surmonté d'un banc de cailloux agglutinés. Le mince filet d'eau, de 25 à 30 litres à la seconde, dont je disposais, n'était sans doute pas suffisant pour servir directement à la démolition d'un semblable terrain. Les fouilles étaient faites à la main, suivant les procédés ordinaires, par grands abattages, et les eaux n'étaient employées qu'à entraîner les déblais désagrégés, en leur donnant une base de talus trois ou quatre fois plus forte que celle qui résultait de leur chute. Une tranchée, avec bourrelet extérieur, ayant été creusée dans le terrain plan inférieur, au point où devait se terminer le talus projeté, un seul ouvrier dirigeant la chute des eaux sur les terres éboulées pouvait, en une demi-journée de travail, en remanier et mettre en place un cube de plus de 50 mètres, dont le déplacement à la brouette ou au double jet de pelle m'aurait coûté dix fois plus cher et aurait été beaucoup moins bien exécuté.

hauteur, à l'extrémité de laquelle on ménagera un déversoir superficiel. Dans le bassin ainsi délimité, on fera couler une prise d'eau limoneuse d'un assez faible débit : 50 à 100 litres par seconde, suivant les circonstances. A mesure qu'elles rempliront la fouille, ces eaux y laisseront déposer la majeure partie de leurs limons et s'écouleront sensiblement clarifiées par le déversoir de sortie.

Au bout d'un certain temps, la fouille paraissant à peu près comblée jusqu'au niveau de la digue, on arrêtera l'arrivée des eaux et on laissera s'assécher lentement cette première couche de remblai. Après quelques jours, quand elle paraîtra suffisamment solidifiée, on creusera dans sa masse une nouvelle fouille, qui servira à édifier une seconde digue à 4 mètres en avant de la première. Le bassin ainsi aménagé sera colmaté comme le précédent, et, en procédant ainsi par degrés successifs, on arrivera à constituer au niveau du canal provisoire une plate-forme horizontale de 15 mètres de flèche, sur laquelle on n'aura plus qu'à asseoir la cuvette définitive.

La seule difficulté pratique de l'opération consistera à disposer la dérivation des eaux troubles, et plus encore le déversement du trop-plein des eaux clarifiées, de telle sorte qu'il ne puisse se produire d'érosion sur les talus tant anciens que nouveaux. Il est bien évident qu'on arrivera facilement à ce résultat en faisant passer les eaux dans des siphons métalliques coudés, dont la longue branche, de hauteur variable, pourra être couchée sur le talus.

En admettant que trois ouvriers, et ce nombre paraîtrait suffisant, soient nécessaires à la manœuvre et à la surveillance d'une prise de 100 litres d'eau par seconde, chargée de 1/10e de limon, ils pourraient, en dix heures de travail journalier, effectuer un remblai de 3 à 400 mètres. Le prix de revient, à raison des fausses manœuvres, serait-il cinq et dix fois plus élevé, que ce procédé n'en constituerait pas moins un moyen très-économique de renforcer toutes les parties faibles du canal sur le tracé de la grande ligne de faîte.

Sur les bases que je viens de poser, la dépense totale de ce canal paraîtrait pouvoir être évaluée à peu près comme suit :

1° Estimation du canal à ciel ouvert par mètre courant :

Déblais, 12 mètres, à 1 fr..., ...	12 fr.	»
7 mètres de revêtement en maçonnerie, à 4 fr. le mètre carré...	28 fr.	»
7 mètres d'enduit en ciment, à 1 fr. 50....................	10 fr. 50	
20 mètres de terrain, à 0 fr. 60...	12 fr.	»
Dépenses diverses et imprévues...	7 fr. 50	
TOTAL............	70 fr.	»

Et, pour 76 kilom........................ 5,320,000

Somme à valoir pour consolidation des remblais par le procédé qui vient d'être indiqué. 400,000

2° Estimation du canal en souterrain :

10 mètres de déblais, à 8 fr.......	80 fr.	»
4 mètres cubes de maçonnerie de voûte, à 40 fr.................	160 fr.	»
10 mètres de terrain, à 0 fr. 60...	6 fr.	»
Boisage, faux frais et imprévu....	54 fr.	»
Prix du mètre courant..........	300 fr.	»

Et, pour 16 kilom........................... 4,800,000

Somme à valoir pour rétablissement des communications interceptées, construction de ponts sur le canal et dépenses imprévues... 480,000

TOTAL pour le canal de colmatage entre la grille de Saint-Christ et Gabarret........ 11,000,000

XXXVI.

Le canal de transport, tel que je viens de le décrire, atteindra donc à Gabarret la région des Landes à une altitude que j'ai cru devoir fixer à 168 mètres, dominant de 10 à 15 mètres l'origine du plateau sablonneux, qui, comme on le sait déjà, présente à son point culminant une sorte de dépression ou plutôt de lacune dans la continuité de pente de la ligne de faîte qui s'étend complètement horizontale sur une longueur de 5 à 6 kilom., entre Gabarret et Lapeyrade, à la traversée de la route de Mont-de-Marsan à Nérac.

Le surcroît de hauteur réservé en ce point m'a paru utile comme moyen de franchir cette lacune sur un remblai assez élevé pour rejoindre, avec une pente et une charge d'eau suffisantes, le point où l'inclinaison de la ligne de faîte reprend une régularité qu'elle conservera désormais jusqu'à la mer.

Ce remblai, d'une hauteur moyenne de 6 à 7 mètres, sera effectué avec les limons mêmes du canal, par un procédé analogue à celui que je viens de décrire, pour renforcer le talus de la section précédente. Il s'effectuera par gradins successifs de 2 mètres de hauteur, encaissant des bassins de plus en plus étroits, dans lesquels s'opérera la précipitation des limons jusqu'au niveau de la plate-forme supérieure, sur laquelle devra être assise la cuvette du canal. Les dispositions particulières seront seules un peu différentes. Le canal définitif ne pouvant se poursuivre au-delà, tant que le remblai ne sera pas effectué en entier, la totalité des eaux limoneuses devra être utilisée sur place et d'une manière alternative, soit à l'édification du remblai, soit au limonage des terrains les plus voisins, où la lande se présente précisément avec ses caractères les plus marqués de complète infertilité.

En lui supposant une hauteur moyenne de 5 mètres, une largeur en couronne de 6 mètres et des talus auxquels on pourra, sans grand surcroît de dépenses, donner une base triple de leur hauteur, ce remblai aura un volume de 7 à 800,000 mètres, et n'entraînera ni grands frais ni grande perte de temps.

L'inclinaison normale du canal ainsi rachetée, son tracé reprendra suivant la ligne culminante de la formation qui se poursuit en pente uniforme, sur une longueur de 30 kilom., jusqu'au méridien de Captieux, où elle se divise en deux directions principales, que nous aurons à suivre séparément : l'une, vers la pointe de Grave, avec une longueur de 75 kilom. et une pente moyenne de $0^m,0008$; l'autre, suivant le sommet du plateau des grandes Landes jusqu'aux environs de Morcenx, à la cote 80, avec une longueur de 60 kilom. et une pente moyenne et uniforme qui ne sera pas sensiblement inférieure à 1 mètre par kilomètre, à partir de Gabarret.

L'idée la plus naturelle paraîtrait être de diviser l'eau limoneuse entre ces deux branches du canal, proportionnellement aux surfaces à colmater. C'est du moins ce que l'on ferait s'il s'agissait d'une distribution d'eaux d'arrosage ; mais il doit en être tout autrement avec des eaux limoneuses, pour lesquelles il est indispensable de maintenir la plus grande vitesse possible du courant. Je crois donc qu'il sera préférable de ne pas faire fonctionner

les deux branches simultanément. Je proposerais même,
en vue de réduire les frais de premier établissement,
d'ajourner la construction de celle du Médoc, en nous
bornant provisoirement à l'ouverture du canal de Morcenx, qui suffira, à lui seul, au limonage de 500,000
hectares.

La section de ce canal sera établie suivant le type du
profil hexagonal. La pente se trouvant un peu plus
faible que sur la moyenne de la section précédente, il
y aurait lieu d'augmenter un peu la profondeur et la
largeur du canal, si l'on tenait à lui conserver la totalité de son débit de 12 mètres. En fait cependant, je
crois qu'on pourrait, sans grand inconvénient, réduire
le débit du canal à 9 mètres et maintenir sa profondeur, réglant sa section, à $1^m,60$, l'excédant des eaux
limoneuses étant réservé à des rigoles secondaires qui
fonctionneront, simultanément ou successivement, vers
Bazas d'un côté, vers Mont-de-Marsan de l'autre.

La répartition des limons, à partir du canal principal
de Morcenx, s'effectuerait par un réseau de rigoles secondaires suivant tous les faîtes qui séparent les affluents
de la Midouze, de ceux de la Leyre ou des étangs littoraux. La section de ces rigoles serait variable suivant
l'étendue des terrains à améliorer, et, plus encore, suivant la pente des faîtes secondaires, en tous points supérieure à celle du faîte principal.

Le canal de Morcenx et les rigoles secondaires devraient être revêtus d'un parement maçonné à surface
lisse. Les matériaux de construction étant encore plus
rares et plus chers dans la région des Landes que sur le
tracé du grand faîte, la vitesse dans les canaux se trouvant un peu plus faible , je crois qu'on pourrait se dis-

penser de recourir à des perrés en maçonnerie de moellons et se contenter d'un simple revêtement en béton ou mortier comprimé, fait avec de la chaux hydraulique et le sable des Landes lui-même. Ce revêtement aurait le mérite d'être très-peu coûteux et serait probablement suffisant. En lui supposant des épaisseurs respectives de 0^m,15 et 0^m,10, il ne reviendrait pas à plus de 1 fr. 80 le mètre carré pour le canal principal, de 1 fr. 20 pour les canaux secondaires.

Dans ces conditions, la dépense à faire en aval de Gabarret pourrait s'établir à peu près comme suit :

1° Pour le canal principal :

4 mètres déblais de sable, à 0 fr. 4, parement compris..............	1 fr. 60
7 mètres parement en béton de sable, à 1 fr. 80......................	12 fr. 60
12 mètres de terrains, francs - bords compris, à 0 fr. 10....:.........	1 fr. 20
Dépenses diverses et imprévues.....	4 fr. 60
Prix du mètre courant.............	20 fr. »
Et pour 90 kilom., entre Gabarret et Morcenx..	1,800,000

2° Pour les rigoles secondaires :

Déblais, 4 mètres, à 0 fr. 30........	1 fr. 20
5 mètres revêtement, à 1 fr. 20.....	6 fr. »
10 mètres terrain, à 0 fr. 10........	1 fr. »
Somme à valoir....................	1 fr. 80
Prix du mètre..........	10 fr. »
Soit, pour 250 kilomètres........................	2,500,000
Somme à valoir pour rétablissement de communications, grand remblai de Gabarret et autres dépenses imprévues................	400,000
MONTANT TOTAL des travaux........	4,700,000

XXXVII.

Cet ensemble de canaux supposés construits à demeure, il resterait à faire la distribution définitive des limons par des canaux de troisième ordre. Établies en saillie sur le sol de la lande, ces rigoles inférieures, s'embranchant sur les canaux de deuxième ordre, pourraient être placées à 1,000 mètres l'une de l'autre en moyenne. Leur longueur totale, pour une surface de 500,000 hectares, n'aurait pas moins de 5,000 kilom.; mais, comme ces canaux n'auraient à fonctionner que pendant quelques jours chacun, leur établissement n'aurait pas besoin d'être définitif et pourrait s'effectuer successivement au fur et à mesure de l'avancement du répandage des limons.

Il serait dès-lors inutile de les faire figurer au chiffre de premier établissement, à la condition seulement de compter dans les dépenses annuelles les fournitures et l'entretien du matériel correspondant à la surface qui sera limonée tous les ans. Ces canaux se composeront essentiellement de planches mobiles clouées sur des cadres en bois, posées verticalement à $0^m,80$ l'une de l'autre, moitié en déblai, moitié en remblai, dans une fosse creusée de $0^m,20$ à $0^m,30$ dans le sol.

Le répandage définitif des limons s'opérera, comme pour les colmatages ordinaires, en une ou deux couches, dans des enceintes successives, closes de bourrelets de terre ou de planches mobiles. L'opération sera d'autant plus rapide sur le sol des Landes que le sable boira en quelque sorte l'eau à mesure, ne laissant à la surface que le limon desséché prêt à être mélangé au sable pour constituer le sol arable.

Une fois que l'expérience aura déterminé la quantité de limon que le canal principal pourra conduire sans dépôts, rien ne sera plus facile que de le charger en conséquence à son origine.

La pente relativement considérable des croupes constituant les faîtes secondaires de la région des Landes permettra de donner aux rigoles qui les suivront une inclinaison suffisante pour que la vitesse atteigne ou dépasse celle du canal principal. Il n'y aura donc pas de dépôt dans ces canaux de deuxième ordre ; mais il pourra arriver qu'il n'en soit pas de même pour les canaux mobiles de troisième ou de quatrième ordre, qui seront destinés à porter les limons au lieu d'emploi.

La surface des Landes n'est nulle part horizontale, comme on serait parfois porté à le croire, à la simple vue des lieux. Les patientes études qui ont été faites à ce sujet ont prouvé que, dans les parties les plus plates, l'inclinaison du sol, dans le sens de sa plus grande pente, n'est jamais de moins de 1 mètre par kilomètre, et dépasse souvent ce chiffre.

Cette pente, largement suffisante pour assurer l'écoulement des eaux pluviales et l'assèchement du sol, ne le sera peut-être pas toujours pour garantir la distribution des eaux limoneuses, sans obstruction de rigoles. En admettant des canaux en bois de 0^m,80 de largeur seulement, une pente de près de 3 mètres par kilomètre serait nécessaire pour assurer une vitesse théorique égale à celle du canal principal.

Toutes les fois que l'inclinaison sera moindre, on pourra être exposé à voir se produire quelques dépôts si les eaux sont chargées de limon à leur maximum de

saturation. On y remédiera par des chasses et des curages qui entraîneront sans doute quelques frais supplémentaires, mais qui n'en concourront pas moins à
l'œuvre du répandage, puisque les produits de ces curages seront utilisés sur place. Une main-d'œuvre plus ou
moins considérable sera donc nécessaire pour régulariser et compléter en chaque point l'œuvre du répandage.
Cette opération sera d'autant mieux conduite qu'elle
sera confiée à des ouvriers exercés, auxquels la pratique
apprendra promptement à tirer le meilleur parti possible
de la force mécanique des eaux courantes, pour guider
et conduire les limons le plus près possible de l'endroit
où ils devront être finalement répartis.

Il paraîtrait dès-lors convenable que cette opération,
au lieu d'être laissée aux soins des particuliers, ainsi que
la chose a lieu pour les simples arrosages, fût effectuée
par les ouvriers de l'Administration du canal, dont les
escouades acquerraient rapidement, pour ce travail spécial, la dextérité et l'habileté de main que la pratique
seule peut donner.

XXXVIII.

En rappelant et résumant les appréciations sommaires
qui précèdent, on peut arriver à établir une estimation
approximative des dépenses, tant pour frais de premier
établissement que pour frais d'exploitation annuelle :

1° Comme frais généraux de premier établissement, on
aura :

Réfection et agrandissement du canal de Lan-
    nemezan et de la rigole alimentaire du
    Bouès.. 2.000,000

Installation du chantier d'abattage, construction du canal broyeur et des grilles ou bondes d'épuration......................	2,300,000
Canal de transport suivant la ligne du grand faîte, entre la grille de Saint-Christ et Gabarret.............................	11,000,000
Canal de Morcenx et canaux de répartition du limon à la surface des grandes Landes....	4,700,000
Somme à valoir pour études définitives, frais d'administration et conduite des travaux, intérêts des capitaux avancés............	5,000,000
TOTAL des frais de premier établissement....	25,000,000

Les frais annuels pourront s'estimer à peu près comme suit :

6 kilom. de galeries de mines à ouvrir en temps de chômage du canal, à 40 fr. le mètre, tous frais compris....................	240,000
50 ouvriers employés au chantier d'abattage pendant six mois, soit 7,500 journées de travail effectif, à 3 fr. l'une..............	22,500
Service des grilles d'épuration, 10 ouvriers pendant six mois, soit 1,500 journées à 3 fr.	4,500
Entretien et surveillance des canaux principaux de premier et deuxième ordres, 50 cantonniers, à 600 fr.......................	30,000
Distribution des eaux limoneuses de jour et de nuit ; 100 ouvriers pendant six mois, soit 15,000 journées, à 3 fr.	45,000
Entretien et réparation des ouvrages d'art....	100,000
Installation de 350 kilom. de rigoles provisoires pour la distribution des limons, à 1 fr. le mètre...........................	350,000
Surveillance générale, gérance, administration et conduite des travaux, contributions, dépenses diverses et imprévues............	208,000
MONTANT TOTAL des frais annuels............	1,000,000

Ajoutant l'intérêt à 4 °/₀ du capital de premier
établissement...... ·.................... 1,000,000

Les charges annuelles s'élèveront à.......... 2,000,000

Bien que mes prévisions aient jusqu'ici reposé sur
la base certaine d'un débit annuel dépassant 180 millions
de mètres cubes d'eau, pouvant produire 18 millions
de mètres de limons, je ne compterai que sur un rendement beaucoup moindre, de 10 millions par exemple,
qui, répandu dans l'énorme proportion de 1,000 mètres
par hectare, sur une épaisseur de $0^m,10$, suffira à la
régénération annuelle d'une surface de 10,000 hectares.
Le prix de revient ne dépassera donc pas, en chiffres
ronds, 200 fr. par hectare de terre fertilisée, 0 fr. 20
par mètre cube de limons mis en place.

Ce dernier chiffre permet, mieux que tout autre,
d'apprécier le mérite économique du procédé que je
propose. Les vases de la Garonne, d'une nature à peine
égale à celle des alluvions que je compte fabriquer artificiellement, trouvent acquéreurs à 10 et 12 fr. la tonne,
soit à 15 ou 18 fr. le mètre cube, sur tous les points des
landes du Médoc où elles peuvent arriver à ce prix.

Dans l'état actuel, en dehors de la production forestière, à laquelle elle est naturellement propice, la terre
des landes reste réfractaire à toute culture rémunératrice. Les engrais organiques s'y consument sans résultat; les amendements minéraux, d'un prix coûteux sous
un petit volume, n'y produisent et n'y produiront jamais
plus d'effet, car la stérilité du sol résulte presque autant de sa constitution physique que de son défaut de
variété minérale.

Le mélange en proportions convenables des alluvions artificielles changera à la fois ces deux conditions. D'une part, il apportera au sol l'acide phosphorique, la potasse, la chaux, l'alumine, la silice soluble, qui lui manquent; de l'autre, il lui donnera la consistance physique et la faculté d'absorption hygroscopique, que nous avons vues être indispensables au développement régulier de la végétation.

Ainsi amendé, transformé, le sol des Landes se trouvera dans des conditions analogues à celle des meilleures terres d'alluvions naturelles de nos vallées. Il pourra être amené à produire 25 ou 30 hectolitres de blé, 15 à 20,000 kil. de fourrages à l'hectare. Mais à cette question de rendement se rattachent de nombreuses considérations agronomiques qui méritent d'être traitées avec attention dans un chapitre spécial.

CHAPITRE VII.

CONSIDÉRATIONS FINANCIÈRES ET DÉTAILS D'EXPLOITATION.

XXXIX.

Nous avons étudié jusqu'ici la transformation du sol arable des Landes à un point de vue essentiellement technique, plus particulièrement du ressort de l'ingénieur. Il est temps de la traiter sous son côté financier, comprenant à la fois les voies et moyens d'exécution et les résultats pratiques de l'opération.

L'ensemble des travaux d'amélioration générale que j'ai décrits plus haut pourrait s'exécuter par trois modes différents, qui sont :

La construction : par l'État ;

— par un syndicat des propriétaires intéressés ;

— par une compagnie concessionnaire.

La première et la seconde solution ne sont pas plus acceptables l'une que l'autre. Des travaux de cette nature impliquent comme résultat final une exploitation agricole. L'État ne saurait s'en charger. Il ne peut intervenir directement dans l'entreprise ; son rôle devra donc se borner à la préparer par des études préalables, à la faciliter par tous les encouragements et les moyens en son pouvoir ; à prendre au besoin à sa charge l'éventualité peu probable des chances mauvaises, en accordant une garantie d'intérêt. Le reste doit être remis à l'industrie privée.

Pour peu qu'on se soit d'ailleurs personnellement

trouvé aux prises avec les difficultés d'organisation d'une
Société syndicale, ayant cependant un but bien déterminé,
on comprendra l'impossibilité d'étendre une association
de ce genre à un aussi grand nombre d'intéressés que
le comporterait la fertilisation des Landes. Il ne suffit
pas, en effet, comme pour un canal d'arrosage ou de dessèchement, d'installer une série de travaux définis, embrassant un périmètre limité, dans l'intérieur duquel tous
les intéressés seraient appelés, au même jour, à jouir
à la fois des mêmes avantages. L'amélioration projetée
doit s'étendre sur une immense surface, et ne peut être
que successive.

Si rapide que doive être la transformation; s'appliquât-
elle, comme j'en ai laissé entrevoir la possibilité, à 15 et
même 20,000 hectares par an, qu'elle n'exigerait pourtant pas moins de vingt-cinq ans pour la mise en valeur
des grandes Landes, de cinquante ans pour la superficie
totale de la région. On ne saurait admettre que les intéressés accepteront l'éventualité de voir reculer à un avenir
aussi éloigné la réalisation des avantages qui leur seraient
individuellement promis. La plupart des propriétaires
n'auraient d'ailleurs ni les capitaux ni les ressources
suffisantes pour tirer parti, par eux-mêmes, de l'amélioration produite sur leur sol. L'association ne pourrait
donc embrasser leur ensemble. Étendue à un nombre
restreint, elle créerait une catégorie de terrains privilégiés, améliorés à l'exclusion des autres ; combinaison
à laquelle ne saurait se prêter l'Administration supérieure,
qui doit avoir en vue de préparer la transformation complète et non partielle des Landes. Une association
restreinte ne serait, en fait, qu'une société financière ; et
s'il est à désirer que parmi les actionnaires de cette société

figurent le plus grand nombre possible de propriétaires, on ne saurait en faire une condition indispensable. Du moment où il s'agit d'un appel aux capitaux, il est bon que le concours soit libre entre eux.

Sans vouloir exagérer le mérite des compagnies financières, on ne saurait contester qu'elles n'aient rendu de grands services pour l'exécution du réseau des chemins de fer; et cependant, dans une telle entreprise, il s'agissait d'un monopole nettement défini, analogue à ceux que l'État gère déjà, et qu'il aurait peut-être pu exercer une fois de plus, dans ce cas particulier, avec des avantages sérieux.

Le rôle des compagnies financières est bien autrement marqué pour l'entreprise des grands travaux d'amélioration et d'exploitation agricoles, dont la réalisation prochaine, on doit l'espérer, sera l'œuvre capitale de la fin de ce siècle. Dans des travaux de cette nature, bien plus encore que dans les chemins de fer, les associations des capitaux trouveront une occasion favorable de faire preuve de leurs aptitudes et de leur intelligente direction. J'admettrai donc que l'entreprise de l'amélioration des Landes soit confiée à une compagnie financière qui ne devrait pas se borner à exécuter les travaux du canal, qui, dans de certaines limites, devra embrasser l'exploitation agricole. Non que je songe à exclure les particuliers de cette dernière partie du programme : ils seront toujours libres d'y coopérer; mais la compagnie concessionnaire, en agissant de concert avec eux, pourra leur donner par ses propres travaux le type et le modèle des procédés de culture qu'il auront à suivre.

XL.

En même temps qu'elle livrera aux particuliers qui en feront la demande une partie des limons amenés par ses canaux, la compagnie aura à opérer pour son propre compte, sur des terrains lui appartenant en toute propriété.

Une des premières questions à examiner serait donc de savoir s'il ne serait pas nécessaire de garantir à la compagnie le moyen d'acquérir dans des conditions de prix convenables, ne s'écartant pas trop de leur valeur réelle, une superficie déterminée du sol des Landes.

La loi sur l'expropriation s'appliquerait difficilement à de pareils achats ; en tout cas, elle n'offrirait aucune garantie à la compagnie concessionnaire. On ne saurait en effet la livrer sans défense à tout l'arbitraire des décisions d'un jury composé de propriétaires qui resteraient libres de fixer le prix des landes, non à leur valeur réelle, mais à une valeur fictive, égale ou supérieure à celle que pourrait leur faire acquérir l'amélioration projetée.

Un moment j'avais pensé qu'on pourrait, à cet égard, adopter des dispositions législatives spéciales se rapprochant de celles de la loi du 16 septembre 1807. La fertilisation d'un sol aussi aride que celui des Landes est une question qui a bien autrement d'importance, au point de vue de l'intérêt général, qu'un déssèchement de marais. On conçoit dès-lors que cette opération pût, dans de certaines limites, justifier une atteinte aux droits ordinaires de la propriété privée.

On doit cependant prévoir qu'un tel principe ne saurait

12

être admis sans soulever des objections qui auraient le grave inconvénient d'entraver la marche de l'affaire. L'exemple tout récent d'une entreprise analogue, le colmatage de la Crau, sur laquelle j'aurai occasion de revenir, a suffi pour démontrer qu'il n'était pas besoin de lois exceptionnelles en pareille matière. Si la compagnie du colmatage de la Crau, opérant sur un périmètre de 25,000 hectares seulement, a trouvé moyen d'acquérir conditionnellement de gré à gré, sans de trop lourds sacrifices, la surface de terrain qui était nécessaire à sa future exploitation agricole, on ne saurait avoir de doute sur la réussite des négociations que pourrait tenter dans le même but la compagnie des Landes opérant sur un périmètre quarante fois plus étendu. Toutes les personnes compétentes, notaires ou employés de l'enregistrement, que j'ai eu occasion de consulter dans mes dernières tournées, m'ont paru ne pas mettre en doute que, dans l'état actuel de la propriété, on trouverait aisément, du jour au lendemain, à acheter à un taux raisonnable telle quantité de terrain dont on aurait besoin, s'agît-il de 30 et même de 50,000 hectares. Je ne crois donc pas qu'il soit indispensable de recourir à des lois d'exception pour favoriser à ce point de vue les travaux de la compagnie. En thèse générale, elle pourra rester dans le droit commun pour l'acquisition des terrains qui devront constituer son domaine. Des dispositions spéciales ne seront utiles et nécessaires que pour deux cas particuliers : l'établissement des pare-feux, si l'État jugeait à propos d'en généraliser l'emploi, et la concession d'une partie des étangs littoraux pour l'utilisation des limons restés sans emploi.

J'ai déjà parlé des pare-feux, de l'impossibilité pratique pour l'État de restreindre arbitrairement la culture

forestière, impossibilité qui disparaîtrait du moment
où on mettrait à la disposition des propriétaires des
moyens pratiques et certains de convertir en terres arables ou fourragères les terrains grevés de cette servitude.

La compagnie devrait être tenue, par son cahier des
charges, d'affecter une partie de ses limons à l'amélioration de ces terrains frappés d'interdit, et de subordonner
même à cette partie du service le tracé de ses rigoles de
distribution. Les pare-feux, en principe, pourraient être
disposés en bandes de 100 mètres de large, espacées de
1100 mètres d'axe en axe, découpant le sol en massifs
forestiers quadrangulaires de 100 hectares de superficie
au plus. En admettant que la compagnie dût affecter à
cet usage la moitié des limons, soit 5 millions de mètres cubes, elle pourrait tous les ans colmater 5,000 hectares de clairières, le long des canaux qu'elle aurait à
ouvrir à nouveau, ou des rigoles d'assainissement déjà
existantes, que le plus souvent on pourrait utiliser à cet
effet.

On peut d'ailleurs prévoir que les propriétaires grevés
de la servitude des pare-feux ne se borneraient pas à
les colmater sur le minimum de largeur imposé, mais
voudraient profiter plus largement du bénéfice de l'opération, ce qui restreindrait l'étendue des rigoles que
l'on aurait à construire ou à approprier chaque année.
Tout compte fait, il y a lieu de prévoir que les dépenses
annuelles spéciales à l'aménagement de ces rigoles ne
dépasseraient pas 500,000 fr., et rien n'empêcherait qu'on
limitât à ce maximum les obligations de la compagnie
à l'égard du public. Ajoutant la moitié des frais annuels
d'exploitation et d'intérêt du capital, on arriverait à un

chiffre de 1,500,000 fr. pour les dépenses spécialement affectées au service de la fertilisation des pare-feux et des propriétés particulières adjacentes.

L'opération ne portant, en fait, que sur des landes improductives, d'une valeur de 50 à 100 fr. au plus, qui seraient instantanément élevées à l'état de terres arables de premier ordre, analogues à celles qui partout ailleurs se vendent 5 à 6,000 fr. l'hectare, il n'y aurait pas d'exagération à admettre que la plus-value produite s'élèverait à 3,000 fr. par hectare.

La compagnie concessionnaire qui se chargerait de tous les détails du colmatage ne pourrait raisonnablement revendiquer moins de un sixième de la plus-value produite, soit 500 fr. par hectare.

Si tous les propriétaires compris sur le parcours du réseau des rigoles annuellement desservi, profitaient de la faculté qui leur serait offerte de limoner leur sol à ce prix, jusqu'à concurence de la moitié des limons disponibles, la compagnie percevrait, de ce fait, une redevance annuelle de 2,500,000 fr., qui serait largement rémunératrice, car elle porterait à 15 % le revenu net de la moitié du capital engagé. Mais on ne saurait se faire d'illusions à cet égard. On doit prévoir que pendant longtemps bon nombre de propriétaires négligeront d'user de la faculté qui leur sera offerte, et que cette branche du service concernant les particuliers serait très onéreuse pour la compagnie si l'État ne lui garantissait au moins le remboursement de ses frais réels, par l'engagement de lui parfaire annuellement un produit brut de 1,500,000 fr. pour la vente des limons destinés à la création de pare-feux sur le parcours des rigoles ; à la charge par la compagnie de justifier d'une dépense de

500,000 fr. au moins, pour ouverture ou aménagement de canaux, ou autres ouvrages spécialement affectés à ce service public.

On doit également prévoir le cas où, surtout au début, la compagnie ne se trouvant pas accidentellement en mesure d'utiliser, soit sur son domaine propre, soit sur des terrains particuliers, les limons journellement produits, on aurait cependant besoin de leur assurer une destination constante, pouvant en garantir le placement pendant un temps plus ou moins long. Il est évident, en effet, qu'il ne s'agit pas ici d'un canal d'irrigation ordinaire dont on puisse à volonté déverser le trop-plein dans le cours d'eau le plus voisin. Les eaux limoneuses, qui, pour un motif ou pour un autre, n'auraient pas été utilisées sur leur parcours, devront avoir un lieu final de dépôt, où elles pourront être reçues sans préjudice pour personne, et, si faire se peut, avec un but utile.

L'affectation la plus naturelle qui puisse être donnée à cet excédant éventuel me paraîtrait être le règlement des rives et le comblement partiel des étangs littoraux refoulés par les dunes vers le continent. J'ai déjà parlé de ces étangs, qui sur toute l'étendue des Landes, du Nord au Sud, entre les embouchures de la Gironde et de l'Adour, prolongent un long chapelet de nappes d'eaux stagnantes, occupant de vastes surfaces, sans grand profit pour les populations riveraines qui n'en tirent que quelques produits de pêche de peu de valeur.

Ces étangs, dans lesquels se concentrent toutes les eaux pluviales venant de l'intérieur, communiquent les uns avec les autres par de longs canaux de section irrégulière, obstrués par de nombreux étranglements, parfois de véritables barrages d'alios, qui entravent le courant et maintiennent le niveau des eaux à une hauteur très supérieure aux besoins réels de l'écoulement.

Sans parler de la baie d'Arcachon, qui a conservé une libre communication avec l'Océan et qui n'en présente pas moins de vastes étendues de grèves improductives qu'il y aurait avantage à transformer, partiellement tout au moins, en terres fertiles, colmatées au-dessus du niveau des hautes marées ; nous restreignant aux étangs d'eau douce à niveau relevé, qui n'ont qu'une communication indirecte avec la mer, je citerai dans le nombre, comme devant plus particulièrement attirer notre attention, les étangs de Cazaux et de Biscarros. Séparés l'un de l'autre par un assez court marécage, ils ne forment, en fait, qu'une seule et même nappe d'eau dont le niveau moyen est à la cote de 18 mètres. Un canal artificiel de construction assez récente amène une partie du trop-plein de l'étang de Cazaux dans la baie d'Arcachon, mais le sens habituel d'écoulement est celui du courant de Mimizan. Ces deux étangs, avec les marais intermédiaires, représentent une superficie de 12,000 hectares environ. L'étang de Biscarros appartient aux communes, qui en retirent, je crois, une dizaine de mille francs de fermage de pêche ; l'étang de Cazaux appartient en grande partie à l'État, qui ne perçoit aucun produit direct comme valeur vénale résultant de leur utilisation réelle. Ils ne valent certainement pas ensemble plus de 5 à 600,000 francs, ce qui met le prix de l'hectare à 50 francs.

On ne saurait, sans doute, supprimer entièrement ces étangs nécessaires à régulariser l'écoulement des eaux pluviales d'une vaste région, mais il n'y aurait aucun inconvénient d'intérêt général ; on trouverait au contraire de grands avantages agricoles à réduire leur surface de telle sorte qu'ils ne présentassent plus qu'un large chenal régulier de 2 à 300 mètres de largeur, longeant le pied des dunes, au point où naturellement, par suite du mode de formation de ces étangs, se trouvent leurs eaux les plus profondes. Le maximum de cette profondeur est de 14 mètres. La hauteur moyenne du comblement qu'on aurait à produire pour relever les terrains rendus à l'agriculture, à 1 mètre au-dessus du plan d'eau, serait de 8 mètres. Appliqué à une surface de 10,000 hectares, ce comblement exigerait un cube de remblai de 100 millions de mètres cubes, qui ne dépasse en rien l'étendue de nos moyens d'action; qui dans tous les cas, et c'est là le but essentiel de cette digression, serait largement suffisant pour assurer pendant longues années un placement relativement avantageux des eaux limoneuses, que l'on ne trouverait pas à utiliser plus fructueusement ailleurs.

En même temps qu'il pourrait prendre des mesures pour rendre obligatoire l'établissement d'un réseau de pare-feux découpant l'ensemble des Landes en massifs forestiers, isolément à l'abri des incendies, l'État devrait donc accorder à la compagnie les autorisations nécessaires pour procéder à son profit, lorsqu'elle ne pourra faire mieux, au dessèchement graduel, par voie de colmatage, d'une partie des étangs de Cazaux et de Biscarros, et ultérieurement, s'il y a lieu, des autres étangs longeant le pied des dunes.

XLI.

La situation de la compagnie réglée comme je viens de l'indiquer, quant à l'usage de la moitié des eaux limoneuses réservées aux intérêts privés ou publics des particuliers et des communes, sans grands sacrifices probables pour l'État, sans prévision de gros bénéfices, mais aussi sans chances de pertes pour cette compagnie, il nous reste à examiner ce qu'elle pourrait retirer de l'exploitation directe des terrains qu'elle aurait achetés en propre, et sur lesquels elle serait maîtresse de disposer librement, à son profit exclusif, du restant des limons annuellement produits.

En principe, il s'agira pour elle, non plus seulement de colmater et de transformer rapidement une vaste étendue de terrains, mais de mettre tous les ans en valeur réelle, en état de culture régulière, une superficie déterminée qui pourra atteindre ou dépasser 5,000 hectares.

Quand on se reporte aux habitudes professionnelles de la culture intensive, telle qu'elle est pratiquée chez nous ; lorsqu'on réfléchit à la difficulté de se procurer, dans les provinces où l'agriculture est cependant la plus prospère, un fermier ou régisseur capable de maintenir en bon état de rapport un domaine d'une centaine d'hectares ; quand on voit que le mérite d'en avoir créé un, à la suite d'une vie de labeurs incessants, suffit parfois pour assurer la célébrité locale de nos agronomes les plus distingués, on ne peut de prime-abord s'empêcher de considérer comme colossale, d'une réussite irréalisable, la tâche cent fois plus considérable, que je propose, d'imposer à une compagnie financière dont la direction n'aura aucune aptitude spéciale en agriculture, qui devra opérer dans un pays désert, où la main d'œuvre, aussi bien que l'exemple pratique des bonnes méthodes, lui fera complètement défaut.

L'objection est spécieuse, je ne me le suis pas dissimulé ; et j'aurais certainement grand'peine à y répondre si les nouveaux terrains fertilisés devaient, à peine de non-valeur, être exploités par les procédés usuels de notre agriculture nationale ; si, en regard des résultats de la culture essentiellement intensive, produisant relativement beaucoup, mais exigeant des opérations très-complexes et un personnel d'ouvriers très nombreux, nous n'avions pas ceux de la culture extensive telle qu'elle est pratiquée dans le nouveau Monde, du régime exclusivement pastoral de l'Australie, par exemple, où une douzaine de bouviers à cheval suffisent à surveiller 8 à 10,000 têtes de gros bétail vivant en pleine liberté, sur une surface de 5 à 6,000 hectares de pâturages.

Avant d'aborder de plus près la comparaison de ces deux modes extrêmes de culture, entre lesquels on devra probablement se placer dans la pratique, il sera bon de rappeler sommairement les conditions relativement favorables dans lesquelles nous nous trouverons dans les Landes, au point de vue des éléments les plus essentiels de la production végétale : le sol et le climat.

J'ai déjà trop de fois reproduit le principe de ma théorie des alluvions artificielles, pour qu'il soit nécessaire d'insister sur les définitions que j'ai données du sol végétal.

Personne ne saurait contester que, par le mélange en proportions définies d'un sable quartzeux, analogue à celui des Landes, et d'un limon argilo-marneux chimiquement dosé, contenant une proportion convenable d'acide phosphorique, de chaux, potasse et autres éléments minéraux, on ne puisse théoriquement parvenir à reconstituer toutes les terres végétales connues, à reproduire identiquement celles que la pratique a fait reconnaître comme les meilleures.

Le principe est indiscutable. Toute la question théorique reviendrait donc à préciser, par un nombre suffisant d'analyses exactes et complètes, à quelle catégorie de sols végétaux nous pourrions, en parfaite connaissance de cause, assimiler le sol que je propose d'établir artificiellement à la surface des Landes.

A l'heure où je remets ces lignes à l'imprimerie, je n'ai pas encore reçu les résultats des analyses précises dont a bien voulu se charger le service spécial de l'École des ponts et chaussées. Si ce travail m'arrive en temps utile pour le joindre comme annexe, je ne manquerai pas de signaler les conséquences principales qui pourront ressortir de la comparaison des chiffres que j'aurai à mettre en présence.

Je puis déjà prévoir toutefois que ces premières analyses, avec quelque soin qu'elles aient pu être faites, seront insuffisantes, par leur choix et par leur nombre, pour me permettre de répondre catégoriquement à cette double question : Quelles sont les conditions physiques et chimiques que doit réunir une terre végétale pour arriver au maximum absolu de production ? Dans quelles limites pourrait-on se rapprocher de ce maximum absolu pour le cas particulier des landes de Gascogne ?

De pareils problèmes ne sauraient jamais comporter de solution rigoureusement déterminée. Mais fort heu-

reusement qu'il n'est pas besoin d'une telle précision.
Une simple approximation suffit; et si incomplets que
soient encore les résultats des analyses sommaires que
j'ai fait faire sous mes yeux par des agents inexpérimen-
tés, ils ne m'en ont pas moins permis d'arriver à une conclusion pratiquement acceptable. Je ne crois même pas
nécessaire de reproduire les chiffres qui lui ont servi de
base, et qui pourraient en quelques points de détail se
trouver en désaccord avec ceux beaucoup plus exacts
que j'espère pouvoir donner prochainement. J'ajournerai
donc toute discussion théorique, et, sous cette réserve
d'une justification ultérieure plus approfondie, j'admettrai
comme point de départ que la terre des Landes, amen-
dée comme je l'ai indiqué, formée du mélange de $0^m,10$
de limon artificiel et de $0^m,20$ de sable, constituera un
sol végétal égal, s'il n'est supérieur, à la moyenne de
nos bonnes terres du sud-ouest de la France, composées
d'éléments minéraux identiques à ceux parmi lesquels je
reste libre de faire porter mon choix.

La question du sol ainsi résolue ; j'ai déjà signalé,
quant à celle du climat, les avantages relatifs de notre
pays en général, et plus particulièrement encore de la
région des Landes, qui est en tête de nos provinces les
plus favorisées. Personne n'ignore, en effet, combien sur
l'Atlantique les rives orientales de l'Océan l'emportent
en égalité de température sur les rives occidentales, à
latitude égale. D'une part, le climat tempéré des côtes de
Gascogne, rafraîchies par des ondées fréquentes, à l'abri
des grands froids de l'hiver aussi bien que des grandes
chaleurs de l'été ; de l'autre, le climat des États-Unis, de
New-York par exemple, où les fleuves gèlent pendant plu-

·sieurs mois d'hiver, où les hommes tombent dans les rues frappés d'insolation subite pendant les chaleurs torrides de l'été.

Quelques chiffres puisés dans les statistiques météorologiques permettront d'ailleurs de mieux faire ressortir les avantages tout particuliers du climat des Landes.

Pour l'année 1869, prise au hasard, je trouve à Beyrie dans les Landes (*Journal d'Agriculture* de M. Barral) :

Température moyenne de l'année.	14°,6
— du mois le plus chaud, juillet.	24°,6
— du mois le plus froid, décembre. .	6° 5
Quantité d'eau pluviale annuelle.	0ᵐ.855

répartie en 102 jours de pluie, présentant un maximum de 12 à 13 jours pour les mois d'avril, mai, octobre et décembre, un minimum de 6 à 8 jours pour les mois d'été, juin, juillet et août.

Cette quantité d'eau pluviale, mesurée en 1869, paraît être elle-même un minimum. En comparant, pour les années 1872-74, les observations faites simultanément à Morcenx, au centre des Landes, et à Gournay, en Normandie, nous trouvons les chiffres suivants :

		Morcenx.	Gournay.
Moyenne de l'eau pluviale,	1872	1,475	0,848
—	1873	1,147	0,637
—	1874	1,065	0,518
Moyenne annuelle pour les 3 ans...		1,196	0,708
Moyenne de juillet.		0,074	0,040

Tout l'avantage est, comme on le voit, pour le climat des Landes, qui peut être considéré comme plus apte que tout autre à la végétation pastorale, demandant une grande uniformité de température et de répartition

des eaux pluviales; ajoutons d'ailleurs que pour l'abreu-
vage des bestiaux, les Landes se présentent dans les
conditions les plus favorables, le niveau des puits se
maintenant partout à un ou deux mètres au-dessous du
sol dans les saisons les plus sèches.

XLII.

Nous venons de voir dans quelles conditions avantageuses la compagnie concessionnaire aurait à poursuivre
son entreprise d'exploitation agricole dans les Landes.

Après avoir dépensé en frais de premier établissement
un capital de 25 millions, elle pourrait produire annuel·
lement un certain cube de limons dont nous avons
admis que moitié seraient réservés aux particuliers, ou à
des services d'intérêt public, pare-feux, ou comblement
partiel des marais ou étangs de la région des dunes,
l'État garantissant à cet effet à la compagnie un minimum
de recette brute suffisant pour la couvrir de moitié de
ses avances en frais annuels et intérêts du capital de
construction.

L'opération la plus fructueuse, en même temps il est
vrai que la plus aléatoire de la compagnie, devrait consister dans l'exploitation directe des terres qu'elle aurait
acquises en propre et qu'elle mettrait en culture après les.
avoir fertilisées.

La quantité de terres que la compagnie pourra traiter
de cette manière serait sans doute difficile à préciser par
avance ; elle devra même varier d'une année à l'autre.
Je crois être resté, du reste, au-dessous des prévisions
probables, en admettant qu'elle serait annuellement de

5,000 hectares, résultant de l'utilisation de 5 millions de mètres cubes de limons.

Dans l'état actuel, les terres des Landes ne valent pas certainement plus de 60 à 100 francs l'hectare en état de lande rase. Dans ma dernière tournée, on m'a cité un lot de terres communales de 1,000 hectares, en partie boisés, qui ne trouvait pas acquéreur à 80,000 francs. En se bornant à acquérir les terres dont la vente est obligatoire pour cause de décès, licitations judiciaires, ou autres causes, la compagnie, pendant bien longtemps, trouverait certainement à acheter tous les ans 5,000 hectares et plus, dans ces conditions de prix. Admettons cependant qu'elle soit obligée de dépasser cette limite. Tenons compte de la perte qu'elle aurait à subir pour réaliser les bois existants sur les terrains achetés qu'elle devrait exploiter avant leur complète maturation. Nous resterons sur des bases fort larges en portant à 300 francs le prix net auquel lui reviendra en moyenne l'hectare de lande rase apte à recevoir les limons. A cette première dépense, on devra ajouter les frais de limonage, défrichement et labourage du sol, qui resteront à peu près les mêmes, quel que soit le mode de culture adopté. Le limonage comportant tous les frais, y compris l'intérêt du capital de construction, a été déjà évalué à 200 francs par hectare. Nous ne pouvons porter à un chiffre inférieur la dépense qu'il y aura à faire pour extirper les végétaux du sol, mélanger le sable au limon par une série de labours profonds, mettre en un mot la terre en état de recevoir une culture définitive.

Ainsi préparé, le sol reviendra donc à 700 francs par hectare. Essayons de nous rendre compte des avances ultérieures que l'on aura à faire suivant qu'on voudra recourir

aux procédés très différents de la culture extensive ou
de la culture intensive.

Commençons par la première hypothèse : admettons
qu'on opère suivant le système le plus simple, le moins
coûteux, qui sera la culture exclusivement pastorale, telle
qu'elle est pratiquée en Australie ou à Buenos-Ayres,
avec des animaux de race bovine élevés en toute liberté,
sans abri, sans réserve de fourrage d'aucune espèce. Le
climat et les conditions du sol se prêtent certainement
aussi bien, si ce n'est mieux, dans les Landes, à ce mode
d'exploitation primitive. Les seules dépenses prépara-
toires à faire consisteront dans l'ensemencement du sol,
sa clôture, et l'achat d'un premier cheptel de bestiaux.

L'ensemencement du sol, comportant un ou deux labours et un hersage, ne reviendrait pas à plus de 50 fr.
par hectare. Quant aux clôtures, consistant, comme je l'ai
dit, en simples rangées de gros fils de fer portant sur
des pieux et en certains points sur des arbres vivants
qui seraient conservés à cet effet, elles n'entraîneraient
certainement pas une dépense de plus de 60 à 80 fr. par
hectare.

Les bâtiments d'exploitation, réduits à quelques mai-
sonnettes pour les gardiens ou agents ruraux, ne coûteraient probablement pas plus de 25 fr.

Le terrain ainsi disposé par grands enclos de 500,
de 1,000 hectares quand on le pourrait, il ne resterait
plus qu'à le garnir de bétail.

Nous avons vu dans notre premier chapitre que,
dans des conditions favorables de sol et de climat, un
bon pâturage, affecté d'une manière permanente à l'entretien et à la reproduction du bétail, pourrait suffire à
la nourriture d'un poids vif de 2,000 bêtes par hectare.

Telle est la base admise pour les bons pâturages d'engraissement en Normandie, et qui paraît se reproduire dans diverses régions du nouveau Monde.

Toutefois, comme il vaut mieux se tenir en dessous qu'au-dessus de la réalité ; que le système d'exploitation du bétail en plein air, sans réserve de fourrage, s'il peut assurer la parfaite rusticité des espèces, doit laisser à désirer au point de vue de la régularité de l'alimentation, nous ferons sagement de ne compter que sur la moitié de ce chiffre, soit un poids normal, au pâturage, de 1,000 kil. de bétail sur pied par hectare.

Le croît annuel du bétail varie de 50 à 30 %, suivant qu'il s'agit, dans le premier cas, de jeunes animaux croissant tous en même temps, ou d'animaux adultes se reproduisant successivement dans le second. Les terres ensemencées en prairie n'acquerront d'ailleurs leur maximum normal de production nourricière que lorsque l'engrais protéique aura été suffisamment accumulé par trois ou quatre années de paccage consécutives. Dans ces conditions, l'on ne pourra introduire au début qu'une quantité notablement réduite de bétail, 400 kilogrammes environ du poids vivant par hectare, que l'on laissera se développer librement par le croît et la reproduction naturelle.

Les animaux, composés de jeunes génisses et d'un petit nombre de taureaux, choisis dans les meilleures races et améliorés par une sélection intelligente, pourront coûter, de premier achat, 1 fr. par kilogramme de poids vivant, soit 400 fr. par hectare.

Le développement ayant lieu à raison de 50 et 40 % dans les deux premières années, de 30 % dans les suivantes, le maximum règlementaire de 1,000 kil. sera

atteint et dépassé vers la quatrième année, époque à
partir de laquelle on pourra exporter et livrer à la consommation un poids annuel de 300 kilogrammes, que je
réduirai à 250 pour tenir compte des chances de mor-
talité accidentelle.

Sur ces bases, le bilan de l'opération par hectare
pourra s'établir comme suit :

Achat du sol et perte sur les bois........	300	⎫
Colmatage........................ ..	200	⎬ 700 fr.
Défrichement et préparation du sol.....	200	⎭
Ensemencement du pâturage.................	50	»
Clôtures..........................	75	»
Bâtiments de garde......................	25	»
Faux frais divers. .... ,....	50	»
Achat du cheptel.......................	400	»
Perte d'intérêt pendant trois ans.............	200	»
TOTAL du capital engagé au bout de quatre ans.	1,500	»

Le produit brut annuel sera représenté par 250 k.
de bétail, valant, à raison de 80 fr. le kil...... 200 »

Les frais annuels seront :

Frais de gardiennage.................	25	»
Entretien des clôtures et bâtiments ...	10	»
Administration , contributions et faux frais......................	15	»
	50	»
TOTAL.................	50	»
RESTE pour bénéfice net annuel.	150	»

Rapportés à une mise en état de 5,000 hectares par
an, ces chiffres représenteront une dépense en argent
de 7,500,000 fr., ayant produit un capital foncier d'un
revenu net de 750,000 fr., que l'on ne saurait estimer
à moins de 15 millions en valeur réelle, soit que la

13

compagnie le vende à ce prix ou qu'elle continue à le faire valoir à son profit. La différence entre ces deux chiffres, 7,500,000 fr., représentera donc le bénéfice net réalisé chaque année au profit des actionnaires, pouvant leur être distribué ou maintenu à leur actif, ce qui constitue, par rapport au capital initial de 25 millions, dont l'intérêt est déjà couvert par le colmatage, un dividende supplémentaire de 30 %[1].

Dans l'hypothèse toute différente d'une exploitation intensive, analogue à celle qui est usitée dans notre pays, la période de complète installation pourrait être également comptée à quatre ans; mais les frais, naturellement beaucoup plus considérables, devraient être évalués comme suit par hectare :

Achat, colmatage et défrichement du sol, comme ci-dessus.	700 fr.
Bâtiments d'exploitation. . . . . , . . .	400 »
Cheptel vivant en bestiaux d'espèces différentes.	400 »
Outillage divers.	300 »
Perte d'intérêts pendant trois ans, les recettes étant supposées égales aux frais dans cette période.	350 »
Total du capital engagé.	2,150 »

L'exploitation serait divisée en grandes fermes d'une superficie de 3 à 400 hectares, dont chacune serait con-

---

[1] En fait, ce chiffre devrait être plus élevé, car nous avons compté un taux de capitalisation beaucoup trop faible, vingt fois le revenu, pour un domaine qui serait certainement destiné à acquérir une grande plus-value quand on pourrait le cultiver par des procédés plus perfectionnés que ceux de la production pastorale.

fiée à un régisseur dirigeant le travail d'un nombre suffisant de domestiques ou d'ouvriers salariés.

Dans les conditions habituelles d'une bonne culture bien aménagée, suivant les règles de l'assolement triennal, le produit brut pourrait s'élever à 500 fr. par hectare, dont moitié environ en frais de toute nature, laissant un bénéfice net de 250 fr.

Rapportés au chiffre convenu de 5,000 hectares, ces résultats correspondraient à un capital engagé de 10,750,000 fr., répondant à la production d'un ensemble de domaines en complète valeur, dont l'exploitation, si elle était possible dans un pareil système, laisserait un produit net de 1,250,000 fr., ce qui permettrait, sur les mêmes bases que tout à l'heure, d'en évaluer le capital représentatif à 25 millions.

Le bénéfice net serait donc de 14,250,000 fr., correspondant à un dividende supplémentaire presque double du précédent, soit de 59 % du capital de première construction.

Entre ces deux termes extrêmes de procédés de culture, on pourrait sans doute s'arrêter à une foule de méthodes intermédiaires. Dans le cas particulier où l'on voudrait s'en tenir purement à la culture pastorale, qui est celle dont les résultats seraient de beaucoup les plus certains, il est bien évident qu'il serait facile d'en perfectionner les moyens sans en délaisser le principe. Au lieu d'abandonner le bétail complètement à lui-même, soumis à toutes les intempéries des saisons et aux privations périodiques résultant d'une insuffisance de nourriture pendant les époques de froid ou de sécheresse, il y aurait tout avantage à construire des hangars ou abris et à se réserver une quantité convenable de fourrage sec, pouvant suffire à la nourriture des animaux pendant une moyenne de deux mois par an.

Avec ces précautions, il me paraît hors de doute que le bétail, plus régulièrement nourri, pourrait prendre un bien plus grand développement, atteindre probablement une proportion de 15 à 1,600 kil. de poids vif par hectare.

Dans ces conditions nouvelles, les chiffres posés ci-dessus devraient être un peu modifiés :

Aux frais de premier établissement, comptés à.	1,500	fr.
il faudrait adjoindre, pour bâtiments ruraux, surcroît d'intérêt compris................	350	»
Soit au Total, pour le capital engagé....	1,850	»
Les frais annuels, prévus à................	50	»
devraient être également augmentés, pour surcroît de main-d'œuvre, de...............	51	»
Et, pour préparation et mise en réserve de fourrage sec, de........................	35	»
Total des frais d'exploitation par hectare...	100	»

Le produit brut, en revanche, compté à raison de 25 % sur un poids complet de 1,600 kil. de bétail vivant, représenterait un chiffre de 400 kil. de viande sur pied d'une valeur de 320 fr., laissant un bénéfice net de 220 fr. par hectare.

Sur les mêmes bases que précédemment, la dépense annuelle irait à 9,275,000 fr.; le produit brut capitalisé, représenté par 5,000 hectares amenés à avoir une valeur marchande de 4,400 fr. chacun, s'élèverait à 22 millions.

Le bénéfice réalisé résultant de la différence de ces deux sommes serait égal à 2,550 fr. par hectare mis en

valeur, et pour l'ensemble des 5,000 hectares transformés, à 12,750,000 fr., soit 51 % du capital primitif,
rendement qui serait à peu près égal à celui de la culture intensive.

XLIII.

Si j'entre dans tous ces détails, ce n'est pas que j'en-
tende en rien préciser la valeur de ces divers chiffres,
dont l'exactitude pourrait être sans doute très-contro-
versable. Tels qu'ils sont, ils me paraissent utiles, moins
encore pour faire ressortir d'une manière relative les
bénéfices de l'entreprise, incontestables au point de vue
où je me suis placé, que pour me permettre de placer en
regard les quantités respectivement très-différentes de
main-d'œuvre que ces divers procédés de culture pourraient exiger.

CAPITAL ANNUEL		FRAIS ANNUELS de MAIN-D'ŒUVRE	SALAIRE MOYEN	NOMBRE d'ouvriers
ENGAGÉ	réalisé en bénéfice net			
Culture pastorale simple.				
7.250.000 fr.	7.750.000 fr.	125.000 fr.	1.000 fr.	125
Culture pastorale mitigée avec abris.				
9.250.000	12.750.000	300.000	1.000	300
Culture intensive régulière.				
10.750.000	14.250.000	1.000.000	500 [1]	2.000

[1] J'ai compté à moitié seulement, soit 500 fr. au lieu de 1000, le
salaire moyen de l'ouvrier dans le cas de la culture intensive : sa nourriture étant supposée, en grande partie, prélevée sur les produits en nature
de la ferme, le personnel devant comprendre d'ailleurs une assez grande
proportion de femmes et même d'enfants.

Il faudrait, en somme, et à cet égard je crois mes chiffres exacts comme rapport; quinze fois plus d'ouvriers par la dernière méthode que par la première. Ce rapprochement fait mieux comprendre encore comment, en opérant par un procédé analogue dans un pays neuf, où la main-d'œuvre est rare et chère, les colons du nouveau Monde peuvent trouver une source aussi énorme que certaine de bénéfices en ne retirant d'un hectare de terre qu'un produit brut qui, chez nous, vaudrait 200 fr., chez eux n'en vaut peut-être pas 100, alors qu'ils se ruineraient certainement s'ils voulaient, comme le font nos fermiers, tirer du même sol un produit brut valant 500 ou 250 fr. sur les mêmes bases d'évaluations, mais exigeant dix et quinze fois plus de main-d'œuvre qu'ils ne peuvent s'en procurer.

A quelque méthode d'exploitation que l'on s'arrête, les évaluations que je viens de produire, se traduisant par un dividende supplémentaire de 40 % en moyenne, à distribuer au capital de premier établissement, seront, je n'en doute pas, accueillies avec un sentiment d'incrédulité générale. J'aurais cherché à atténuer les résultats de mes calculs si je n'avais déjà fait subir toutes les réductions possibles aux éléments d'appréciation sur lesquels ils reposent.

L'exagération ne saurait porter ni sur une trop faible évaluation du capital de construction ni sur la trop grande étendue des surfaces sur lesquelles j'ai basé mes calculs.

Dans ma première appréciation, j'avais parlé d'une fertilisation annuelle de 20 à 25,000 hectares. De réduction en réduction, j'en suis arrivé à ne plus raisonner que sur 5,000 hectares, surface qui devra être très-certainement dépassée dans la réalité. Mais voudrait-on réduire encore progressivement ce chiffre, que les résultats n'en resteraient pas moins très-rémunérateurs pour la moitié, pour le quart de la surface comptée. La réduirait-on même à 500 hectares par an, que la valeur de ce domaine restreint, portée à vingt fois son revenu net de 200 fr., soit à 2,000,000 fr., représenterait encore au-delà de l'intérêt à 4 % du capital de premier établissement, augmenté du chiffre total des frais annuels, qui dans ces circonstances devrait être cependant notablement réduit, en même temps que la surface à laquelle il s'appliquerait.

Mais il est bien évident qu'on ne saurait jamais descendre à un chiffre aussi faible pour la surface du sol fertilisable, qui sera bien plutôt au-dessus qu'au-dessous de la limite de 5,000 hectares, à laquelle je me suis arrêté.

Un seul élément d'appréciation pourra paraître faible à quelques personnes : c'est le prix initial d'achat des terrains, compté à 300 fr., qui représente trois et quatre fois la valeur des landes rases dans l'état actuel.

Très-certainement, on trouvera au début à acheter telles quantités de terre que l'on voudra dans ces conditions. Plus tard, à mesure que les terres disponibles deviendront plus rares et surtout que l'évidence des résultats acquis aura éveillé davantage l'attention des propriétaires, ils auront sans doute de plus hautes prétentions. Ils désireront s'assurer par eux-mêmes les bénéfices de la transformation, autant que les conditions du cahier des charges pourront leur permettre de l'exiger de la compagnie concessionnaire. Mais ce qui pourrait arriver de pire à celle-ci, dans cette hypothèse, serait de livrer la totalité de ses limons aux particuliers à raison du prix stipulé de 500 fr. par hectare; ce qui, sans risques à courir et sans frais particuliers d'exploitation, lui assurerait un revenu brut de 5 à 9 millions, suivant qu'elle pourrait colmater 10 ou 18,000 hectares; soit un revenu net de 3 à 7 millions, représentant encore un dividende de 12 à 25 %, qui viendrait s'ajouter à l'intérêt normal du capital de premier établissement.

Je ne vois donc rien à déduire, rien à retrancher, de la probabilité, je pourrais dire de la certitude des résultats que j'ai avancés, et, si excessif que ce chiffre puisse paraître, je crois devoir maintenir la promesse d'un revenu net, qui, tant qu'on trouvera des terrains à acheter dans les Landes à des prix ne dépassant pas le double de leur valeur actuelle, pourra s'élever à 40 ou 50 % du fonds social, sans descendre au-dessous de 15 à 20 % si les propriétaires voulaient se réserver l'utilisation des limons sur leur terrain.

Cette conséquence n'a rien que de très-normal, et je pourrais dire de très-équitable, au point de vue où je me suis placé. En l'état actuel, les Landes, bois compris, ne valent pas 500 fr. l'hectare, ce qui, pour la région totale, comptée au chiffre rond d'un million d'hectares, représente un capital foncier de 500 millions au plus.

Par le fait de l'opération que je propose, cette terre, qui ne vaut aujourd'hui que 500 fr., amenée progressivement à avoir les mêmes propriétés productives que celle qui se vend ailleurs 5 ou 6,000 fr., vaudra certainement ce prix tôt ou tard.

Admettons que la transformation complète doive demander un siècle, à raison de 10,000 hectares par an; la plus-value totale, répartie sur cette période, représentera un gain annuel de 50 millions, et il n'y a rien d'excessif à admettre que le quart environ de cette somme soit réservé à la compagnie financière à l'initiative et aux avances de laquelle ce résultat sera dû en entier.

XLIV.

Je ne voudrais pas déprécier sans motifs une entreprise étrangère ; mais, pour faire ressortir les avantages de celle que je propose, il me sera permis de la comparer à une œuvre à certains égards analogue, à celle qui est à la veille d'être exécutée dans le département des Bouches-du-Rhône. Il s'agit du colmatage de la Crau par les alluvions naturelles de la Durance, déjà concédé à une compagnie financière, avec une garantie d'intérêt de 4 %, sur un capital de construction de 30 millions, consentie par l'État et le département. A l'œuvre principale doit se joindre accessoirement le desséchement des marais de Foz. Mais comme, de l'aveu de la compagnie elle-même, ce dernier travail ne doit pas être rémunérateur et n'a eu d'autre but pour elle que de lui ménager le bon vouloir de l'Administration, en donnant un caractère d'utilité publique marqué à son entreprise, nous n'en parlerons pas, et nous admettrons que la totalité des limons empruntés à la Durance seront affectés, sans déduction, à l'entreprise de la fertilisation de la Crau.

La dérivation de la Durance à effectuer seulement

en temps d'eaux troubles, est prévue pour un débit normal de 60 mètres cubes à la seconde. Les observations faites sur la teneur des eaux troubles de la Durance, faciles à contrôler par l'importance des dépôts accumulés dans les réservoirs du canal de Marseille, ne permettent pas d'évaluer en moyenne, pour l'année totale, à plus d'un millième du poids de l'eau celui des limons qu'elle tient en suspension. Un mètre cube d'eau dérivé d'une manière permanente ou, à la rigueur, pendant le temps des troubles seulement, correspond donc à un poids de 30,000 tonnes, soit environ 20,000 mètres cubes de limons secs pour l'année totale.

A ce taux, l'entière dérivation de 60 mètres, en admettant qu'elle puisse fonctionner à pleins bords, toutes les fois que les eaux seront troubles et qu'il ne se produira pas de dépôts en route, pourra donner, en année moyenne, 1,200,000 mètres cubes de limons; et comme on ne saurait estimer à moins de 0m,30 d'épaisseur la couche des limons qu'il serait nécessaire de déposer sur le désert pierreux de la Crau pour en constituer la couche arable, on ne pourra fertiliser annuellement plus de 400 hectares.

Aux intérêts du capital de construction de 1,500,000 fr., il faudrait joindre les frais annuels nécessités par l'entretien du canal et de sa prise, la répartition et le dépôt des eaux troubles sur le sol à colmater. Comme il s'agit d'un volume d'eau six fois supérieur à celui que j'ai prévu pour la Neste, il n'y aurait pas d'exagération à admettre que ce surcroît de frais sera tout au moins égal à celui sur lequel j'ai dû compter pour l'abattage des limons. Pour éviter tout reproche de vouloir systématiquement augmenter les chances défavorables de l'entre-

prise, je ne tiendrai pas compte de cette circonstance,
et, tout en continuant à admettre que la dépense annuelle
en frais d'exploitation s'élèvera à un million dans les
Landes, je veux bien supposer qu'elle ne dépassera pas
la moitié de ce chiffre, soit 500,000 fr. pour le canal
de la Crau.

A ce compte, les charges de l'entreprise étant de
2 millions, pour qu'elles fussent couvertes par l'amélioration des 400 hectares colmatés, il faudrait admetttre
que la plus-value par hectare s'élèverait à 5,000 fr. Ce
chiffre me paraît d'autant plus exagéré que l'on se trom-
perait si l'on pensait avoir obtenu des terres réellement
fertiles en recouvrant les cailloux de la Crau d'une couche de limons de $0^m,30$ d'épaisseur. Le limon pur, ainsi
que je l'ai établi au début de cette étude, ne constitue
pas plus de la terre végétale que la chaux en pâte ne
constitue du mortier. Dans les deux cas, pour compléter
l'œuvre, il faut faire intervenir une matière inerte et
divisante, le sable quartzeux par exemple, qui fait totalement défaut sur la Crau, et se trouve au contraire
former le sol naturel des Landes.

Ajoutons en outre, comme nouvel argument en faveur
du projet des Landes, que, sur une superficie de terrains à améliorer, qui dans les seuls départements de
la Gironde et des Landes représente 700,000 hectares,
et ne doit guère aller à moins d'un million, en y joi-
gnant les terrains similaires du Lot-et-Garonne et du
Gers, il est impossible qu'on ne trouve pas à acheter à
leur valeur actuelle, en telle quantité qu'on le voudra,
tout le sol sur lequel on devra opérer annuellement;
tandis que dans la Crau, qui n'a pas plus de 20 à

25,000 hectares, et où le sol, livré au pâturage, a une valeur actuelle supérieure à celle des Landes, on pourra avoir à compter avec les exigences des propriétaires, qui refuseront de s'en dessaisir sans très-grands avantages.

A un autre point de vue, le climat exceptionnellement sec de la Crau ne permettra jamais d'y appliquer les méthodes de culture extensive et pastorale, si appropriées au contraire au climat des Landes, et qui seules peuvent permettre à une compagnie industrielle de tirer des revenus rémunérateurs d'une exploitation agricole directe.

Enfin, dans la Crau, le prix du colmatage, revenant à 5,000 fr. au moins par hectare, ne saurait jamais descendre au-dessous, car la quantité de limons dont on pourra disposer est limitée par le volume déjà considérable d'une dérivation de 60 mètres cubes à la Durance. Dans les Landes, au contraire, le prix de fertilisation de l'hectare, ne devant pas s'élever à plus de 200 fr. par hectare pour un minimum de 10,000 hectares à traiter annuellement, pourra probablement se réduire encore, à mesure qu'on augmentera le volume des eaux utilisées ou que le perfectionnement des pratiques d'abattage permettra d'accroître notablement la proportion de limons que j'ai prévue.

En résumé, dans l'entreprise concédée de la fertilisation de la Crau, avec un résultat de fertilisation très-incomplet, il faudrait réaliser une plus-value de 5,000 fr. par hectare pour couvrir l'intérêt du capital. Dans l'entreprise projetée pour les Landes, il suffira d'une plus-value de 2,550 fr. par hectare (c'est le prix net de revenu sur lequel j'ai compté dans ma troisième hypothèse, déduction faite du capital immobilisé en défrichement, construction et cheptel) pour assurer aux actionnaires un revenu net de 50 °/₀.

Ce parallèle entre deux entreprises ayant un but analogue, avec des résultats si différents, me paraît être l'argument le plus décisif que je puisse invoquer en faveur de mon projet. Du moment où l'entreprise de la Crau a pu paraître offrir des garanties d'avenir assez sérieuses pour tenter les capitaux industriels, il me paraît impossible que le projet des Landes ne soit pas l'objet d'une faveur plus marquée ; car si, dans le premier cas, on peut être à peu près certain de n'avoir d'autre revenu que le minime intérêt garanti par l'État, dans le second on peut compter sur un revenu croissant, auquel on ne saurait fixer de limite, et qui ne paraît pas devoir jamais descendre au-dessous de 40 à 50 °/₀.

XLV.

Ce n'est point dans un esprit de vaine critique que j'ai cru devoir citer l'exemple du colmatage de la Crau. Je suis loin de vouloir blâmer l'Administration de savoir parfois s'imposer de lourds sacrifices pour réaliser des améliorations générales, qui de prime abord ne paraîtraient pas apporter leur rémunération avec elles.

L'État ne doit pas envisager les questions économiques au même point de vue que le simple particulier. Intéressé, avant tout, au développement incessant de la richesse publique, il doit distinguer en elle des capitaux de deux ordres différents, souvent confondus par les économistes, mais qui n'en sont pas moins distincts : les capitaux de consommation, essentiellement périssables, et les capitaux producteurs, ou impérissables, que l'homme transmet à ses enfants après en avoir joui lui-même.

Au point de vue de l'intérêt immédiat et individuel du producteur, il ne saurait y avoir de différence entre ces deux espèces de capitaux, qui peuvent librement s'échanger l'un pour l'autre. Mais, au point de vue des intérêts généraux de la société, les capitaux impérissables ont, en sus de leur valeur intrinsèque, une valeur toute spéciale, que j'appellerai l'*avoir social*.

Admettons, pour fixer les idées, que deux sommes égales de travail manuel soient employées à produire : l'une un objet de luxe ou de consommation immédiate, l'autre une amélioration agricole permanente, les deux résultats de même valeur vénale. Dans les deux cas, l'économiste établit ordinairement son bilan de la même manière. Il met en regard, d'une part la somme du travail producteur et des capitaux dépensés, et de l'autre la valeur du travail produit. Il n'y aura gain, pour la richesse publique, que tout autant que le produit sera supérieur à la dépense. De ce côté, il ne saurait y avoir de difficultés ; les résultats se compareront d'après le bénéfice réalisé, que nous supposons nul.

Mais il en est tout autrement au point de vue de l'avoir social. Il n'aura rien gagné dans le premier cas ; il se sera accru d'une quantité égale au produit brut obtenu dans le second.

Or, s'il peut appartenir au particulier pris isolément de ne pas faire de différence entre les deux opérations, d'évaluer au même prix, uniquement d'après la valeur vénale, un produit éphémère et une production durable, la même indifférence ne saurait être permise à l'État, représentant du corps social, qui doit, de son mieux, diriger une partie notable des forces publiques vers l'augmentation de l'avoir, qui est sa richesse propre.

Si nous sommes, en effet, individuellement possesseurs absolus des capitaux de consommation que nous pouvons anéatir à notre profit personnel, nous ne sommes que détenteurs et usufruitiers temporaires des capitaux impérissables, dont la nu-propriété appartient par la famille au corps social, qui seul représente la continuité des générations.

Le développement de la richesse publique, considérée comme la somme de l'avoir des particuliers, n'est pas, en effet, un indice toujours certain de progrès pour une nation. Il en est tout autrement de l'accroissement de l'avoir social, tel que je viens de le définir. Il représente dans la vie des peuples ce que l'épargne est dans la vie de l'homme: une réserve d'avenir en même temps qu'une garantie certaine de la production de richesses nouvelles.

La société qui le néglige est sur le penchant de sa ruine. Tel a été le sort de l'Espagne, qui, après avoir exploité à son profit les trésors métalliques du nouveau Monde, a vu ces richesses éphémères se fondre en ses mains, sans qu'il lui ait été donné depuis lors de rétablir le fonds social qu'elle avait laissé dépérir.

A un autre point de vue que celui de sa stabilité, l'avoir social se distingue de l'ensemble de la richesse publique par sa valeur intrinsèque, absolue, indépendante des variations que le taux de l'intérêt, les crises financières, ou toute autre cause, font subir aux capitaux ordinaires.

Au premier rang de ces capitaux impérissables, dont le maintien et l'accroissement sont les bases certaines de la prospérité d'un pays, nous devons placer les va-

leurs territoriales. Les progrès de l'agriculture intéres-
sent plus que tous les autres l'avenir social, et, par
progrès agricole, on doit moins entendre le perfectionnement des méthodes de culture appliquées à un sol
donné, que la création de toutes pièces de ce sol, où, ce
qui revient au même, sa fertilisation.

Bien qu'il ne soit pas chargé de les exploiter directement, l'État, qui ne meurt pas, est, en réalité, le seul
représentant, le seul possesseur incommutable de ces
biens, qui constituent l'avoir social. Il doit veiller à leur
conservation, en assurer le développement par tous les
moyens en son pouvoir, réaliser toutes les améliorations
reconnues possibles, quand bien même il devrait en ré-
sulter pour lui quelques sacrifices momentanés.

C'est ainsi que nous avons vu, vers le milieu de ce
siècle, le gouvernement Hollandais prendre à sa charge
les travaux du dessèchement du lac de Harlem. Les terrains gagnés sur la mer ont été vendus aux particuliers
à moitié de leur prix de revient. L'entreprise, au premier
abord, paraissait mauvaise pour l'État; elle l'aurait été
du moins pour un particulier. Mais, par le fait de la culture, le nouveau sol a quintuplé de valeur. Je n'ai pas
à rechercher comment les bénéfices réalisés par les
exploitants se sont partagés entre eux. Depuis le propriétaire du sol jusqu'au dernier des laboureurs, il est
évident que tout le monde a gagné dans l'opération;
mais le gain le plus incontestable est celui du corps social, dont l'avoir particulier s'est accru d'une somme
égale à la valeur actuelle du sol créé.

C'est dans le même ordre d'idées que notre administration a cru devoir favoriser l'entreprise du colmatage de la Crau. Nul département ne paraît, en effet, mieux indiqué pour des améliorations de ce genre que celui des Bouches-du-Rhône, où le contraste de la valeur du sol est plus grand que dans tout autre : véritable désert enchâssant de riches oasis ; désert caillouteux dans la Crau, désert pierreux sur les interminables plateaux du centre, désert de lagunes et de marécages enfiévrés dans la Camargue et sur les rives du Rhône.

En fait, par une application des méthodes que je propose, on pourrait, je crois, obtenir dans cette région des résultats plus prompts, plus complets, plus économiques, que ceux que l'on a en vue. Les eaux surabondantes du canal du Verdon, au moment de la fonte des neiges, pourraient être employées, par exemple, à la fabrication d'alluvions artificielles qui permettraient de colmater les plateaux et de niveler les bas-fonds plus rapidement et plus sûrement que ne le feront jamais les alluvions naturelles de la Durance.

Les convictions toutefois ne s'imposent pas. Je conçois les hésitations, les doutes, que peut laisser subsister dans les esprits l'idée d'une méthode toute nouvelle, dont l'étrangeté ne résulte pourtant que de la grandeur des résultats qu'elle doit réaliser. Je ne saurais exiger que le principe en soit généralisé et appliqué en tous lieux. Mais ce que je puis demander, espérer tout au moins, c'est qu'elle soit essayée comparativement avec d'autres méthodes ; que l'État ne refuse pas de garantir contre des éventualités de perte si peu probables une entreprise qui doit régénérer une province entière, fertiliser un million d'hectares, quand il prend si géné-

14

reusement à sa charge les mécomptes certains d'une opération plus coûteuse, qui, en mettant tout au mieux, n'en améliorera jamais plus de 25,000.

A ce point de vue surtout, l'entreprise de la Crau m'a paru être un précédent que j'étais heureux de pouvoir invoquer ; c'est en m'inspirant des avantages accordés aux concessionnaires, par leur décret de concession, que j'ai cru pouvoir préparer le projet de cahier des charges à appliquer à la Compagnie de fertilisation des Landes, que l'on trouvera dans les Pièces annexées à ce livre.

TROISIÈME PARTIE.

Aménagement général des Eaux courantes.

CHAPITRE VIII.

CANAUX DE DÉRIVATION D'UN INTÉRÊT AGRICOLE ET INDUSTRIEL.

XLVI.

L'influence que la construction du réseau de nos premiers chemins de fer a eue sur le développement de la richesse sociale, constitue un argument des plus décisifs en faveur de l'extension des grands travaux publics.

C'est à bon droit qu'un ministre éminent, analysant les résultats déjà obtenus, a fait ressortir qu'on ne devait pas les mesurer seulement à la rémunération directe du capital dépensé, mais qu'il fallait tenir compte des avantages indirects, dont l'État bénéficiait encore plus que les particuliers.

C'est en se plaçant à ce point de vue élevé qu'on est arrivé à admettre que l'État, en substituant son action collective à l'inertie individuelle, pouvait faire un bon usage des capitaux que l'épargne reconstitue annuellement aux mains des pères de famille, en les employant à doter de larges subventions les travaux d'utilité générale, dont les revenus directs ne paraîtraient pas suffisants pour assurer la rémunération immédiate de leurs frais de construction.

Moins que personne je suis disposé à contester la justesse de ce principe théorique. J'ai même essayé de l'établir quelques pages plus haut, sous une autre forme, par la définition de ce que j'ai appelé l'avoir social. Mais, si largement qu'on soit disposé à faire entrer en ligne les produits indirects des travaux publics, encore faut-il admettre que ces produits indirects soient assez certains pour garantir, dans un temps plus ou moins long, la rentrée naturelle d'un surcroît d'impôt sensiblement équivalent aux charges d'intérêt acceptées par l'État.

Je n'ai pas à me demander si l'on n'est peut-être pas allé parfois au-delà de ce qui eût été raisonnable en cette voie ; si l'on peut considérer comme devant être couverts par leurs produits indirects bon nombre de nouvelles voies navigables et bien des chemins de fer qui ne rapporteront jamais un produit brut égal à leurs frais d'exploitation.

Que cette limite ait été ou non dépassée en quelques circonstances ; ce qui est certain, c'est qu'elle devra être fatalement atteinte pour les travaux publics qui n'ont en vue que l'amélioration des moyens de transport. Il y avait là sans doute une riche mine qui a été largement exploitée, qui peut encore offrir quelques fructueux filons, mais qui devra nécessairement s'épuiser, et l'on est naturellement amené à rechercher s'il ne serait pas possible de trouver ailleurs des travaux publics d'un autre ordre, qui, pendant un temps assez long, ouvriraient une carrière nouvelle aux capitaux inactifs. Le développement de la production agricole se présente à cet égard en première ligne, et parmi les améliorations que l'agriculture réclame, il n'en est pas qui paraissent devoir donner des résultats plus rémunérateurs que l'aménagement des eaux.

La question envisagée à ce point de vue a été jugée si importante, qu'en même temps qu'il instituait des Commissions supérieures chargées de le renseigner sur les travaux d'utilité publique que pouvait réclamer encore le perfectionnement de notre outillage industriel, le ministre qui prenait l'initiative de ce grand mouvement économique a constitué une autre commission de même ordre, pour étudier tout ce qui pouvait se rattacher à l'aménagement des eaux.

Cette commission a rempli son mandat avec la haute intelligence qu'on devait attendre de la compétence individuelle des hommes distingués qui en faisaient partie. Mais, quelque complet, quelque remarquable qu'ait été le travail qu'elle a fourni, il est resté entaché de ce défaut d'unité et de conclusion précise qui se retrouve toujours dans les œuvres collectives.

Excellentes pour analyser les détails d'un programme, les commissions nombreuses seront toujours impuissantes à formuler ce programme lui-même dans sa généralité d'ensemble.

Un pareil résultat de synthèse ne peut provenir que de l'initiative d'un seul.

Quelle que fût mon insuffisance personnelle, fort de ma bonne volonté et de quelque expérience pratique dans un ordre d'idées qui avaient été l'objet des études constantes de toute ma vie, j'ai cru pouvoir me permettre d'esquisser ce programme, plus encore pour fixer mon opinion particulière que dans l'espérance d'influencer l'opinion d'autrui. J'ai donc formulé mon travail

dans une petite brochure dédiée à la Commission supérieure, qui n'y a pas, que je sache, prêté grande attention.
Je n'en crois pas moins devoir reproduire ici, en vue
d'en déduire la justification de mes nouvelles conclusions
pratiques, les principaux développements que j'avais
donnés à cette première étude théorique, en leur conservant d'ailleurs l'ordre logique, qui me paraîtrait devoir
toujours être observé dans un travail de ce genre. Quel
peut être, au point de vue théorique, le but d'utilité générale d'un bon aménagement des eaux ? Quels peuvent
être, au point de vue pratique, les moyens de réaliser les
améliorations qu'on doit en attendre ?

XLVII.

Livrés à eux-mêmes, nos cours d'eau ne sont, le plus
souvent, qu'une cause de ruine et de dévastation pour
leurs riverains. Convenablement aménagés et dirigés,
ils peuvent faire la fortune du pays, car ils portent en
eux le germe de tout progrès matériel : la fertilité agricole et la force industrielle.

On ne s'est guère occupé jusqu'ici que du premier
point de vue, et encore n'a-t-on entrevu le plus souvent,
dans l'utilisation agricole des eaux, qu'une simple question d'arrosage.

Je suis loin de contester les avantages des irrigations,
bien qu'on les ait parfois fort exagérés.

L'eau joue, dans la production agricole, un très-grand
rôle, que je me suis efforcé de définir dans le premier
chapitre de cet ouvrage : elle constitue un agent intermédiaire, indispensable à l'assimilation et à la transformation des engrais, mais elle ne les crée ni ne les

apporte avec elle. Loin d'enrichir le sol à ce point de vue, elle ne fait que l'appauvrir quand elle est employée à l'état de pureté.

Ainsi s'expliquent les mécomptes si nombreux de propriétaires qui, croyant qu'il suffisait d'arroser leurs terres pour en accroître la fertilité, n'ont souvent fait que les épuiser.

Dans les pays où la sécheresse est telle qu'elle suffit à arrêter le développement de la végétation : dans le Roussillon, dans la Provence, en Espagne, en Algérie, les irrigations ont été appréciées de tout temps, et les canaux d'arrosage se sont multipliés partout où on a pu les établir, sans que l'État ait eu besoin d'intervenir.

Il n'en est pas de même dans les régions où, le climat se trouvant à la fois moins chaud et plus humide, l'irrigation n'est plus qu'un accessoire, important sans doute, mais dont on peut à la rigueur se passer.

Les canaux établis à grands frais, dans ces derniers temps, dans le haut et le bas Languedoc, sur la Garonne à Saint-Martory, sur le Rhône à Beaucaire, fonctionnent depuis plusieurs années, sans que la plupart des propriétaires, et souvent ceux-là mêmes qui en avaient le plus ardemment sollicité la construction, se soient sérieusement occupés d'en tirer parti. Ils y viendront sans doute ; mais un long temps s'écoulera avant que l'emploi des arrosages soit passé dans la pratique courante des cultures.

L'utilisation, jusqu'à ce jour complétement inconnue, des eaux courantes servant de véhicule naturel aux limons fertilisants, telle que je viens de la développer, comme but et comme moyen, sera, j'ai tout lieu de l'espérer, plus promptement comprise et pratiquée par les populations, dès qu'un premier essai leur aura permis d'en apprécier en parfaite connaissance les immenses avantages.

Je n'y reviendrai pas, mais j'insisterai davantage sur l'emploi, presque aussi négligé jusqu'à ce jour, de la force motrice des eaux courantes.

XLVIII.

Cette force est immense, vingt fois supérieure peut-être à la puissance réunie de toutes nos machines à vapeur; car, calculée sur un écoulement annuel de 300 litres d'eau pluviale par mètre carré, avec une chute moyenne de 300 mètres, elle représente une puissance mécanique de 20 millions de chevaux-vapeur.

Le Rhône seul, avec son débit d'étiage de 300 mètres par seconde, pour une altitude moyenne de 400 mètres, qui est celle du lac de Genève, figure dans ce chiffre pour plus de 1,600,000 chevaux de force, jusqu'à ce jour totalement sans emploi industriel, sauf le groupe récent des usines de Seyssel et quelques roues volantes dans la traversée de Lyon.

La majeure partie de la force mécanique des eaux courantes paraît, en l'état naturel, destinée à rester sans emploi, isolée dans les gorges lointaines et désertes de nos torrents de montagne, où l'industrie ne saurait pénétrer. Je n'ai pas besoin d'insister sur les avantages incontestables qu'on trouverait à l'utiliser plus largement, s'il était possible de la dériver à grande distance pour la mettre directement à la portée des industries qui sauraient en faire usage.

Le problème ainsi posé n'est pas nouveau. Papin, dit-on, s'en était occupé ; mais il ne paraît pas que, depuis lui, la question ait fait un grand pas. Il est peu probable que l'air comprimé, auquel Papin avait songé comme organe de transmission, puisse jamais être d'une application pratique à cet égard, pas plus que les câbles télédynamiques, malgré les nombreux usages qu'ils ont reçus dans ces derniers temps.

Peut-être arrivera-t-on à de meilleurs résultats en transformant sur place l'action des moteurs hydrauliques en forces électriques qui seraient emmagasinées dans des accumulateurs transportables, ou directement transmises à distance par des câbles conducteurs.

Les progrès tout récents de l'éclairage électrique donneraient une opportunité particulière à cette idée.

La génération actuelle verra probablement l'électricité accomplir plus de merveilles que la vapeur n'en a enfantées depuis le commencement de ce siècle. L'invention récente de la machine Gramme, comparable par ses résultats à celle du condenseur de Watt, a déjà résolu le double problème de la conversion des forces motrices en forces électriques et de la réversion facultative de ces dernières.

Une question essentielle, encore mal étudiée à ce jour, serait de déterminer dans quelles conditions pratiques les forces électriques pourraient être transmises à de grandes distances par des fils conducteurs. L'écoulement de l'électricité à travers les fils métalliques présente la plus grande analogie avec celui de l'eau dans les conduites forcées. Peut-être ce mode de transport des actions mécaniques pourra-t-il être employé un jour dans des conditions relativement économiques. Je doute pourtant que, pour de grandes forces et de grandes distances, il puisse jamais rivaliser avec les canaux de dérivation à grande section, fonctionnant en vertu de leur pente naturelle.

Mais, même avec cette restriction dans leur emploi futur, réduits à ne pouvoir être utilisés, comme les conduites forcées, que pour des distances relativement petites, 8 à 10 kilom. plus ou moins, les conducteurs métalliques n'en constitueront pas moins, un jour, un agent des plus utiles pour distribuer et affecter à leur destination finale les grandes forces motrices que les canaux de dérivation auraient conduites le plus près possible de leur lieu d'emploi.

Pour mieux fixer les idées à cet égard, prenons pour exemple une dérivation existante, en l'étudiant au point de vue exclusif, bien que jusqu'ici fort accessoire en pratique, de la force motrice qu'elle rend disponible : je veux parler du canal de Marseille, qu'on ne saurait citer comme ayant été établi dans des conditions d'économie exceptionnelle. Dérivée de la Durance, vers la cote 180 mètres, la branche-maîtresse de ce canal débouche sur les colines du littoral de la Méditerranée, à une altitude de 150 mètres, après un parcours de 85 kilom. dans des régions excessivement accidentées. La dépense de cette branche-mère, arrêtée à sa première bifurcation, ne paraît pas avoir dépassé 14 millions. Son débit est de 10 mètres à la seconde. Sa force brute disponible au-dessus du niveau de la mer représente dès lors 20,000 chevaux-vapeur.

Utilisée sur place par des récepteurs hydrauliques convenables, cette chute pourrait certainement produire une puissance nette de 70 %, soit 14,000 chevaux, dont chacun représenterait par suite une dépense de 1,000 fr. en capital, pour les frais proportionnels de premier établissement de la dérivation.

Admettons que la construction des usines et l'aménagement des moteurs hydrauliques pussent entraîner une dépense à peu près égale en capital, les frais annuels d'entretien et de service des moteurs hydrauliques étant très-faibles, ne dépassant certainement pas 50 fr. par cheval, nous arriverions à ce résultat final qu'une puissance motrice empruntée au canal de Marseille, marchant sans discontinuité, de jour et de nuit, ne reviendrait pas à plus de 150 fr. par an.

Ce chiffre est, comme il est aisé de le voir, inférieur de plus des 4/5 à celui d'une machine à vapeur, qui ne coûterait peut-être pas plus de 1,000 fr. en frais de premier établissement, mais exigerait, au minimum, 100 fr. de frais annuels de service et de réfection, et, par-dessus tout, une consommation effective de vingt tonnes au moins de charbon compté à 30 fr. la tonne, soit au total une dépense annuelle de 750 fr.

Cet exemple nous montre quelle serait, dans des conditions cependant relativement coûteuses comme travaux de dérivation, l'économie pratique que l'on pourrait réaliser en substituant à la vapeur des chutes hydrauliques dérivées par canaux à grande portée.

Les avantages seraient sans doute incontestables pour les cas exceptionnels de puissantes forces motrices, d'un travail régulier et continu, pouvant être employées sur place à leur point naturel d'arrivée. Mais, dans les cas les plus habituels, les moteurs hydrauliques présentent le grave inconvénient de ne pouvoir s'adapter aux exigences industrielles d'une cité populeuse telle que l'est Marseille. Le fait seul de l'adduction d'une partie notable de la force motrice dans l'intérieur de la ville présenterait une impossibilité matérielle. Le terrain manquerait sous les pieds d'une dérivation secondaire à laquelle on voudrait conserver, jusqu'au lieu d'emploi, toute sa chute disponible de 150 mètres.

L'utilisation des forces motrices n'a donc été jusqu'ici qu'un accessoire assez négligé du canal de Marseille, sur les diverses branches duquel on s'est borné à échelonner de loin en loin des chutes fractionnées, qui, à raison de leur éloignement, n'ont encore été que fort incomplètement utilisées.

On pourrait certainement en tirer meilleur parti si des organes de transmission spéciaux permettaient de faire pénétrer jusque dans la ville, sans trop de frais et de déperdition, la force motrice disponible dans la banlieue.

Je viens de citer les divers engins de ce genre qui ne sont pas sans emploi industriel : l'air comprimé, à l'usage duquel avait songé Papin, et qui, de nos jours, sert à la transmission des dépêches et à la mise en jeu des appareils de perforation employés au forage des grands tunnels internationaux ; les conduites d'eau forcées, dont l'action mécanique fait déjà fonctionner les ascenseurs ou monte-charges, règle les horloges de nos grandes villes, et pourrait aisément recevoir d'autres destinations ; les câbles télédynamiques, qui dans certains cas permettent à l'action mécanique de franchir à peu de frais les distances et les obstacles.

Mais aucun de ces organes de transmission aujourd'hui usités ne me paraîtrait pouvoir rivaliser avec les câbles électriques, au point de vue des services multiples que ceux-ci pourraient rendre dans l'intérieur de nos villes.

Pour mieux préciser la question, revenons au cas particulier de Marseille. Il existe en tête du canal de Longchamp, au voisinage du bassin de Sainte-Marthe, à une distance de 6 kilomètres de la ville, une série de chutes successives dont la hauteur cumulée doit être de près de 50 mètres, dont on ne saurait estimer à moins de 800 à 1,000 chevaux la force brute qui est, ou du moins était inutilisée il y a peu d'années.

Prenant ce point de départ, admettons qu'on transforme sur place cette force hydraulique en forces électriques destinées à tous les usages de la population voisine. Supposons que de puissants câbles formés d'un grand nombre de fils conducteurs de fer ou de cuivre, réunis sous une même enveloppe isolante, portés sur des supports en maçonnerie ou enfouis sous le sol, transmettent cette action mécanique jusque dans l'intérieur de la ville, où les câbles se subdiviseront naturellement en faisceaux plus petits, suivant le tracé de toutes les rues, pénétrant dans toutes les maisons, s'élevant à tous les étages, distribuant partout où elle serait nécessaire la force motrice fractionnée à l'infini, sous ses formes diverses d'électricité, de lumière, de chaleur, ou d'action dynamique. Qui ne conçoit l'immense utilité que pourrait avoir cette grande usine de travail pour la population qui en profiterait, et les avantages que l'on trouverait à établir au voisinage de chacune de nos cités un établissement de ce genre, groupant en un même service tant de services distincts, les uns nouveaux, les autres déjà desservis par la combustion de la houille, mais que

l'action d'une chute motrice convenablement aménagée
permettrait de faire marcher avec des frais infiniment
moindres ?

XLIX.

Il est un dernier mode d'utilisation des eaux courantes, d'un usage encore plus général et plus ancien que
celui des irrigations ; je veux parler de leur adaptation
au transport des hommes et des marchandises.

Les voies de transport de navigation intérieure ont été
les premières utilisées, et sont encore les seules usitées
dans la plupart des pays restés étrangers aux progrès de
la civilisation, comme certaines régions de l'Amérique et
de l'Asie. Strabon, en parlant de notre pays, faisait
ressortir les immenses avantages commerciaux que lui
assurait la distribution de ses nombreuses rivières, et
pendant de longs siècles c'est en effet par l'intermédiaire
de ces voies naturelles que les principaux échanges de
marchandises ont pu s'effectuer chez nous.

Mais ces échanges se font rarement dans le sens longitudinal d'une même vallée, dont les productions agricoles
restent les mêmes sur de grandes étendues. Pour avoir
à desservir un grand trafic, une voie de transport doit
unir des bassins différents. Sous ce rapport, les canaux
à point de partage ont en général plus d'importance que
les rivières proprement dites, ou tout au moins sont nécessaires pour les compléter. Leur établissement s'est en
quelque sorte imposé aux premiers gouvernements
réguliers. Le canal de Briare, celui du Midi, quelques
autres encore, ont précédé chez nous l'ouverture des
routes réellement carrossables, et, il y a deux siècles,

pouvaient être considérés comme des ouvrages d'une importance capitale au point de vue des services qu'ils étaient appelés à rendre.

En dépit des travaux considérables entrepris depuis lors pour améliorer et perfectionner le régime de nos rivières navigables, pour faire disparaître les rapides qui entravent leurs cours, leur accoler parfois des canaux latéraux, multiplier les canaux à point de partage qui unissent les divers bassins, — les voies de navigation intérieure ont toutefois perdu une grande partie de leur importance relative, à mesure que se sont perfectionnés beaucoup plus rapidement les voies de terre et surtout les chemins de fer, qui leur font concurrence.

L'économie de fret que les canaux et certaines rivières navigables offrent par rapport aux voies ferrées n'est pas toujours suffisante pour racheter les inconvénients de l'excessive lenteur des transports et du défaut d'ensemble dans les administrations privées qui les exploitent. Si l'on excepte le réseau des canaux du Nord et quelques rivières naturelles convergeant vers le grand centre de consommation de Paris, nos voies navigables n'ont qu'une importance très-médiocre, qui ne justifierait pas toujours les dépenses considérables que l'État s'impose pour les entretenir ou les améliorer.

On ne saurait disconvenir cependant que, dans de bonnes conditions d'existence et d'exploitation, les voies navigables n'offrent un mode de transport essentiellement économique, qui, pour les marchandises de peu de valeur et de gros tonnage, ayant peu de risques à courir des retards de route, présente des avantages de fret que les chemins de fer sauraient difficilement atteindre. Il peut donc être utile de chercher dans quelles limites il serait possible de réaliser ces conditions exceptionnelles d'une bonne exploitation, que si peu de nos voies navigables offrent encore.

On a défini les rivières : des chemins qui marchent ; mais dans un chemin considéré comme engin de transport, il est deux choses qu'on doit distinguer : la voie proprement dite et le moteur ou remorqueur. Comme voies de transport, les rivières naturelles, par leur faible pente, même pour celles dont le courant est le plus rapide, présentent sans aucun doute les plans inclinés de moindre déclivité qu'on puisse concevoir, et pourraient être considérées comme parfaites si on ne les envisageait qu'à un point de vue statique. Mais au point de vue de l'action dynamique du transport, le chemin marchant toujours dans le même sens, cette mobilité même du courant est un inconvénient considérable, et les avantages, très-limités à la descente, sont loin de racheter les difficultés, les impossibilités même, à la remonte.

Tous les efforts des ingénieurs tendant à l'endiguement des rivières, à la concentration des eaux divergentes dans un canal d'écoulement unique, étroit et profond, ont en général pour effet d'accroître, avec son intensité, l'obstacle résultant de la vitesse du courant plutôt que de le diminuer. Le véritable programme de la navigation sur nos rivières devrait moins consister à régulariser leur cours et à augmenter leur tirant d'eau qu'à améliorer les conditions du remorquage, à se procurer à peu de frais les forces mécaniques de traction qui, très-minimes lorsqu'il s'agit de canaux à biefs horizontaux, deviennent au contraire excessives pour peu que la rivière ait un courant naturellement rapide, celui du Rhône par exemple, dont la vitesse moyenne est de deux mètres à la seconde. Malgré les immenses services que la vapeur a rendus à la navigation fluviale comme à toutes les autres branches de l'industrie, son emploi ne saurait être considéré comme une solution toujours satisfaisante.

Il n'est rien de plus disparate que les actions mécaniques mises en jeu par la navigation intérieure : d'une part, ces gigantesques bateaux à vapeur dont les puissantes machines luttent bruyamment contre le courant du Rhône ; de l'autre, ces lourdes barques que des chevaux, naguère encore des femmes et des enfants, véritables fourmis humaines, halent péniblement sur nos canaux du Nord, mettant plus de temps à parcourir la distance de Mons à Paris qu'une caravane saharienne à aller de Tripoli au Soudan. On a d'autant plus lieu de regretter de voir ainsi détourner de leur destination naturelle des moteurs aussi coûteux dans un cas, aussi insuffisants dans l'autre, que le cours d'eau lui-même fournirait presque sans frais, si on savait l'utiliser, toute la force nécessaire.

Cette destination spéciale d'une force naturelle aujourd'hui sans emploi, paraîtrait d'autant mieux indiquée que l'action mécanique dont on pourrait ainsi disposer irait d'elle-même en croissant avec la pente du courant, et par suite avec l'effort de traction à produire. J'ai toujours pensé, pour mon compte, que c'est là seulement qu'on pourrait réellement trouver la solution du problème de la navigation intérieure, et je n'ai pas compris, je dois l'avouer, qu'on l'ait cherché si vainement ailleurs. J'ai donc cru devoir profiter du moment où l'attention de l'Administration supérieure paraissait plus que jamais appelée sur cette importante question, pour lui indiquer comment, à mon sens, on devrait la traiter.

Dans une autre étude, j'ai exposé comment on pourrait opérer suivant deux systèmes différents.

Dans le premier cas, qui serait surtout applicable aux cours d'eau artificiels ou naturels, à section régulière, bordés de chemins de halage libres de tout obstacle, sauf celui des écluses, le mouvement serait déterminé par l'action continue d'un double câble sans fin, remontant par une rive pendant qu'il descendrait sur l'autre, actionné de distance en distance par des machines fixes mues par la chute des écluses, animé d'une puissance suffisante pour remorquer les bateaux qui y seraient attelés en files distinctes, suivant qu'ils auraient à remonter le cours d'eau dans un sens, à le descendre dans l'autre.

Dans le second cas, correspondant plus particulièrement aux rivières à section irrégulière et à fortes pentes, sans écluses, telles que le Rhône, n'ayant pas de berges fixes, le mouvement serait directement emprunté au courant par les roues d'un bateau se remorquant lui-même à la remonte, sur une chaîne de touage noyée sur toute la longueur du cours d'eau. Je n'ai pas à reproduire ici les détails dans lesquels je suis entré sur les dispositions qu'on aurait à prendre suivant l'un ou l'autre système. Théoriquement, la chose est faisable dans les deux. Quelques difficultés pratiques pourraient sans doute se présenter à l'application ; mais ces difficultés ne paraissent pas telles qu'elles doivent faire écarter la question sans essais préalables. J'ai donc tout lieu d'espérer qu'on y reviendra tôt ou tard, et qu'on reconnaîtra qu'il n'est

pas d'autres moyens de résoudre, dans des conditions de
réelle économie, le problème de l'utilisation des cours
d'eau à l'industrie des transports.

L.

Il résulte, de ce qui précède, que l'aménagement des
eaux doit être dirigé de manière à satisfaire du mieux
possible au quadruple service du limonage et de l'irrigation des terres et de l'utilisation de la force mécanique,
soit à des emplois industriels, soit à la locomotion directe des marchandises.

C'est à ce point de vue d'ensemble que me paraîtraient
justifiées ces grandes dérivations d'eaux courantes, jusqu'ici prévues ou réclamées pour des usages purement
agricoles, qui ne sauraient suffire à rémunérer leur capital de construction.

Réduit à une affectation exclusivement agricole, le canal du Rhône, par exemple, dont il a été si souvent question dans ces derniers temps, serait une opération trop
coûteuse pour être avantageusement réalisable.

Pouvant desservir au plus 30,000 hectares de terrains arrosables, ce canal exigerait en fait, pour chacun
d'eux, une dépense en capital de 4 à 5,000 francs, égale
ou supérieure le plus souvent à la valeur vénale du sol,
toutes plus-values comprises.

Quelque redevance qu'on pût attendre des propriétaires, leur ensemble ne couvrirait certainement pas les
frais de l'entretien du canal. Celui de Marseille couvre à
peine les siens. Les dépenses de premier établissement
du canal du Rhône devraient donc finalement, sous une
forme ou sous une autre, tomber en totalité à la charge

de l'État. Mais qu'on fasse intervenir en première ligne la valeur effective des 20 ou 30,000 chevaux de force motrice qu'il serait probablement facile d'aménager au voisinage immédiat des villes riveraines, grandes ou petites, pour doter chacune d'elles d'une grande usine de travail fournissant à tous, et à chacun des habitants en particulier, suivant ses besoins, la force motrice distribuée à domicile dans tous ses états physiques, la question change déjà de face.

Aux revenus très insuffisants de l'irrigation agricole, qui ne cesserait pas d'être desservie, se joignent les produits bien autrement importants de la puissance mécanique qui, remplaçant le gaz, le combustible et une foule de petits moteurs domestiques, pourrait parfaitement fournir annuellement une contribution de plusieurs millions, suffisante pour équilibrer les charges du capital de premier établissement.

Les résultats seraient bien plus avantageux encore si, en même temps qu'elle donnerait les eaux de simple arrosage, la dérivation pouvait à certaines époques fournir à l'agriculteur des limons fertilisants, et si la branche-mère du canal était en outre établie dans des conditions de pente et de section telles qu'elle pût servir de voie perfectionnée de navigation intérieure, desservie par des engins spéciaux, empruntant leur force motrice à l'action même des courants.

C'est ainsi que, tout s'enchaînant ou devant s'enchaîner dans un État bien organisé, une entreprise d'utilité générale, devant laquelle il serait sage de reculer si elle n'avait qu'une affectation spéciale à un seul service, peut devenir réalisable et rémunératrice si on l'adapte à la fois à la satisfaction de tous les usages industriels ou agricoles qu'elle peut desservir en même temps.

Le *but* qu'on doit avoir en vue dans l'aménagement des eaux est donc parfaitement défini. On doit moins se proposer d'établir des canaux n'ayant qu'une affectation spéciale et exclusive, que des dérivations répondant autant que possible à la quadruple destination que je viens de leur assigner.

Reste à déterminer la question des *moyens*, et, par ce mot, je n'entends pas plus parler des dificultés techniques de construction, que nos ingénieurs sauront toujours résoudre, que des ressources financières que l'exécution des travaux pourra réclamer.

Quand on voit la transformation si complète que le canal de Marseille a produite en peu d'années sur le périmètre qu'il dessert, bien qu'il ne réponde peut-être pas également à toutes les conditions du programme que je viens de poser, nul ne songe à se demander si l'entreprise a été directement rémunératrice pour le budget municipal de la ville qui l'a exécutée. Les résultats obtenus sont trop du ressort des yeux pour qu'on veuille en marchander le prix, et l'on ne peut que désirer voir des œuvres analogues se multiplier et produire les mêmes effets sur le plus grand nombre de points possible de notre territoire.

Quand je parle de la difficulté des moyens, j'entends surtout celle de l'alimentation même du canal, l'impossibilité où l'on se trouve le plus souvent de trouver, même à de grandes distances, un volume d'eau suffisant pour entretenir la régularité de débit d'une dérivation d'une certaine importance, analogue à celle qui dessert aujourd'hui Marseille, déjà peut-être insuffisante.

En s'en tenant, comme on le fait ordinairement, à la question, suivant moi beaucoup trop restreinte, des canaux de simple irrigation, on a pris l'habitude de nous citer comme exemple dont nous devrions nous inspirer, les nombreuses dérivations qui fertilisent les plaines de la Lombardie; mais les cours d'eau qui les alimentent jouissent d'abord de cet avantage d'avoir un débit sensiblement uniforme, toujours considérable, surtout dans la saison sèche, deux fois régularisé par les glaciers éternels qui condensent sur les cimes des Alpes les neiges de l'hiver, et par les grands lacs existant au pied des montagnes qui modèrent l'écoulement des eaux de crue. A ce premier avantage résultant du régime des cours d'eau alimentaires, se joint celui de la disposition naturelle des terres arrosables, qui s'étendent en immenses plaines d'alluvion sur lesquelles il n'y a pour ainsi dire qu'à laisser couler les eaux par leur seule pente, pour en assurer le meilleur emploi.

Rien de pareil n'existe en France, et en particulier dans les bassins de nos deux grandes vallées méridionales, le Rhône et la Garonne, les seules qu'on ait jamais songé à doter du bénéfice des canaux d'arrosage.

Le Rhône, dont le débit est en partie régularisé par le lac de Genève et les lacs de la Savoie, se présente bien sans doute, au point de vue de son régime, dans des conditions à certains égards analogues à celles des rivières de la Lombardie. Il a en toute saison un débit considérable qui pourrait desservir de puissantes irrigations, autant que le permettraient toutefois les intérêts rivaux de la navigation, qui se sont fortement opposés jusqu'ici à la dérivation de ses eaux. Mais au second point de vue nous ne trouvons rien sur les rives du Rhône qui ressemble aux vastes plaines de la Lombardie.

Pour obtenir un périmètre de quelque importance, il est nécessaire de projeter des travaux coûteux, des canaux tracés en corniche, sur le flanc de montagnes abruptes, enjambant de larges et profondes vallées, occasionnant en somme dix fois plus de dépenses premières qu'en Italie, pour réaliser des résultats deux fois moindres.

J'admets pourtant que ces motifs ne soient pas suffisants pour faire rejeter une entreprise que tant d'intérêts réclament. Tant qu'il ne s'agit que d'une question d'argent, comme sur le Rhône, il est permis de ne pas s'y arrêter. Mais sur la Garonne, la difficulté est bien plus grande : ce n'est plus le sol arrosable, mais l'eau d'irrigation elle-même qui fait défaut. Sans présenter la même uniformité de surface que celles de la Lombardie, les plaines qui s'étagent au nord des Pyrénées, dans le grand circuit de la Garonne surtout, bien que découpées par d'innombrables sillons divergents, n'en pourraient pas moins être desservies par un nombre convenable de rigoles de faîte, s'il était possible de les alimenter à leur origine. Mais c'est précisément cette alimentation qui manque. Les Pyrénées n'ont pas de glaciers, encore moins de lacs régulateurs. Les eaux de pluie et de fonte de neiges donnent aux torrents qui les sillonnent des débits de crue considérables pendant quatre ou cinq mois de l'année. Le reste du temps, l'approvisionnement est réduit à des quantités insignifiantes. J'ai déjà dit que le canal de Lannemezan, la dernière fois que je l'ai visité pendant l'automne de 1881, pouvait à grand'peine prélever 3 mètres cubes d'eau par seconde sur le débit de la

Neste qui, pénétrant au cœur des plus hauts massifs py-. rénéens, est cependant le cours d'eau relativement le mieux alimenté.

Pour donner quelque importance aux dérivations d'in- térêt agricole ou industriel dans la région sous-pyré- néenne, il est indispensable de suppléer à l'insuffisance des cours d'eau alimentaires, d'en régulariser le ré- gime, ce qui ne peut se faire que par l'établissement de réservoirs artificiels, jouant le rôle de régulateur des lacs naturels de la Lombardie.

Il me reste à examiner jusqu'à quel point l'application des nouveaux procédés d'abattage, que j'ai plus spéciale- ment proposés pour la création des alluvions artificielles, pourrait accessoirement donner une solution pratique de cet important problème d'hydraulique agricole.

CHAPITRE IX.

LI.

La question des réservoirs s'est surtout posée chez nous lorsqu'on a songé à développer les irrigations en Algérie. En fait d'ouvrages de ce genre, nous ne possédions en France que quelques petites retenues d'approvisionnement de nos canaux à point de partage, établies dans des conditions de régime trop différentes de celles des cours d'eau torrentiels de nos possessions africaines pour qu'on pût, avec quelque sécurité, les prendre pour types de construction. On a dû chercher des exemples ailleurs.

Les historiens de l'antiquité nous ont transmis de vagues descriptions d'immenses lacs artificiels[1] qui auraient été construits à grands frais de main-d'œuvre par les Assyriens et les Égyptiens. Des voyageurs nous avaient également signalé l'existence de retenues d'eau d'une assez grande importance en divers points de l'Hindoustan. Sans remonter ni si haut ni si loin, on a pensé qu'on trouverait de bons modèles à suivre dans un pays plus rapproché du nôtre, en Espagne, où des renseignements fort peu précis portaient à croire qu'il existait de vastes réservoirs d'approvisionnement dont la tradition faisait remonter l'établissement à l'époque de l'oc-

---

[1] Voir la Note à la fin du volume.

cupation des Maures. Un ingénieur des ponts et chaussées, M. Aymard, fut chargé d'aller étudier la question
sur les lieux, et son rapport de mission, d'ailleurs des
plus intéressants, bien qu'il ait réduit à de fort modestes
proportions l'importance très exagérée que la légende
attribuait à ces travaux d'utilité publique, a été en fait
le guide le plus habituel des ingénieurs qui depuis vingt
ans ont eu à étudier des projets de réservoirs.

M. Aymard a constaté, en premier lieu, que les réservoirs espagnols n'ont pas l'antiquité qu'on leur avait
attribuée. Aucun d'eux ne date du temps des Maures.
Les plus anciens ne remontent qu'au xvie siècle, et les
plus importants sont de construction toute moderne. Ils
sont d'ailleurs très peu nombreux ; on n'en cite pas plus
de six en état de fonctionnement, et encore, dans ce
nombre, a-t-on compté celui de Lozoÿa, qui n'est qu'un
barrage de retenue destiné à relever à un niveau constant les eaux destinées à l'approvisionnement de la ville
de Madrid, et le barrage de Nijar, en Andalousie, de
construction beaucoup trop récente pour qu'on eût pu en
apprécier les mérites à l'époque du voyage de M. Aymard, qui d'ailleurs ne l'a pas visité et n'en a parlé que
par ouï-dire.

Les renseignements fournis par cet ingénieur ne s'ap-
pliquent donc d'une manière précise qu'à quatre réservoirs, dont le plus considérable, celui d'Alicante, n'a
pas un approvisionnement de quatre millions de mètres
cubes; la capacité réunie des trois autres ne paraît pas
dépasser de beaucoup ce chiffre.

C'est bien peu, en somme, et l'on avouera qu'il fallait
un grand optimisme pour voir dans l'exemple des réservoirs espagnols un précédent suffisant pour garantir le

succès de ceux qu'on songeait à établir en Algérie sur une bien plus grande échelle. Une certaine réserve eût été d'autant plus naturelle en cette circonstance que, en regard de ces quatre petits réservoirs qu'il avait vu fonctionner, M. Aymard en citait deux autres qui avaient été rompus, notamment celui de Puentès, dont la rupture, à la fin du siècle dernier, avait causé un immense désastre dont le souvenir légendaire était resté vivant dans le pays.

Tous les réservoirs espagnols, de même que ceux que l'on a essayé de construire en France et en Algérie sur des types analogues, sont des réservoirs-barrages formant retenue en plein lit de rivières torrentielles. Ils sont dès-lors exposés à deux causes principales de destruction : l'envasement, qui les met rapidement hors de service lorsqu'on ne peut y remédier ; la rupture de la digue de retenue, qui, à un moment donné, peut ouvrir issue à une trombe d'eau qui balaye au loin les habitations et les propriétés riveraines sur toute l'étendue de la vallée en aval du barrage.

LII.

Le détail le plus intéressant, celui qui a été le plus remarqué dans le mémoire de M. Aymard, est relatif au moyen, jusqu'alors peu connu, dont on se sert en Espagne pour débarrasser la cuvette de ces réservoirs des vases, qui ne tarderaient pas à l'obstruer rapidement si on ne savait évacuer ces dépôts de temps à autre.

Ce procédé, des plus simples dans la pratique, consiste dans l'établissement, à la base du barrage de retenue, d'une large vanne de vidange dont la brusque ou-

verture détermine une chasse assez puissante pour
entraîner les dépôts et nettoyer jusqu'au vif les parois
rocheuses de la cuvette.

Comme il arrive souvent en pareille occasion, on a
eu le tort de vouloir trop généraliser l'emploi d'une méthode qui donne d'excellents résultats dans certaines
circonstances locales, mais reste inefficace quand les
conditions d'établissement sont différentes.

La brusque ouverture de la bonde d'évacuation rétablissant en partie les conditions normales de l'écoulement des crues du cours d'eau, on comprend qu'elle
doive entraîner la vase et nettoyer le plafond de la cuvette, quand la retenue a été opérée, comme il arrive
aux réservoirs espagnols, par le barrage d'un torrent de
montagnes ayant une inclinaison de talus assez grande
pour qu'aucun dépôt ne puisse s'y fixer à l'état naturel.
Mais quand on veut appliquer le même procédé sur des
vallées plus larges, à fond plat, dans lesquelles, à l'état
naturel, existent déjà des dépôts d'alluvions limoneuses,
on doit également concevoir que l'ouverture de la bonde,
si grande qu'elle soit, équivaudrait-elle à la suppression
momentanée du barrage, ne pourra jamais produire une
chasse plus énergique que celle qui se produisait naturellement avant sa construction, qu'elle reste dès-lors
sans action bien sensible sur les dépôts formés.

La question de l'envasement des grands réservoirs de
retenue subsiste donc comme un inconvénient auquel on
n'a pas encore trouvé moyen de remédier. Je ne crois
pourtant pas que la question soit insoluble. Je pense au
contraire qu'on pourrait, sans de bien grands frais, se
débarrasser de ces dépôts de vase en les soutirant au fur
et à mesure de leur précipitation à l'état de boues fluides,

au maximum de concentration, qui seraient aspirées et rejetées en dehors du barrage par un nombre convenable de bondes de fond s'ouvrant successivement sur une ou plusieurs conduites de vidange.

Mais si l'on peut à la rigueur espérer un remède à l'envasement des réservoirs-barrages, on ne saurait compter en trouver contre la rupture du barrage de retenue, qui, en principe, doit toujours se produire, un jour ou l'autre, sur un cours d'eau torrentiel, d'autant plus terrible dans ses conséquences qu'elle aura été plus longtemps retardée, et coïncidera par suite avec une crue naturellement plus forte en elle-même. Les ingénieurs peuvent sans doute calculer avec toute la rigueur désirable les épaisseurs qu'un barrage de retenue doit avoir pour résister à la pression de l'eau dont il relève le niveau ; mais ce qu'ils ne sauraient jamais garantir, c'est la résistance du barrage à l'action destructive des eaux qui s'écoulent par déversement sur sa crête, quand le réservoir est rempli.

Les maçonneries artificielles qui constituent le barrage, les rochers naturels qui peuvent former le seuil de son radier d'aval, n'offrent jamais qu'une résistance relative à la chute de la nappe d'eau qui tombe sur eux de toute la hauteur du barrage, et dont rien ne permet de délimiter par avance le poids total. De même qu'il n'est blindage de navire qu'on ne puisse défoncer par l'emploi d'un projectile de calibre suffisant, de même il n'est mur ou radier de barrage qui ne doive être tôt ou tard enlevé par le déversement d'une crue torrentielle supérieure à toutes celles qu'on avait pu observer précédemment.

Dans l'historique des réservoirs si peu nombreux, en somme, qui ont été construits en divers pays, on compte, pour ainsi dire, autant de sinistres que d'ouvrages. Ce sont, entre autres :

En France, les ruptures successives des réservoirs du Plessis et de Bertrand, sur le canal du Centre ;

En Angleterre, la rupture du réservoir de Sheffield, d'une contenance de trois millions de mètres cubes, qui a coûté la vie à 250 personnes et détruit 800 maisons ;

En Espagne, la rupture du réservoir de Puentès ou de Soria, d'une capacité de 15 millions de mètres cubes, qui a fait périr 600 personnes et occasionné des dommages évalués à six millions de francs ;

En Algérie, la rupture du barrage de Tabia et les deux ruptures successives du barrage de l'Habra.

Ce dernier barrage a été emporté deux fois en moins de dix ans. La première fois, la crue étant relativement faible, l'inondation produite s'était arrêtée à quelques centaines de mètres du village de Perrégaux, et n'avait occasionné que des dommages matériels de peu d'importance, à raison de l'état à peu près complet d'abandon dans lequel se trouvait alors la vallée inférieure. On peut juger cependant des résultats qui se seraient produits si le pays avait été cultivé et peuplé, par ce fait que les ingénieurs n'ont pas évalué à moins de 200,000 mètres cubes le volume des déblais affouillés et entraînés à l'issue de la brèche, lors de cette première rupture.

Le barrage, ayant été reconstruit plus solidement, a montré plus de résistance. Il a fallu une crue beaucoup plus forte pour l'enlever. L'inondation a été d'autant plus considérable et a balayé les localités que la précédente avait épargnées. Les hommes et les maisons ont

été emportés par centaines ; les chemins de fer de Saïda
et d'Oran ont été détruits ou coupés sur de grandes longueurs. Bien que les détails navrants de ce désastre récent ne soient pas encore parfaitement connus, il est à
espérer que la tradition légendaire s'en perpétuera assez
longtemps dans le pays pour empêcher la reconstruction
d'un ouvrage qui devrait fatalement ramener une troisième catastrophe du même genre.

Après ce nouvel exemple, venant s'ajouter à tant d'autres, il est à espérer qu'il ne se trouvera plus un ingénieur osant proposer l'établissement d'un réservoir-barrage de quelque importance en plein lit de rivière torrentielle. Une complète réserve nous est d'autant plus
imposée à cet égard que les réservoirs de ce genre déjà
construits, indépendamment des affreux dangers qu'ils
présentent, n'ont jamais rendu et ne sauraient rendre
de services en rapport avec les dépenses qu'entraîne leur
construction. Ainsi, pour ne parler que de l'Algérie, le
barrage-réservoir du Sig a été comblé et mis hors de
service au bout de très peu d'années de fonctionnement,
et celui du Chélif avant même d'avoir été utilisé. Quant
au barrage de l'Habra, s'il n'a pas pu se combler
entièrement, ce qui eût été une question de peu de
temps, il n'en a pas pour cela rendu de plus réels services, car le régime des rivières desséchées qui l'alimentent est tel que, si le barrage devait être fatalement
emporté pendant les années pluvieuses, il ne pouvait
emmagasiner aucune réserve sérieuse pendant les années sèches. J'ai eu occasion de le visiter personnellement au mois de mai 1877, à une époque de l'année où
je devais m'attendre à le trouver rempli par les pluies.

L'hiver avait été très sec. La réserve, qui dans l'état de plein aurait été de trente millions, ne dépassait pas six millions de mètres cubes, et cette faible quantité d'eau, répandue sur une grande surface nivelée par les dépôts de limon, était en majeure partie destinée à être absorbée sur place par l'évaporation solaire activée par la réverbération des parois rocheuses qui encaissaient la cuvette du réservoir. Le débit normal des affluents naturels de la retenue étant évalué à 600 litres par seconde, on ne pouvait en donner plus de 800 à l'émissaire de sortie, et encore le gardien m'a-t-il avoué qu'il n'était pas bien sûr de pouvoir garantir pendant plus d'un mois ce faible surcroît de 200 litres par seconde mis à la disposition des usagers

LIII.

Si l'on peut encore parfois songer à transformer en réservoirs d'une petite capacité quelques gorges étroites et profondes, à parois rocheuses, telles que celles qui ont été établies en Espagne pour l'alimentation d'une ville ou de quelques jardins ; si l'on peut, à un autre point de vue, s'essayer à aménager la cuvette de quelques petits lacs naturels perdus dans les hautes régions des Alpes ou des Pyrénées, on ne saurait sérieusement compter sur des travaux de ce genre pour régulariser et ramener à un modèle uniforme le régime torrentiel d'une rivière de quelque importance.

Si l'on veut obtenir ce dernier résultat, ce n'est plus par unités ou dizaines, mais par centaines de millions de mètres cubes qu'on doit calculer la capacité des réservoirs, de manière à pouvoir emmagasiner, non-seulement l'excédant d'une saison pluvieuse moyenne, mais celui d'une saison exceptionnelle, pour le répartir sur plusieurs années de sécheresse successives.

Prenons pour exemple la Neste, dont le débit moyen peut être considéré comme égal à 25 mètres par seconde pour l'année entière, que nous pouvons supposer réparti en trois périodes successives de quatre mois chacune, pendant lesquelles ce débit aurait des valeurs variables de 10, 25 et 40 mètres. Si l'on voulait ramener le régime de cette rivière à un module uniforme et constant de 25 mètres, il faudrait emmagasiner les 15 mètres cubes d'excédant de la saison pluvieuse pour les répartir sur la période équivalente de l'étiage, ce qui exigerait un réservoir de 150 millions de mètres cubes environ. Mais si l'on admet, ce qui n'a rien que de très plausible, que le débit annuel, au lieu d'être constant, puisse varier du simple au double, de 500 à 1,000 millions de mètres, et qu'on veuille l'équilibrer d'une année à l'autre, la quantité à mettre en réserve pourra s'élever à plus de 300 millions de mètres.

Il est évident que, en dehors même des considérations de sécurité publique, qui ne sauraient jamais permettre de s'y arrêter, on devrait nécessairement reculer devant le chiffre énorme de dépenses qu'entraînerait l'exécution d'un ouvrage aussi colossal, dans le système actuellement suivi des barrages-réservoirs en plein lit de vallée.

Nous avons vu dans quelles conditions différentes se présente la solution du problème par le nouveau procédé que j'ai proposé. Le creusement d'un réservoir en déblai d'une capacité de 2 à 300 millions de mètres cubes, devient une entreprise très réalisable dont le prix de

16

revient n'aurait rien d'excessif, alors même que les frais de creusement ne seraient pas couverts, et au-delà, par l'utilisation des déblais pour le limonage et la fertilisation des terrains inférieurs. Établi dans les conditions précédemment indiquées, un pareil réservoir, eût-il 100 mètres et plus de profondeur d'eau, ayant son plafond creusé au-dessous du niveau des vallées les plus voisines, séparé d'elles par des digues de terrain naturel de plusieurs kilomètres d'épaisseur, me paraîtrait offrir des garanties absolues de solidité.

On pourrait d'autant moins conserver de craintes à ce sujet, que les cas de rupture connus des barrages-réservoirs sont moins provenus de l'insuffisante épaisseur des digues ou barrages de retenue que du déversement obligé de l'excédant des grandes crues sur la crête de ces digues. Cet inconvénient disparaîtrait évidemment pour les réservoirs en déblai, qui ne recevraient que l'eau qu'on voudrait y introduire, et que la manœuvre d'une simple vanne suffirait à isoler du cours d'eau alimentaire, avant le moment où l'on pourrait avoir à redouter un débordement.

LIV.

Je ne crois pas opportun d'entrer dans des explications particulières sur les détails de construction que pourra entraîner l'aménagement de semblables réservoirs; ce sont là des questions techniques qui pourront être étudiées en temps et lieu. Il me suffit aujourd'hui d'avoir posé le principe, laissant à qui de droit le soin d'en apprécier la justesse.

La nouvelle application que je propose aujourd'hui de

mes procédés d'abattage est essentiellement distincte de leur utilisation directe et immédiate aux entreprises de fertilisation agricole par les alluvions artificielles ; à cet égard, je ne saurais admettre le doute : du plus au moins, le succès est certain et pourra se réaliser quand on le voudra. La question des réservoirs est beaucoup plus délicate et mérite d'être étudiée avec toute la prudence possible. Je puis me tromper dans mes appréciations ; mais si l'examen approfondi de mon procédé, si quelques essais faits avec sagesse, confirment mes espérances, on peut entrevoir déjà toutes les conséquences qui en résulteraient.

Des réservoirs analogues à celui que j'ai indiqué pour la Neste pourraient être multipliés sur tous les versants de nos grands massifs montagneux, et principalement dans la région des Pyrénées.

On ne saurait estimer à moins d'un million d'hectares la zone des hauts versants supérieurs à la cote 600^m, dont on pourait ainsi aménager les eaux sur toute cette étendue de notre frontière méridionale. Nous avons vu, par l'exemple particulier de la Neste, que les cours d'eau de cette région montagneuse, alimentés par des précipitations exceptionnelles de pluies et de neiges, ont des débits excessivement élevés.

Celui de la Neste en particulier correspond à l'écoulement moyen d'une lame d'eau de 1^m,25 sur toute l'étendue de son bassin. En ne comptant que sur le quart de cette quantité, sur une tranche d'eau moyenne de 0^m,30 à mettre en réserve, on pourrait se procurer un approvisionnement annuel de 3 milliards de mètres cubes d'eau qui, suivant qu'on en régulariserait l'emploi pour une période d'irrigation ou de sécheresse, de quatre à six mois, pourrait assurer des débits uniformes de 2 à 300 mètres cubes par seconde aux dérivations que ces réservoirs alimenteraient.

Pour contenir et faire fonctionner dans les meilleures conditions une réserve pareille, de beaucoup supérieure très certainement à celle dont les lacs des Alpes assurent l'emploi aux plaines lombardes, il suffirait d'affecter à l'usage de ces lacs artificiels une superficie de terrain de très-peu de valeur, ne dépassant pas 3 à 4,000 hectares suivant que la profondeur moyenne des retenues varierait de 100 à 80 mètres.

L'entreprise exigerait comme opération préalable une fouille de 3 à 4 milliards de mètres cubes, triple de celle qui serait nécessaire pour recouvrir le sable des Landes d'une couche uniforme de limons fertilisants de $0^m,10$ d'épaisseur, et ce surcroît de déblais ne trouverait pas ailleurs un emploi moins avantageux pour l'amélioration du sol arable de toute la région sous-pyrénéenne et le comblement des marais et étangs de tout le littoral méditerranéen entre l'embouchure de l'Aude et celle du Tech. Ce serait sans doute une opération de longue haleine qui ne pourrait se terminer en un jour, mais dont les résultats d'amélioration graduelle, s'accroissant d'eux-mêmes progressivement, ne tarderaient pas à faire de toute cette région la contrée du monde la plus favorisée, au double point de vue agricole et industriel, par la fertilité de son sol régénéré, aussi bien que par l'abondance de ses eaux courantes.

LV.

On ne manquera pas sans doute de traiter ce programme de rêve fantastique, et ce n'est pas sans quelque apparence de raison qu'on m'objectera le peu de profit que, dans l'état actuel, les populations retirent des eaux déjà mises à leur disposition sur plusieurs points de notre territoire. Les prises d'eau disponibles sur le canal du Midi et le canal latéral à la Garonne sont peu recherchées par les riverains, et le canal d'irrigation de Saint-Martory, desservant la région moyenne de la vallée de la Garonne, fonctionne depuis plusieurs années déjà sans que les eaux paraissent en être utilisées nulle part.

Cette indifférence apparente avec laquelle beaucoup de populations dédaignent les ressources d'arrosage mises à leur disposition, s'explique par diverses causes dont les principales sont la difficulté de faire pénétrer de nouveaux procédés de culture dans les habitudes d'un pays, et bien plus encore peut-être l'insuffisance de l'irrigation prise comme moyen d'amélioration agricole.

Dans toute la région sous-pyrénéenne, les terres végétales, caillouteuses dans les grandes vallées, argileuses sur les plateaux, souffrent plus du manque de limon et de calcaire que de la sécheresse du climat. L'irrigation leur est moins indispensable que le limonage, bien qu'elles aient à profiter de l'une et l'autre opération.

L'insuccès apparent de la plupart des canaux d'arrosage construits dans ces dernières années ne saurait être d'ailleurs que momentané. Il faudra nécessairement un certain temps pour que l'utilisation des eaux courantes passe dans la pratique industrielle agricole. Pareille chose s'est produite pour les distributions d'eaux urbaines. Il y a cinquante ans, ces distributions n'existaient nulle part. Si quelques rares fontaines se montraient çà et là dans nos principales villes, elles avaient plutôt un but d'ornementation que d'utilité publique. Les usages domestiques n'étaient desservis le plus souvent que par des puits et des citernes, et les administrations municipales qui, les premières, ont pris l'initiative des grands travaux d'alimentation générale, les considéraient comme une lourde charge pour leur budget, sans entrevoir qu'elles pussent jamais donner de rémunération directe.

Les populations s'habituant peu à peu à se servir des ressources mises à leur disposition, il a fallu décupler les ressources primitives des approvisionnements, calculer à raison de 300 litres par tête des distributions prévues à l'origine pour 20 à 30 litres ; et ce n'est pas sans étonnement qu'on a vu le produit sans cesse croissant de la vente des eaux, non-seulement couvrir les frais de premier établissement des travaux, mais constituer une source importante de revenus dans la plupart de nos villes.

Une transformation analogue se produira très certainement dans l'emploi, à la fois industriel et agricole, des eaux courantes si l'on peut un jour les mettre largement à la disposition du public, non-seulement dans la banlieue des grandes villes, comme à Marseille, mais dans les contrées rurales les plus écartées.

Cette nouvelle branche de services publics est donc appelée à prendre une très grande importance. Comme celui des distributions urbaines, l'usage des distributions rurales entrera peu à peu dans nos habitudes. Elles exigeront seulement des quantités d'eau beaucoup plus considérables, que nos rivières ne sauraient fournir dans leurs conditions naturelles de régime, principalement dans les contrées méridionales, sur le littoral de la Méditerranée, dans les vallées de la Garonne et du Rhône, qui demanderont à être desservies les premières. Le problème ne pourra être résolu que si on parvient à régulariser ces conditions intermittentes de régime, ce qui ne pourra avoir lieu que par l'emmagasinement de l'excédant des crues, mis en réserve pour être reporté de la saison pluvieuse à la saison sèche, et parfois d'une année à l'autre.

Les réservoirs-barrages, tels qu'on les a conçus jusqu'à ce jour, sont un moyen aussi inefficace que dangereux. On ne saurait y songer comme solution générale. Il en serait tout autrement des réservoirs en déblai ou d'effondrement, tels que je viens d'en exposer le principe, qui, s'il ne résout pas la difficulté, laisse entrevoir du moins dans quel sens la question doit être étudiée à l'avenir.

LVI.

Si un examen plus attentif du sujet et quelques essais préalables, au besoin, pouvaient amener un jour la généralisation des procédés d'emmagasinement des eaux que j'indique, on aurait à déterminer par des études locales quels seraient les emplacements les plus favorables pour l'installation de ces lacs artificiels, destinés à assurer l'aménagement de nos cours d'eaux torrentiels.

J'ai déjà signalé les ressources inépuisables que les versants pyrénéens pourraient offrir aux régions sous-jacentes. Les conditions d'établissement ne seraient pourtant pas partout aussi avantageuses que sur la Neste. A peu de distance des réservoirs de Lannemezan, aménageant les eaux de cette rivière pour les répartir dans toutes les vallées du Gers et dans la région des Landes qui lui fait suite, on entrevoit déjà la place d'un réservoir analogue sur le plateau d'Ossun, utilisant les eaux du Gave de Lourde pour les distribuer entre les nombreux affluents de l'Adour, sur le territoire des Basses-Pyrénées. Mais, en opposition avec ce double point de divergence, d'où partent deux vallées embrassant dans leur circuit plus de 3 millions d'hectares arrosables, les autres vallées des Pyrénées, principalement la Garonne et ses grands affluents de droite, ont des directions convergentes. La longueur de ligne de faîte drainée serait relativement plus étendue, le volume des eaux disponibles plus considérable ; mais on n'entrevoit plus aussi nettement en quels points les réservoirs d'emmagasinement pourraient être établis, et bien moins comment on pourrait en utiliser avantageusement les eaux. Les emplacements les plus favorables paraîtraient être aux environs du Mas d'Azille pour l'aménagement des eaux du Salat, entre Lavelanet et Belesta pour les eaux de l'Ariège, entre Limoux et Mirepoix pour celles de l'Aude. Mais des études plus attentives seraient indispensables pour préciser nettement la question.

A plus forte raison ne pourrai-je me prononcer encore sur la direction qu'on donnera peut-être, un jour, aux études ayant en vue l'aménagement des innombrables affluents qui rayonnent autour du massif de nos montagnes du Centre.

La question se présentera d'ailleurs bien plus tôt pour les régions du littoral méditerranéen, principalement pour la Provence, à laquelle ne sauraient longtemps suffire les eaux naturelles de la Durance, déjà soumise à de si nombreuses saignées, et qui dans tous les cas ne saurait étendre ses dérivations beaucoup à l'est de Marseille. Pour toute cette région du Var et des Alpes-Maritimes, où les eaux sont d'autant plus appréciées qu'elles sont plus rares, on aura à examiner si l'on ne pourrait pas aménager dans de puissantes réserves celles que les crues du Var laissent aujourd'hui se perdre à la mer en grande abondance.

LVII.

Si la question de l'aménagement et de l'utilisation des eaux courantes paraît appelée à avoir une importance de plus en plus considérable dans la France européenne, combien cette importance ne sera-t-elle pas plus grande encore sur cette France africaine qui nous fait face, au-delà de la Méditerranée, où ce n'est plus par mois, mais par jours et quelquefois par heures que l'on doit compter la durée de ces crues torrentielles si désastreuses, dont il serait si utile de pouvoir capter et utiliser les eaux.

Tout à l'heure je parlais de l'Habra, dont le régime peut être considéré comme type des cours d'eau de la région du Tell, relativement la plus favorisée au point de vue de l'abondance des eaux.

Sur l'emplacement du réservoir-barrage qui vient d'être emporté pour la seconde fois, à l'issue d'un bassin qui n'a pas moins d'un million d'hectares de superficie, l'Habra a un débit d'étiage de 5 à 600 litres au plus, et nous avons vu que pendant tout l'hiver de 1877-78, la saison pluvieuse n'avait pas produit une réserve de plus de 6 millions de mètres cubes. En revanche, une crue comme la dernière fournit en quelques heures un débit qu'on ne saurait évaluer à moins de 200 millions de mètres cubes, volume qui, après tout, ne représente que l'écoulement d'une tranche d'eau superficielle de $0^m,02$ sur toute la surface du bassin.

Si, au lieu d'avoir à traverser un réservoir-barrage de 30 millions de mètres, qu'elles auraient à demi comblé de limons, au cas où elles n'auraient pas rompu leur digue de retenue, ces eaux avaient pu être reçues dans un ou plusieurs réservoirs d'effondrement assez vastes pour les contenir sans déversement, de quelle ressource n'auraient-elles pas été pour l'agriculture locale ? Réparties sur l'intervalle de deux années, elles auraient donné pour chacune d'elles un débit uniforme et constant de plus de 3 mètres à la seconde, qu'on aurait pu porter à 10 mètres en l'affectant plus exclusivement à une saison sèche de culture et d'arrosage de quatre mois seulement.

Ce n'est pas uniquement sur le versant nord du massif algérien, dans la région du Tell, que les réservoirs d'effondrement, si leur installation est reconnue possible, comme je l'espère, seraient appelés à rendre de grands services ; ils ne seraient pas moins utiles sur le versant sud, dans cette première zone du Sahara dont les croupes arides dominent d'immenses étendues de terres d'alluvion que la sécheresse condamne à une éternelle stérilité. Ces contrées déshéritées ne sont pourtant pas complètement privées d'eaux zénithales. Les pluies y sont plus rares sans doute, mais plus abondantes peut-être que dans le Tell. En revenant de Laghouat au mois de mai 1877, je me suis vu pendant la nuit assailli, au caravansérail d'Oued-Segueur, par une averse torrentielle qui a duré pendant plusieurs heures avec une violence

inouïe ; aux lueurs des éclairs, la plaine nous paraissait
au loin couverte d'eau comme une mer sans limites, et
quand, à l'aube, nous avons essayé de reprendre notre
route, la diligence a dû s'arrêter près d'une heure avant
de pouvoir franchir une ravine sans importance changée
en torrent furieux.

Que deviennent ces masses d'eau ? En partie reprises
par l'évaporation, en partie absorbées par un sol desséché, le reste va se perdre dans des marécages sans profondeur ou alimenter au loin, sans grand profit, des nappes artésiennes et, de distance en distance, quelques
maigres sources saumâtres. De quelle utilité ne seraient-
elles pas si l'on pouvait les diriger et les accumuler dans
de vastes et profonds réservoirs !

La solution du problème n'est peut-être pas impossible
et ne paraîtrait même pas devoir entraîner de très fortes
dépenses. J'ai décrit ailleurs[1], autant qu'une exploration
malheureusement trop restreinte du pays m'a permis de
le faire, les conditions géologiques toutes particulières
que j'ai cru remarquer sur la plupart des versants sahariens, principalement dans la province de Constantine.
Ils diffèrent des régions similaires de notre pays par
cette circonstance que l'action dénudatrice, qui, chez
nous, a creusé jusqu'à la roche vive le lit des torrents
des montagnes, n'a pas encore achevé son œuvre dans
le Sahara. D'immenses dépôts de terrains meubles, d'alluvions quaternaires en quelques points, subsistent entre les collines rocheuses des hauts plateaux constituant
de longues vallées presque horizontales, qui s'affaissent
brusquement sur les talus rapides d'un cirque d'effon-

---

[1] *Les Oasis du Sahara algérien.* (Revue des Deux-Mondes, 1881.)

drement ne se déplaçant que très lentement de l'aval
à l'amont, tant est grande la quantité de déblais à produire, relativement à la faible quantité d'eau pluviale
qui doit l'entraîner.

Rien ne serait plus facile que de capter les eaux torrentielles de ces vallées supérieures et de les diriger vers
un centre d'effondrement artificiel, où, au lieu de produire un déblai inutile à l'extérieur, elles seraient employées à creuser une fouille utile à l'intérieur.

L'emplacement de cette fouille une fois choisi, on aurait à lui donner une issue vers l'aval par une galerie de
vidange solidement maçonnée, en avant de laquelle on
ouvrirait un premier puits remontant, dans lequel débou-
cheraient les eaux de crue. En modifiant de temps à autre le point d'arrivée de ces eaux, elles ouvriraient
d'elles-mêmes une poche étroite et profonde dont on
pourrait diriger la forme. Suivant que la proportion de
terre entraînée par les crues successives varierait, par
exemple de 10 à 5 %, il faudrait de dix à vingt ans pour
obtenir une fouille de dimensions suffisantes pour contenir le débit moyen des eaux qu'elle pourrait recevoir
annuellement, et il ne resterait plus qu'à construire des
vannes de vidange échelonnées, pour terminer le réservoir, dont l'approvisionnement serait d'autant plus utile
et durable qu'il aurait une plus grande profondeur et une
moindre surface d'évaporation.

Le procédé d'effondrement ne serait peut-être pas
seulement applicable dans des terrains complètement
meubles. Il pourrait peut-être aussi bien s'adapter dans
les marnes argileuses entremêlées de grès tendre, qui
constituent le terrain crétacé des versants sahariens du
côté de Laghouat, que dans les schistes friables qui se

trouvent en si grande abondance sur les versants septentrionaux du Tell algérien. Dans ce dernier cas seulement, des précautions particulières devraient probablement être prises pour obvier à la perméabilité des parois.

Il va sans dire, toutefois, que je ne garantis rien quant à ce dernier détail. Le procédé d'effondrement, tel que je le propose, me paraît incontestablement bon en principe, et j'espère qu'il sera appelé à rendre de très grands services partout où l'on saura l'appliquer avec discernement. C'est à l'expérience seule qu'il appartiendra de déterminer les limites au-delà desquelles il serait imprudent de l'employer.

C'est donc sous toutes réserves, mais non sans une certaine appréhension, que j'émets cette idée nouvelle. L'occasion m'en a fait rencontrer plusieurs sur mon chemin, dans le cours d'une carrière studieuse qui touche à son terme légal, et j'en suis à me demander si je ne dois pas regretter d'avoir tenté de les mettre en lumière.

Ce n'est pas que je me plaigne outre mesure d'avoir été personnellement tenu à l'écart, pendant que ceux qui avaient surtout méconnu ou tourné en dérision mes idées recevaient ou assumaient mission de les exécuter. Ce qui m'a été le plus pénible, a été de voir les étranges travestissements qu'ont pu leur faire subir ces ouvriers de la dernière heure.

Pour ne citer que deux exemples : la fertilisation des Landes a engendré le colmatage de la Crau ; le Transsaharien a produit la mission Flatters et les chemins de fer du Sénégal, en attendant sans doute bientôt ceux du Gabon.

Dieu sait ce qui adviendrait de ma théorie des taches

solaires, si son sort dépendait sans appel du bon vouloir d'une commission officielle ; mais si le secrétaire de l'Institut dispose, à son gré, de la publicité de ses comptes rendus, son autorité, fort heureusement, ne s'étend pas sur le mouvement des corps célestes. La vérification finale se produira donc à l'époque prochaine que je lui ai assignée. De ce côté, j'ai l'esprit tranquille ; mais je suis moins rassuré, je l'avoue, en ce qui concerne l'application possible de mon nouveau mode de terrassement, et ce n'est pas sans quelque anxiété que je me demande quel triste avorton pourra peut-être bien en sortir.

NOTES ANNEXES

---

1. — Note sur l'action agronomique spéciale des alluvions récentes.

Les alluvions limoneuses à l'état récent jouissent de propriétés agronomiques toutes particulières.

Sans rappeler des types célèbres, sans parler des limons du Nil, il me serait facile de citer des exemples plus rapprochés. Sur les bords de l'Hérault, toutes les fois qu'il a été question de défendre les plaines riveraines dévastées par les crues, j'ai vu les propriétaires déclarer qu'ils aimeraient mieux renoncer à toute amélioration, laisser leurs terres à la merci des inondations qui les ravinent, que d'accepter des travaux qui les priveraient complètement des eaux limoneuses, sans lesquelles leurs terres perdraient une grande partie de leur fertilité.

Même résultat m'a été confirmé sur les rives de l'Aude et du Vidourle. Les plaines riveraines de ce dernier cours d'eau sont endiguées ; mais il est de notoriété publique que lorsque la rivière surmonte ses digues, les terres qu'elle recouvre, sans les raviner, sont améliorées et fumées pour plusieurs années.

Pareille chose se produit partout ailleurs, sur le Rhône par exemple, dont les ségonnaux compris dans le champ de l'inondation, submergés parfois à plusieurs reprises dans le cours d'une même année, ont plus de valeur que les terrains situés au-delà des digues.

On a souvent contesté l'utilité de ces digues, et il est un fait certain, c'est que l'avantage qu'elles ont de mettre les récoltes à l'abri des ravages des inondations est bien inférieur à celui qui résulterait de la construction de canaux de limonage restituant à la terre les limons fécondants dont elle est aujourd'hui privée.

Les canaux de dérivation construits en divers lieux rendent souvent plus de services à ce dernier point de vue qu'à celui de l'irrigation proprement dite, pour laquelle ils ont été construits.

Aux environs de Saragosse, sous le climat brûlant de l'Espagne, j'ai vu, même en été, au mois de juin, utiliser les eaux du canal d'Aragon pour le limonage des terres; et chez nous, dans le Comtat, les propriétaires desservis gratuitement par les eaux claires de l'Isle se sont constitués en syndicat pour aller à grands frais chercher les eaux troubles de la Durance.

Cette action stimulante exercée sur la végétation par les alluvions récentes, est un fait incontestable. On ne saurait l'attribuer aux matières organiques que contiennent ces alluvions. M. de Gasparin a constaté par de nombreuses analyses que la proportion de ces matières organiques était toujours notablement moindre dans les alluvions récentes des rivières que dans la moyenne des terres arables en état de culture; et il est facile de le comprendre. Les alluvions, en effet, proviennent beaucoup moins de terres végétales déjà formées à la surface du sol, que du mélange et de la trituration de matières minérales arrachées par les ravins au sous-sol de terrains géologiques infertiles par eux-mêmes.

C'est donc nécessairement aux éléments minéraux qu'elles contiennent qu'on peut attribuer la valeur spéciale de la plupart des alluvions récentes. On n'en doit pas moins se demander pourquoi les terres riveraines, qui sur une épaisseur indéfinie sont composées des mêmes alluvions, perdent si facilement leur faculté de produire.

La quantité de matières minérales enlevée par une récolte unique, aussi bien que par dix récoltes, est insignifiante par rapport à la masse totale. L'analyse chimique absolue n'indique aucune différence appréciable entre les alluvions anciennes et les couches nouvelles qui les recouvrent après chaque crue. Elles contiennent les unes et les autres la même quantité de calcaire, de potasse, de phosphate, de silice, etc. Si elles agissent si différemment les unes des autres, il faut admettre que le fait du transport et de la trituration a déterminé chez les dernières une transformation physique ou moléculaire qui les rend momentanément plus actives, plus facilement assimilables par la végétation.

La question est des plus intéressantes, et je ne comprends pas qu'elle n'ait pas depuis longtemps été l'objet d'une étude attentive pour les agrologues qui se sont fait une spécialité de l'analyse minérale des sols végétaux. Je ne connais, à cet égard, d'expériences de quelque portée que celles qui ont été faites par M. Daubrée. Examinant la question à un point de vue plutôt géologique qu'agronomique, cet ingénieur a étudié plus spécialement les transformations que le fait mécanique de la trituration par les eaux courantes fait subir aux roches pri-

mitives; c'est ainsi qu'il a, par exemple, démontré ce
fait d'un grand intérêt : que la désagrégation des roches
feldspathiques dans les eaux courantes, non-seulement
produisait de l'argile, mais dissociait une partie des
éléments constitutifs de la roche et mettait en liberté une
forte proportion de potasse.

Mais si la désagrégation des roches primitives peut
parfois entrer pour une certaine part dans les alluvions
naturelles, il est bien évident que, dans le plus grand nombre des cas, ces alluvions proviennent surtout de la trituration de roches sédimentaires ou de dépôts plus ou
moins récents, qui, bien des fois remaniés par les actions
géologiques successives, ont depuis longtemps subi
ce premier phénomène de dissociation constaté par
M. Daubrée, et qui ne saurait se reproduire indéfiniment.

L'action stimulante des alluvions récentes est donc
due à une cause plus générale dont le principe seul
m'était vaguement connu et dont j'avais à essayer de déterminer plus exactement les effets, du moment où tant
d'autres qui auraient pu le faire dans des conditions
infiniment supérieures n'y avaient pas songé.

Je me suis donc livré à quelques expériences personnelles, et ce n'est pas sans quelque hésitation que je
viens en exposer ici les résultats ; car si ces recherches
ont atteint leur but essentiel, en me donnant des indications assez précises sur le mode d'action spécial aux alluvions récentes, elles m'ont amené à cette conséquence
fort inattendue d'appeler mon attention sur une cause
d'erreurs fort importante qui me paraîtrait entacher
les méthodes usuelles d'analyse agricole, dont il est bon
de rappeler le principe.

Sans savoir préciser quelles sont toujours les réactions chimiques, probablement fort complexes, qui se produisent dans le sol et facilitent l'absorption des éléments minéraux par la sève, on admet assez habituellement que ce sont surtout des acides organiques, et plus particulièrement parmi eux l'acide carbonique, qui exercent l'action dissolvante nécessaire pour rendre assimilables des substances minérales qui pour la plupart sont à peu près complètemen insolubles dans l'eau pure.

Partant de ce principe, on a été conduit à supposer que parmi les éléments minéraux du sol, ceux-là seulement pouvaient avec plus ou moins de facilité contribuer à la nutrition végétale, qui étaient directement attaquables et solubles par les acides.

Tous les procédés d'analyse végétale consistent donc en principe à attaquer par un acide plus ou moins énergique un poids de terre déterminé, et à précipiter successivement de la dissolution les divers éléments que l'on veut doser séparément, sans s'inquiéter du résidu insoluble, qui, à tort ou à raison, est considéré comme devant rester réfractaire à toutes les réactions chimiques qui peuvent se produire dans le sol, et par suite comme entièrement indifférent au point de vue du développement de la végétation.

Cette méthode est loin d'être rigoureusement exacte. D'une part, les agrologues les plus distingués, M. de Gasparin entre autres, admettent parfaitement que le résidu inattaquable dans le laboratoire par les acides les plus concentrés, n'est pourtant pas complètement inerte, qu'il est très souvent indispensable d'en tenir compte

pour expliquer la présence abondante dans les tissus végétaux de substances telles que la potasse ou la chaux,
dont la dissolution par les acides n'indiquait aucune
trace. D'autre part, il n'est pas moins évident qu'on ne
saurait, même approximativement, établir une analogie
quelconque entre les acides dont on se sert dans les la-
boratoires et ceux qui agissent dans le sol. Telle substance
qui se dissout aisément dans l'acide chlorhydrique ou
l'eau régale résisterait indéfiniment à l'acide carbonique,
si son action particulière n'était pas facilitée par des affi-
nités particulières qui se produisent dans le sol et qui
pour la plupart échappent à nos moyens d'investiga-
tion.

Enfin, les résultats obtenus doivent varier d'un laboratoire à l'autre, non-seulement d'après l'énergie très
différente des acides employés, mais suivant tel détail particulier d'opération, en apparence très indifférent, et qui,
comme nous allons le voir, peut avoir cependant une
très grande influence finale.

Par ces diverses causes, on comprend déjà que l'analyse chimique appliquée à la détermination du sol végétal ne peut donner des résultats absolus, mais uniquement des résultats relatifs, comparables d'un sol à l'autre,
lorsqu'ils ont été obtenus par un même opérateur et dans
des conditions identiques d'expériences.

Réduite à ces proportions, l'analyse végétale, lorsqu'elle
doit porter sur des éléments minéraux réduits parfois à
des quantités infinitésimales, comme il arrive d'ordinaire
pour les substances les plus essentielles telles que l'acide
phosphorique ou la potasse, n'en constitue pas moins
une opération très délicate, qui exige de la part de ceux

qui s'en occupent, en même temps que des connaissances chimiques étendues, une pratique de laboratoire et une dextérité de main qui me font complètement défaut.

Si j'avais été assez heureux pour que le savant Directeur du laboratoire de l'école des Ponts et Chaussées voulût bien se charger d'analyser tous les échantillons de terres et de marnes que je croyais utile de lui soumettre, je ne pouvais espérer qu'il voudrait bien, à distance, suivre dans toutes leurs phases de développement les transformations parfois insaisissables que la nature des recherches que j'allais entreprendre pourrait déterminer successivement dans la composition chimique, en apparence toujours identique, d'un même échantillon minéral.

Je ne me dissimulais pas mon insuffisance personnelle à traiter la question dans tous ses détails, et je n'aurais pas abordé ces expériences si j'avais cru devoir y chercher autre chose que la démonstration d'une idée préconçue ; la plus grande solubilité relative que je m'attendais à voir se produire dans un même mélange minéral, à mesure qu'il serait soumis à un battage plus longtemps prolongé au contact de l'eau.

J'ai fait porter mes expériences sur un échantillon moyen résultant d'un mélange aussi intime que possible de divers échantillons distincts recueillis tant à la surface du sol que dans la profondeur des fouilles que j'avais fait opérer en divers points de la grande formation miocène des argiles du plateau de Lannemezan.

Je renfermai une partie de ce mélange avec de l'eau distillée dans une boîte en fer-blanc qui fut adaptée au montant d'une scie mécanique et soumise à un battage énergique pendant deux jours consécutifs.

Un premier examen superficiel me parut d'abord confirmer mes prévisions. Les eaux filtrées provenant du battage ne me donnaient pas, il est vrai, cette réaction alcaline constatée par M. Daubrée dans la trituration des roches primitives ; mais elles étaient incomparablement plus chargées de sels que celle dans laquelle on avait simplement délayé le terrain naturel. Les terres battues me paraissaient en outre relativement beaucoup plus solubles dans un même acide, et c'est avec une confiance complète que je me préparai à chiffrer numériquement des résultats que je croyais certains.

Pour rendre mes opérations plus comparables, je crus devoir d'abord ramener au même degré de siccité les deux groupes distincts d'échantillons de terres battues et non battues, de manière à être certain de pouvoir toujours opérer sur des poids égaux de matière sèche pour chacun d'eux. Les échantillons ainsi préparés, je les ai soumis comparativement à l'action d'un acide étendu d'une part, de l'eau régale de l'autre, en précipitant successivement chacune des dissolutions obtenues par l'ammoniaque en excès d'abord et par l'oxalate d'ammoniaque ensuite.

Je ne fus pas peu surpris, quand on m'apporta les résultats, de voir qu'ils étaient tout différents de ceux que j'attendais : les précipités donnés par les terres battues étaient respectivement plus faibles que ceux des terres non battues.

Je crus dès l'abord à quelque erreur grossière de la part de l'agent peu expérimenté auquel j'avais confié ces opérations, et je fis recommencer entièrement l'expérience, me proposant de la suivre moi-même d'un peu plus près. Je ne tardai pourtant pas à réfléchir que le fait dont je voulais mettre la cause en lumière, l'action stimulante exercée par les alluvions récentes, n'avait rien de nécessairement permanent ; qu'il pouvait parfaitement se faire au contraire que cette propriété accidentellement produite par le battage fût annihilée ou modifiée par le fait de la dessiccation plus ou moins complète à laquelle j'avais soumis mes échantillons. Il y avait là un élément essentiel dont il était nécessaire de tenir compte, et c'est à quoi je m'efforçai dans cette nouvelle voie de recherches.

La quantité de matière minérale sur laquelle j'opérai cette fois ayant été fixée à 400 grammes, je commençai à la faire digérer assez longtemps dans de l'eau distillée et la passai ensuite sur un filtre. Le liquide évaporé me donna un poids de $0^{gr},80$ pour la quantité totale de sels solubles existant dans le terrain naturel.

L'échantillon ainsi lavé fut mis dans la boîte de fer-blanc et soumis à un battage de quarante-huit heures, après lequel on le filtra de nouveau. Le liquide soumis à l'évaporation me donna un résidu de $1^{gr},10$ de sels qui avaient été dégagés par le fait du battage, et qui pouvaient être considérés comme un premier élément d'une assimilation incontestable, puisqu'il se trouvait soluble dans l'eau pure.

Le limon, ayant été dégagé du filtre encore à l'état pâteux, fut malaxé de manière à le rendre aussi homogène que possible, et subdivisé en une série de petits échantillons distincts de même poids, destinés à être traités séparément par comparaison avec d'autres échantillons pris dans la terre qui n'avait pas été soumise au battage, mais simplement délayée dans l'eau distillée et passée au filtre pour la ramener à l'état pâteux.

Les échantillons ainsi préparés furent soumis à deux séries d'expériences portant, pour chacune d'elles, sur trois couples des deux groupes d'échantillons ramenés au même état de dessiccation relative, savoir : 1° l'état pâteux ; 2° une dessiccation incomplète à l'air libre du laboratoire, autant que possible sous l'influence des rayons solaires, à une température n'ayant pas dépassé 20° ; 3° une dessiccation complète sur un réchaud, à une température pouvant atteindre environ 100°.

Dans la première série d'opérations, les trois échantillons de chaque groupe furent traités par un même poids d'acide chlorhydrique étendu de dix fois son poids d'eau.

Dans la seconde série, l'attaque eut lieu avec un même poids d'eau régale en excès.

Enfin, dans chaque opération, les échantillons correspondants des deux groupes furent précipités par l'ammoniaque en excès qui séparait plus particulièrement le fer, l'alumine, les phosphates, et la magnésie ; et ensuite par l'oxalate d'ammoniaque qui isolait la chaux.

Le tableau ci-contre indique les résultats comparatifs de ces diverses opérations, se rapportant à très peu près, comme on le voit, à un même poids initial de matière sèche.

Dans la première série d'expériences, les quantités de substances solubles indiquées par le poids des précipités ont été respectivement un peu plus forts pour la terre battue que pour la terre naturelle ; mais des deux parts cette proportion de substances solubles s'est très notablement réduite suivant le degré de dessiccation ; la réduction a été de 1/3 pour les deux groupes, entre la terre à l'état pâteux et celle qui avait été soumise à une température de 100°.

ÉTAT DES ÉCHANTILLONS	TERRES BATTUES				TERRES NON BATTUES			
	RÉSIDU insoluble	PRÉCIPITÉS		TOTAL	RÉSIDU insoluble	PRÉCIPITÉS		TOTAL
		par L'AMMONIAQUE	par l'oxalate D'AMMONIAQUE			par L'AMMONIAQUE	par l'oxalate D'AMMONIAQUE	
1° Soluble dans l'eau pure...	»	»	»	0.2	»	»	»	0.5
2° Acide faible......								
État pâteux,......	92.00	2.25	4.40	6.65	95.00	1.25	4.50	5.75
Dessiccation incomplète......	94.00	1.15	3.70	4.85	95.50	1.25	3.00	4.25
— complète......	95.00	1 00	3.50	4.50	95.80	1.00	2.50	3.50
3° Eau régale......								
État pâteux......	90	1.70	7.40	9.10	85.20	5.70	9.10	14.80
Dessiccation incomplète......	92.30	1.60	6.10	7.70	86.50	5.50	8.00	13.50
— complète.	93.50	1.40	5.20	6.60	90.00	2.50	7.00	9.50

Dans la seconde série d'expériences correspondant à l'attaque par l'eau régale, la proportion de substances dissoutes a été au contraire notablement plus forte pour la terre naturelle que pour la terre battue, et elle a de même progressivement diminué suivant le plus grand état de dessiccation. La réduction a encore été moyennement de 1/3 environ entre les deux termes extrêmes.

Dans les deux séries d'expériences, la réduction de solubilité a également porté sur la partie calcaire accusée pour l'oxalate d'ammoniaque et sur la partie ferrugineuse indiquée par l'ammoniaque.

Autant qu'on peut résumer les résultats de ces expériences au point de vue spécial que nous avons à traiter, et sans que je veuille donner à ces appréciations plus d'importance que n'en comportent les procédés imparfaits d'analyse dont je me suis servi, je crois qu'on pourrait conclure que le fait du battage des éléments argilo-siliceux, tels que ceux sur lesquels j'ai opéré, a pour effet de modifier l'état moléculaire du mélange de manière à le rendre un peu plus attaquable par les acides faibles, moins attaquable au contraire par l'eau régale ; mais que dans tous les cas cette solubilité relative est très notablement réduite par le fait de la dessiccation.

Pour bien apprécier l'influence réelle que ces diverses modifications de solubilité des substances minérales peuvent exercer sur la végétation, il serait sans doute utile de distinguer comment cette solubilité varie pour chacune d'elles en particulier, notamment les plus importantes, telles que l'acide phosphorique et la potasse. Cette distinction était tout à fait en dehors de mes moyens d'analyse toutefois, me bornant à l'ensemble, je me crois fondé à

dire que l'action du battage a pour effet d'augmenter notablement les proportions de substances immédiatement
assimilables, caractérisées par la solubilité directe dans
l'eau distillée et dans les acides faibles ; mais que cette
propriété n'a rien de permanent, qu'elle s'affaiblit très
rapidement par le fait de la dessiccation naturelle à l'air
libre, et qu'il est dès-lors très naturel de comprendre
qu'elle puisse disparaître complètement en peu d'années,
dans les alluvions.

Au premier abord, il peut paraître étrange que la réduction de solubilité provenant de la dessiccation se soit trouvée
à peu près la même dans les terres non battues que dans
les terres battues. Cette circonstance tendrait à faire croire
que le battage n'a pas eu d'effet sensible à cet égard. Cette
anomalie apparente s'explique par ce fait que l'échantillon
sur lequel j'ai opéré provenait en grande partie de terres
recueillies dans des fouilles profondes, naturellement
humides, qui n'avaient jamais été soumises à une dessiccation, et avaient dû conserver intacte leur faculté de solubilité, telle qu'elle était résultée du battage initial qui avait
accompagné leur ancien dépôt géologique. En d'autres
termes, on doit admettre que si le coefficient de solubilité
relative résultant d'un battage diminue très rapidement
par le fait de la dessiccation, il se maintient au contraire
indéfiniment dans les terres battues qui conservent leur
humidité initiale, sans dessiccation à l'air libre. Les terres
de sous-sol sur lesquelles j'ai surtout opéré se sont donc,
en fait, comportées comme des terres battues ayant
conservé toute leur solubilité primitive.

Les différences constatées dans les deux groupes
d'échantillons proviennent donc moins d'un accroisse-

ment de solubilité générale résultant du battage, que
d'une transformation chimique opérée dans une partie
des substances battues. Si j'avais opéré sur un seul
échantillon parfaitement homogène de terres de sous-
sol, il est probable que le battage serait resté sans
effet, puisqu'il n'aurait fait que reproduire une action
mécanique antérieure, dont les effets s'étaient maintenus.
Mais j'ai opéré sur un mélange d'échantillons divers
ayant une composition chimique un peu différente,
entre lesquels ont dû nécessairement se produire des
réactions tendant à produire les composés les plus
stables ; et c'est ainsi qu'on peut comprendre que la
masse modifiée, tout en contenant une certaine proportion de sels naturellement solubles dans l'eau ou les
acides faibles, se soit trouvée, en somme, moins attaquable par les acides énergiques. Dans la série d'expériences relatives à l'attaque par l'eau régale, le surcroît de
solubilité des terres non battues a été surtout sensible
pour le précipité par l'ammoniaque, qui correspond aux
oxydes minéraux qui peuvent jouer le rôle d'acides. Il
n'en est pas moins nettement marqué pour le précipité
par l'oxalate, qui ne s'applique qu'à la chaux. De ce
double fait, et du dernier surtout, on doit donc conclure
que le battage, en favorisant de nouvelles combinaisons
chimiques, a eu pour résultat de rendre complètement
insoluble une partie de la chaux primitivement soluble.

Je n'ai aucune donnée assez positive pour pouvoir
préciser les réactions chimiques qui provenant, soit du
battage, soit de la dessiccation, modifient si profondément
le caractère de solubilité des substances minérales. Je
serais pourtant porté à l'attribuer surtout à l'action de
la silice et peut-être de la magnésie.

Dans l'action du battage, la silice agirait surtout en constituant avec la chaux et la magnésie, libres ou combinées, des compositions instables, des composés fixes et inattaquables, analogues à ceux qui se produisent dans les mortiers hydrauliques.

Dans le fait de la dessiccation, ce serait encore la silice qui agirait, mais d'une autre manière, en perdant son état gélatineux qui la rendait attaquable, soit à l'état de liberté, soit à l'état de combinaison plus ou moins complexe.

Si incomplètes que puissent être dans leurs détails d'analyse les recherches expérimentales dont je viens de rendre compte, elles n'en ont pas moins eu un double résultat. En premier lieu, elles m'ont conduit à cette conclusion, accessoire sans doute, mais fort inattendue, que les méthodes d'analyse des terres végétales dont on se sert habituellement, pourraient bien être entachées d'une cause d'incertitude trop peu remarquée, qui, suivant que l'on pousserait plus ou moins loin la dessiccation préalable des échantillons dans le laboratoire, ferait varier de plus d'un tiers la quantité de matières minérales dont il importe de constater l'existence. En second lieu, et c'est là pour moi le point essentiel, il me paraîtrait possible de préciser le caractère particulier des alluvions récentes. L'action stimulante, incontestable, qu'elles exercent sur la végétation, ne résulterait pas, comme je l'avais préjugé de prime-abord, d'un surcroît de solubilité générale provenant de l'action mécanique du battage dans les eaux courantes. Si la masse minérale transportée était complétement homogène, la composition chimique et, par suite, la solubilité, ne changeraient

probablement pas. Mais lorsque cette masse est formée
du mélange d'éléments minéralogiques de nature plus
ou moins différente, le fait du transport, en renouvelant
incessamment les surfaces de contact, a pour résultat de
déterminer des réactions chimiques en vertu desquelles
les composés minéraux se modifient jusqu'à ce qu'ils
aient atteint leur forme de plus grande stabilité.

La solubité générale dans les acides n'augmente pas,
elle peut même diminuer, comme dans les échantillons
sur lesquels j'ai opéré ; mais la solubilité relative peut
être notablement modifiée. Certains composés deviennent
plus inattaquables, plus réfractaires ; d'autres au contraire deviennent plus solubles, non-seulement dans les
acides faibles, mais en partie dans l'eau pure. C'est la
proportion de ces matières rendues immédiatement assimilables qui déterminerait seule l'action fécondante des
alluvions récentes. Cette action fécondante sera, toutes
choses égales d'ailleurs, d'autant plus énergique que les
éléments minéraux de l'alluvion seront originairement
plus différents et donneront lieu à des réactions chimiques plus nombreuses. Le résultat final pourra paraître
le même à l'analyse chimique et être cependant très
différent, suivant que, par le fait de cette inégalité des
réactions produites par le transport, une partie plus ou
moins grande des composés minéraux aura été amenée
à cet état de solution facile qui les rend immédiatement
assimilables.

Envisagée à ce point de vue, l'analyse exacte d'un sol
végétal présente des difficultés analogues à celles des
composés organiques. C'est moins la proportion absolue
des minéraux que leur agencement relatif qui détermine
les propriétés réelles de la terre analysée.

Cette action stimulante des alluvions récentes a en outre
ce caractère particulier de n'avoir rien de durable et
de s'annihiler assez rapidement par le fait de la dessiccation.

Ainsi me paraîtraient pouvoir s'expliquer les anomalies
si souvent signalées dans les terres d'alluvions, qui sont
éminemment fertiles lorsqu'elles sont fréquemment régénérées par de nouveaux apports, qui s'épuisent très rapidement lorsqu'elles en sont privées.

La conclusion la plus immédiate qu'on pourrait tirer
de cette théorie serait de nous mettre en garde contre
les avantages prétendus des digues longitudinales, qui,
sous le prétexte de mettre les récoltes à l'abri des inondations, privent les terres riveraines du renouvellement
périodique de leurs éléments de fécondité.

S'il peut être utile de se prémunir contre les inconvénients des submersions intempestives, il importe bien
plus encore de ne pas les rendre à tout jamais impossibles.

La faute a été commise, et je ne suis pas le premier à
la signaler, sur le bas-Rhône, dont les rives ont été endiguées, Dieu sait à quel prix! et au grand détriment de
la fertilité du pays. Quelques grands propriétaires y sup-
pléent de leur mieux par des roubines ou canaux de dérivation qui leur rendent le bénéfice des eaux troubles en
temps de crue ; et l'état de supériorité des domaines qui
peuvent et savent utiliser ces dérivations particulières ne
fait que rendre plus saisissant le contraste offert par les
terres bien plus nombreuses qui en sont privées.

Le complément obligé d'un endiguement longitudinal
sur les rives d'un cours d'eau torrentiel devrait donc
être la construction de dérivations latérales en nombre

suffisant pour permettre la submersion facultative de tout
le périmètre protégé par les digues.

Mais ce n'est pas le moment d'insister sur ce point. Je
n'ai pas à traiter ici la question des alluvions naturelles,
mais bien à établir nettement le caractère réel des alluvions artificielles.

Je ne me dissimule pas combien pourront paraître
incertaines et hypothétiques les bases de la théorie que
je viens d'exposer, et les inductions que j'ai cru pouvoir
tirer d'un nombre insuffisant d'expériences n'ayant porté
que sur un seul échantillon minéral. J'aurais tenu à
pouvoir reprendre mes recherches dans des conditions
plus variées, à les continuer principalement sur des
limons naturels examinés successivement à divers états
de dessiccation.

J'ai donc songé à étudier comparativement les limons
de l'Hérault que j'avais sous la main. Malheureusement,
cette rivière n'a pas débordé de tout l'hiver. Les alluvions
plus ou moins récentes que je pouvais recueillir sur les
terres riveraines, avaient toutes été soumises à des
phénomènes de dessiccation et d'imbibition successives
pendant une année au moins, et j'ai dû me contenter,
comme limon frais, d'un échantillon de sable vaseux
déposé par une petite crue récente dans une anse de la
rivière, où il était resté sous l'eau depuis le jour de son
dépôt.

Traité successivement par l'acide faible et par l'eau
régale, à divers degrés de dessiccation, cet échantillon m'a
donné les résultats suivants :

NATURE DES OPÉRATIONS	RÉSIDU insoluble	POIDS DES PRÉCIPITÉS	
		par L'AMMONIAQUE	par l'oxalate D'AMMONIAQUE
1° Acide faible............			
État pâteux...............	11.00	0.072	0.60
Après dessiccation faible.....	11.11	0.065	0.56
— complète..	11.20	0.062	0.50
2° Eau régale.............			
État pâteux...............	9.2	0.50	2.60
Dessiccation faible..........	9.38	0.42	2.20
— complète........	9.44	0.39	2.25

Le limon avait été préalablement lavé pour en séparer les fibres végétales et filtré après. C'est de la masse détachée du filtre et malaxée pour la rendre homogène, qu'avaient été distraits les six échantillons, pesant 20^{gr} chacun à l'état pâteux.

L'élément calcaire étant beaucoup plus abondant dans ce limon que dans les argiles de Lannemezan, les proportions de substances dissoutes ont été respectivement plus fortes ; mais on voit toujours se continuer la même loi de réduction dans la solubilité, diminuant à mesure que la dessiccation augmente.

J'ai tenu du reste à mesurer directement l'influence probable que la transformation progressive de la silice gélatineuse pouvait avoir sur ce phénomène. Une nouvelle série de trois échantillons, d'un poids égal de 20 gram. à l'état pâteux, a été traitée à des degrés de dessiccation différents, non plus par des acides, mais par une dissolution

18

de potasse caustique, et la liqueur filtrée précipitée par l'acide chlorhydrique. Le résidu rapproché par l'ébullition m'a donné les poids ci après :

État pâteux, poids de silice............	0^{gr} 15
Dessiccation faible.................	0 08
— complète.............	traces.

Ces quantités sont assez faibles, mais elles se trouvent en rapport direct avec les réductions de solubilité précédemment signalées et me paraissent de nature à confirmer mon hypothèse sur le rôle essentiel que la transformation de la silice gélatineuse en silice insoluble doit avoir sur la difféérence d'action agronomique dont jouissent les alluvions, suivant qu'elles sont récentes ou ont été soumises à une dessiccation plus ou moins complète.

Prenons pour exemple le cas particulier des alluvions de l'Hérault. La différence de solubilité entre l'état pâteux et l'état de dessiccation complète est de 0^{gr},2 pour un poids total de 12 grammes de limon sec, soit environ 0,018. En d'autres termes, 1 kilogram. de limon (rapporté à l'état sec) peut être considéré comme apportant avec lui un poids de 18 gram. de substances immédiatement solubles et assimilables. Si l'on admet le dépôt d'une couche d'alluvion de 3^{mm}, représentant un poids de limon de 5 kilogram. par mètre carré, l'effet produit correspondra par hectare à un poids de 900 kilogram. de substances salines, immédiatement solubles dans les acides faibles et par suite assimilables, qui représentent largement la quantité totale d'engrais minéral que peuvent absorber trois récoltes successives. On restera très certainement en dessous de la réalité en estimant à 10 fr. les 100 kilogram. la moyenne de ces sels, car on sait qu'à ce prix on ne trouve guère dans le commerce d'engrais minéraux réputés solubles ou assimilables de quelque valeur réelle, pouvant donner un effet approchant de celui d'une importation de 50,000 kilogram. ou de 30^{mc} de limon frais.

Sur ces bases très modérées, le limon frais de l'Hérault ne devrait pas être estimé par le propriétaire qui saurait en tirer tout le parti possible, à moins de 3 francs le mètre cube.

En nous reportant au tableau des limons artificiels, on voit que leur coefficient de solubilité est au moins égal, s'il n'est supérieur, à celui des limons de l'Hérault.

En se basant sur une production annuelle de 10 millions de mètres, ou 15 millions de tonnes d'alluvion artificielles que pourrait produire le canal de fertilisation des Landes, on ne saurait donc estimer à moins de 300,000 tonnes la quantité de sels minéraux assimilables qui seraient livrés à l'agriculture, à moins de 30 millions de francs la valeur vénale réelle de ces alluvions, en ne les considérant que comme un simple amendement apportant avec lui une fumure passagère sur un sol déjà formé, sans tenir compte de la valeur bien plus considérable qu'aurait cette alluvion en concourant par sa masse totale à la constitution même d'un sol végétal sur la région sablonneuse des Landes qui est dépourvue de tout limon.

Après avoir fonctionné pendant un temps plus ou moins long comme canal de colmatage, pour constituer à la surface du sol toute l'épaisseur de terre végétale physiquement nécessaire pour assurer la fertilité du pays, le canal de limonage pourrait encore servir à maintenir la fécondité de ce sol en lui fournissant à l'état de limon

frais tout l'engrais minéral dont il aurait besoin. Rapportée à une étendue totale d'un million d'hectares, une
fabrication annuelle de 10 millions de mètres de limon
répondrait précisément, en effet, à la répartition moyenne
d'un cube de 10 mètres d'alluvion fécondante par hectare, apportant avec elle les 300 kilogram. de sels minéraux assimilables qui représentent l'équivalent d'une
bonne récolte annuelle dans les meilleures terres.

II. — Valeur agronomique des terres végétales artificielles à créer à la surface des Landes.

Les explications de la note précédente sur la théorie chimique des alluvions récentes simplifieront celles que j'ai à donner sur la valeur agronomique de la terre végétale projetée sur la surface des Landes.

Avant d'aborder ce sujet, il est nécessaire de rappeler certaines définitions et certains caractères des terres végétales que j'emprunterai surtout à l'intéressant *Traité des terres arables*, de M. de Gasparin.

La terre végétale est, comme je l'ai déjà dit, un mélange de sable et de limon. Les qualités physiques et chimiques dépendent des proportions relatives et de la nature de ces deux grandes composantes.

Pour mieux préciser les définitions, admettons d'abord, ce qui est le cas le plus ordinaire, que le limon soit argilo-siliceux, ne contenant qu'une faible proportion de calcaire.

Si la proportion des limons est inférieure au tiers du volume du sol[1], fraction qui représente à peu près les vides du sable pur, la terre végétale péchera par insuf-

---

[1] Cette fraction est à peu près celle qui correspond à la fabrication du béton, dans laquelle on mélange un volume de mortier à deux volumes de galets. En fait, les expressions de rapport de cette nature peuvent, ou, pour mieux dire, doivent varier avec l'unité à laquelle on les rapporte. Le vide d'un volume de sable égal à l'unité est assez exactement de 0,41. Cette fraction représenterait donc la proportion en vo-

fisance de limon ; elle sera *discontinue, sablonneuse et légère*. Si la proportion de limon est supérieure à un tiers, la terre végétale est *continue ;* elle est en outre qualifiée de *franche* ou de *compacte*, suivant que cette proportion de limon varie du tiers à la moitié, de la moitié aux deux tiers. Au-delà d'une proportion de deux tiers de limon argileux, la terre devient trop compacte et rentre dans la catégorie des argiles pures, que M. de Gasparin considère comme impropres à la culture régulière. Ce serait le cas des limons purs de la Durance dont j'ai parlé précédemment, tels qu'on les retrouve dans les bassins de décantation du canal de Mareille, et qu'il est question d'apporter à grands frais sur la Crau.

Ces désignations générales, si nettes et si précises dans leurs rapports avec leur acception habituelle, deviennent beaucoup moins simples quand l'élément calcaire intervient pour une proportion notable dans le limon.

Le limon, exclusivement calcaire, qui constitue la craie de Champagne et le terrain de certains paluds de la Provence et du Languedoc, est, en fait, une terre légère, quoiqu'il ne contienne pas de sable. Le mélange en proportions variables de l'argile et du calcaire dans le limon donne au sol des propriétés toutes particulières, qui rendent assez difficile de le rapporter aux catégories précédentes.

L'impossibilité d'une classification unique devient en-

---

lume de limons à incorporer au sable pour remplir exactement les vides et produire une complète *continuité* dans le sol. Mais, si l'on établit la proportion en poids, en admettant, comme le fait M. de Gasparin, ce qui est peut-être un peu arbitraire et souvent inexact, que le limon et le sable ont même composition chimique et même densité, la proportion en poids du limon par rapport à l'argile sera égale à $\frac{0,41}{1,41} = 0,29.$

core plus grande si l'on veut tenir compte d'une troisième composante qui se retrouve en plus ou moins grande abondance dans tous les sols végétaux : c'est le mélange en proportion variable du sesquioxyde de fer et de l'alumine, qui joue un rôle très important, plutôt physique que chimique, dans le phénomène de la végétation, par la propriété qu'il paraît avoir d'attirer à lui et de condenser, par une sorte d'affinité naturelle, la potasse, les phosphates, et probablement aussi une certaine partie des substances organiques.

Je m'étendrai d'autant moins sur cette classification des sols végétaux, très complexe quand on veut les ramener à une nomenclature unique, que je n'ai point, dans ce qui va suivre, à discuter les avantages ou les inconvénients d'un grand nombre de terrains différents, mais à déterminer quelle composition préférable il sera avantageux de donner au nouveau sol des Landes, dans la limite du possible, en usant au mieux du résultat, des éléments minéraux dont je puis disposer.

Si l'on se reporte, en effet, à la description que j'ai donnée des gisements qui peuvent me fournir ces éléments, on voit que je pourrais à volonté obtenir, soit un limon presque exclusivement calcaire en l'empruntant à la désagrégation des marnes crétacées, soit un limon argilo-siliceux en attaquant de préférence les argiles du terrain miocène.

Entre ces deux termes extrêmes, le choix ne saurait être douteux, car si d'une part l'attaque des argiles est plus facile et d'un succès plus certain que celle des marnes, à prix de revient égal un terrain argilo-siliceux convenablement pondéré est en outre, de l'avis de tous les agronomes, celui qui présente le plus d'avantages à l'agriculture.

« Les terres silico-argileuses, quand elles sont situées sous un climat tempéré, sont le triomphe de l'agriculture. Elles acceptent et conservent tous les engrais et tous les amendements, et ne déjouent pas à chaque instant, comme les sols argilo-calcaires, les plans agricoles les mieux combinés. Quand elles contiennent de 2 à 5 % de carbonate de chaux, elles n'ont rien à envier aux sols calcaires pour la prospérité des fourrages légumineux, et peuvent porter, à l'aide de riches fumures, des récoltes de blé de 40 hectolitres par hectare. Le danger de ces terrains est dans leur peu de perméabilité, si le sous-sol est argileux.» (De Gasparin, *Traité des terres arables*, p. 37.)

Une autorité si compétente a d'autant plus de poids que, par la nature du sous-sol, qui restera forcément sablonneux dans les Landes, nous nous trouverons à l'abri du seul inconvénient d'imperméabilité, signalé par M. de Gasparin dans les terres argilo-siliceuses.

Le sol des Landes sera donc argilo-siliceux et rentrera dès-lors dans la catégorie des terres continues et franches, dont on pourra à volonté accroître ou diminuer la compacité en augmentant l'épaisseur de la couche de limon, ou en y incorporant une plus grande profondeur de sable. L'expérience prononcera à cet égard ; mais je crois qu'on restera dans de larges limites d'appréciation favorable en admettant qu'une épaisseur de limon de $0^m,10$ sera suffisante au début pour constituer une première couche de terre arable qui aura de $0^m,30$ à $0^m,25$ de profondeur, suivant que la proportion de limon devra varier de moitié au tiers du volume total.

Cette prévision première, résultant uniquement des caractères physiques, doit pouvoir se vérifier en étudiant la valeur agronomique d'un mélange de ce genre dans ses éléments minéraux, tels que les indique l'analyse chimique, par comparaison avec des terres végétales analogues de valeur et de propriétés bien connues.

Nous avons vu, dans la note précédente, ce qu'on doit penser au juste de l'analyse chimique appliquée à la détermination des terres végétales. Les résultats qu'elle indique peuvent être parfois très différents, suivant la nature variable des procédés d'analyse dont on se sert; ils ne sauraient d'ailleurs avoir jamais rien d'absolu, puisqu'il ne font entrer en ligne qu'une portion du sol végétal arbitrairement déterminée, celle qui est attaquée et dissoute par un acide énergique.

Mon intention première avait été de grouper dans un même tableau le plus grand nombre possible de résultats d'analyse complets et certains, s'appliquant à une très grande variété de sols de valeur vénale bien connue. J'ai cru devoir y renoncer, tant par la difficulté de trouver aussi facilement que je l'avais supposé des analyses de ce genre s'appliquant à des types de sols bien définis, que par l'inconvénient que j'aurais vu à mettre en regard des résultats obtenus par des méthodes d'analyse probablement très différentes.

Pour qu'on puisse tirer des conclusions précises d'une comparaison de ce genre, il est indispensable qu'elle porte sur des chiffres obtenus dans des conditions identiques, par un même chimiste, employant toujours les mêmes procédés et les mêmes réactifs.

J'ai donc cru devoir m'en tenir aux résultats fournis par M. le Directeur du laboratoire de l'école des Ponts et

Chaussées, qui a bien voulu analyser avec un soin tout
particulier une série assez nombreuse d'échantillons
minéraux comprenant, en même temps que les argiles
et les marnes qui doivent constituer le limon fécondant, un certain nombre de termes de comparaison
pris dans les terres végétales de la région, depuis le
sable pur des Landes et l'argile compacte à peu près
aussi infertile des plateaux du Lannemezan, jusqu'aux
alluvions de la vallée de la Garonne réputées les plus
fécondes. (*Voir Tableau*, pag. 288-289.)

Un premier examen des chiffres portés sur le tableau
qui résume ces diverses analyses, confirme dès l'abord
ce que j'avais déjà signalé : le lavage des terres végétales
de la surface du plateau de Lannemezan, beaucoup plus
chargées de sable et plus épuisées en éléments minéraux
utiles que les argiles compactes du sous-sol.

Tous les échantillons argileux, tant du sous-sol (1 à 5)
que des terres de surface (11 à 23), sont surtout pauvres
en carbonate de chaux, ce qui suffit pour expliquer le
peu de valeur des terres végétales, qui ne sont mainte-
nues en état de culture que par un apport incessant de
marnes calcaires qui ne paraît pas suffisant pour compenser les pertes résultant probablement du lavage continu
par les eaux pluviales.

Les terres de surface sont également moins riches en
sesquioxydes de fer et d'alumine, et surtout en phosphate, que les terres profondes, ce qui est un indice non
moins certain d'épuisement. En revanche, la proportion
de potasse soluble est notablement plus forte à la surface. Ce fait s'explique par l'accumulation de la potasse
provenant des engrais, qui, comme nous l'avons vu, re-

tourne naturellement au sol avec les débris végétaux
dans lesquels elle se condense, tandis que l'acide phosphorique est exporté par les récoltes de consommation. Par
suite de cette accumulation naturelle, la considération de
l'élément potassique est beaucoup moins importante
qu'on ne le pense généralement, et il importe assez peu
que cet élément se trouve directement à l'état soluble, du
moment où l'on a lieu de penser qu'il existe en proportion incomparablement plus forte dans la partie du sol
considérée comme inattaquable. Tel est du reste sur ce
point l'opinion, conforme à la mienne, de M. de Gasparin,
qui cite des exemples nombreux dans lesquels la potasse
dite inattaquable, mais en fait parfaitement assimilable à
la longue, se trouvait en proportion de 3 à 15 fois supérieure à celle qui avait été dissoute par les acides.

Parmi les terres argilo-siliceuses analysées sur le parcours du canal de limonage, celle des environs d'Eauze
est la seule qui ait indiqué une proportion notable de
calcaire, probablement assez variable d'un point à un
autre, car une analyse sommaire faite sous mes yeux
m'avait donné des proportions de calcaire beaucoup
moins considérables. S'il fallait s'en rapporter uniquement aux indications de l'analyse chimique pour juger
de la valeur agronomique d'un terrain, on aurait lieu
de s'étonner de la grande disproportion de prix existant
entre la terre d'Eauze et les alluvions d'Agen et d'Aiguillon, dans la vallée de la Garonne, qui ont toutes trois
une composition en apparence à peu près identique. Leur
valeur vénale est cependant très différente, variant de
3,000 fr. pour la terre d'Eauze, à 6,000 pour celle d'Agen,
à 10 ou 11,000 fr. pour celle d'Aiguillon.

Un écart aussi considérable dont l'analyse chimique

NUMÉROS D'ORDRE	NATURE DES ÉCHANTILLONS	PRIX DE l'hect.	PROPORTION de sable	de limon
	I. ÉLÉMENTS DE L'ALLUVION ARTIFICIELLE.			
	1° Argiles			
1	Fouille du puits n° 1..........	»	52	48
2	Galerie entrée...............	»	15	85
3	— avancement...........	»	6	94
4	Puits n° 2 orifice...........	»	5	95
5	— fond............	»	15	85
6	Moyenne des 5 échantillons....	»	18.5	81.5
	2° Marnes			
7	Marnes terreuses de Burg.....	»	61	39
8	— de Bugars....	»	30	70
9	— moyenne........	»	45.5	54.5
10	Marnes crétacées de Houeydets.	»	»	»
	II. TERRES VÉGÉTALES NATURELLES.	Fr.		
11	Plateau de Burg argiles.......	800	47	53
12	Vallée du Lizon —	1.000	40	60
13	Près Mielan —	1.500	46	54
14	— Eauze —	3.000	28	72
15	— Gabarret Landes........	2.000	90.3	9.7
16	— la Peyrade —	50	95.1	4.9
17	— Agen alluvions..........	6.000	35	65
18	— Aiguillon alluvions	10.000	30	70
	III. TERRES VÉGÉTALES ARTIFICIELLES.			
19	Limon des argiles (déduit du n° 6)	»	»	100
20	— des marnes — n° 9)	»	»	100
21	Moyenne des deux limons.....	»	»	100
22	Terre végétale 1/3 limon.....	»	67	33
23	— — 1/2 —	»	50	50
24	— — 2/3 —	»	33	67

À L'ÉCOLE DES PONTS ET CHAUSSÉES.

ÉLÉMENTS		ÉLÉMENTS SOLUBLES				
insoluble	soluble	ALUMINE ET FER	CHAUX	ACIDE phosphorique	POTASSE	MAGNÉSIE
92	8	7.3	0.05	0.10	0.01	»
91	9	8.2	0.10	0.11	0.01	»
90	10	9.4	0.05	0.14	0.05	»
90	10	8.6	0.33	0.20	0.08	»
92	8	6.6	0.22	0.18	0.06	»
91	9	8.00	0.15	0.15	0.04	»
77	33	9.7	11.4	0.08	0.02	»
74	26	8.00	17.2	0.10	0.02	0.30
75.5	24.5	8.9	14.3	0.09	0.01	0.15
55	45	2.9	38.1	0.05	0.02	0.10
94	6	5.7	0.11	0.08	0.06	»
93	7	5.8	0.05	0.05	0.04	»
94	6	5.8	0.05	0.07	0 05	»
92	8	3.6	3.7	0.09	0.04	»
99	1	0.47	»	0.07	0.07	»
99	1	0.04	0.40	0.01	»	»
89	11	5.4	4.6	0.09	0.04	1.00
85	15	8.2	4.2	0.12	0.04	1.10
89	11	5.4	0.18	0.18	0.05	»
55	45	16.3	26.00	0.16	0.03	»
72	28	10.8	13.1	0.17	0.04	»
81	9	3.6	4.4	0.06	0.01	»
86	14	5.4	6.5	0.09	0.02	»
81	19	7.2	8.7	0.12	0.03	»

ne saurait rendre compte [1], ne peut s'expliquer que par l'action stimulante et la plus facile assimilation que nous avons constatée dans les alluvions récentes, dont les apports périodiques fréquemment renouvelés doivent régénérer, dans des conditions probablement inégales, les terres d'Agen et d'Aiguillon, tandis que la terre d'Eauze en est complètement privée.

En continuant à descendre la série des échantillons analysés dans l'ordre du tableau, qui est aussi le sens d'écoulement du canal d'amenée, nous passons brusquement des terres argilo-siliceuses qui se trouvent sur la ligne de faîte, aux sables pliocènes qui recouvrent la région des Landes.

L'échantillon de la Peyrade, qui peut être considéré comme un type de lande des plus infertiles, a cependant accusé à l'analyse près de 5 % de limon, et, ce qui m'a beaucoup surpris, 0,40 % de chaux provenant sans doute d'une cause accidentelle.

Le limon lui-même est probablement en très grande partie composé de détritus charbonneux.

---

[1] Remarquons toutefois que les alluvions de la Garonne contiennent une proportion très notable de magnésie, qui ferait complétement défaut dans la majeure partie des échantillons des autres terres et amendements.

Je ne pense pas qu'on doive attribuer la grande valeur des alluvions d'Agen et d'Aiguillon à cette proportion relativement très forte de magnésie ; mais je crois devoir profiter de l'occasion pour rectifier une double erreur de fait et de doctrine que j'ai commise plus haut, au sujet de l'influence de la magnésie. Il résulte des faits recueillis et discutés par M. de Gasparin, que l'opinion vulgaire, qui considère cette substance comme nuisible à la végétation, et dont j'avais eu tort de me faire l'écho, est complétement erronée ; et, d'autre part, les marnes crétacées de Houeydets sont loin de contenir cette proportion exagérée de magnésie, qui m'avait été signalée comme pouvant être un obstacle à leur emploi agronomique.

A la limite des landes infertiles, se trouvent autour de la petite ville de Gabarret, des terres de même origine, qui diffèrent bien peu des sables purs puisqu'elles contiennent à peine 10 %, de limon. Cette faible proportion n'en donne pas moins à cette terre végétale assez de corps et de consistance pour qu'elle puisse être cultivée avec avantage et utiliser les engrais qu'on lui confie, si, comme il est probable, elle n'en fournit pas beaucoup par elle-même.

Pour estimer la valeur . agronomique des alluvions artificielles que j'ai supposées devoir être composées par égale partie des argiles supérieures (nos 1 à 5) et des marnes terreuses inférieures (nos 7 et 8), j'ai cru devoir établir la composition moyenne du limon résultant respectivement de ces deux natures différentes d'amendements, en faisant abstraction du sable qu'ils contiennent l'un et l'autre. De deux choses l'une, en effet : ou la partie de ce sable qui n'aura pas été évacuée par les bondes d'épuration de Saint-Christ se convertira en limon, ou elle se maintiendra à l'état sablonneux. Dans le premier cas, la masse totale aura acquis la propriété du limon partiel d'origine ; dans le second, on tiendra compte du sable subsistant, en admettant que dans la composition définitive de la terre végétale à former, il se substituera à une quantité équivalente du sable des Landes, l'apport de l'alluvion devant être seulement augmenté pour une même épaisseur de terre végétale.

La composition respective des limons argileux et marneux ainsi établie (nos 19 et 20), il suffira d'en prendre la moyenne (n° 21) pour obtenir la composition finale du limon végétal de la terre projetée, et, suivant qu'il sera mélangé en proportions variables avec le sable des Landes, nous obtiendrons les résultats cotés (22 à 24) pour la terre artificielle, que nous aurons à comparer avec les terres naturelles de premier ordre (17 et 18) choisies comme types à reproduire.

S'il était nécessaire d'obtenir une identité complète au point de vue physique avec la terre d'Aiguillon, qui est indiquée comme ne donnant que 30 % de sable à l'analyse physique, il ne faudrait pas apporter dans les Landes moins de deux parties de limon pour une de sable, soit une couche de $0^m,20$ pour obtenir $0^m,30$ de terre végétale. Je crois toutefois qu'on ne doit pas considérer comme rigoureuse une indication qui, si elle était prise à la lettre, ferait rentrer la terre d'Aiguillon dans la catégorie des terres ultra-compactes, à la limite des argiles, que M. de Gasparin considère comme incultivables.

En fait, cette terre est loin d'avoir ce caractère de compacité exagérée et se rapprocherait bien plutôt, comme l'indique sa valeur vénale, des terres franches. J'ai donc lieu de croire que le procédé d'analyse physique employé aura confondu une partie du sable très fin, que l'échantillon pouvait contenir, avec le limon argileux. Une lévigation à laquelle j'ai procédé moi-même sur un double de l'échantillon envoyé à Paris, m'a accusé plus de 50 % de sable. Je ne pense donc pas qu'il soit nécessaire de dépasser cette proportion de limon (n° 23), auquel cas la terre artificielle se trouvera encore plus riche que la terre d'Agen en sesquioxydes et en chaux, également riche en acide phosphorique. Elle ne lui sera inférieure que par la potasse libre, et nous avons vu que cet élément n'avait qu'une importance très secondaire, du moment

· où les procédés de culture les plus habituels doivent tendre à l'augmenter plutôt qu'à le diminuer.

En admettant même cette proportion d'égalité de sable et de limon comme devant constituer le type final, je crois qu'il y aura lieu de rester en dessous à l'origine.

Au lieu de s'imposer l'obligation d'obtenir d'un seul coup la nouvelle terre végétale, en lui donnant à la fois toute l'épaisseur et toute la compacité limoneuse nécessaires, il vaudra probablement mieux opérer tous les ans sur de plus grandes surfaces en constituant dès l'abord des terres légères, qui, contenant encore deux fois plus de limon végétal que celles de Gabarret, seraient rechargées de temps à autre par de nouvelles couches d'alluvions récentes, dont elles utiliseraient ainsi beaucoup mieux les propriétés spéciales.

Il y a là des questions de détail que la pratique et l'expérience seules permettront de résoudre.

Mais, quelques perfectionnements qu'on puisse espérer à ce sujet d'un mode d'emploi successif des limons, ce qu'on peut considérer comme certain et démontré, c'est que la plus faible valeur agronomique que puissent avoir les terres végétales créées à la surface des Landes sera tout au moins celle des alluvions d'Agen, qui valent 6,000 fr. l'hectare, si ce n'est celle des alluvions d'Aiguillon, qui valent de 10 à 11,000 fr.

III. — Projet de Conventions et Cahier des charges pour l'entreprise de Fertilisation des Landes.

A titre de simple renseignement, et sans avoir reçu aucune mission particulière à cet effet, j'ai cru devoir établir comme suit les bases des conditions auxquelles la concession pourrait être faite à une Compagnie industrielle, en m'inspirant de celles qui ont été accordées pour l'entreprise similaire du colmatage de la Crau.

L'entreprise a pour but essentiel la fertilisation des landes de Gascogne par l'apport et le répandage, à la surface du sol, d'une couche de limons minéraux empruntés aux contre-forts des Pyrénées, et pour but accessoire, si la chose est reconnue possible, l'aménagement des excavations provenant des fouilles en réservoirs régulateurs destinés à emmagasiner, dans l'intérêt de l'agriculture et de l'industrie, les eaux de crue surabondantes des torrents pyrénéens.

En vue de faciliter l'entreprise et d'en assurer les résultats, l'État accorde et impose à la Compagnie concessionnaire les avantages et les conditions ci-après.

TITRE PREMIER.

OBJET DE LA CONCESSION ET EXÉCUTION DES TRAVAUX.

ARTICLE PREMIER.— Concession définitive pour quatre-vingt-dix-neuf ans du canal principal de limonage et des canaux accessoires d'alimentation et de distribution embrassant le périmètre des grandes landes sur les deux versants de leur faîte principal, entre Gabarret et l'étang de vieux Boucaut, dans les départements des Landes, du Gers et du Lot-et-Garonne.

Art. 2.—Concession éventuelle, pouvant devenir définitive au gré de la Compagnie, dans un laps de temps déterminé, du prolongement du canal de limonage sur les landes de la Gironde, par la construction d'un canal de Captieux à la pointe de Grave.

Art. 3.— Abandon à la Compagnie concessionnaire du canal de dérivation de la Neste, dit de Lannemezan, et de toutes ses dépendances, à la charge de le restaurer, de l'agrandir, et de l'entretenir en tel état qu'il puisse suffire à un débit de 20 mètres cubes à la seconde, sous réserve de laisser librement couler en tout temps, dans le lit de la Neste, un certain minimum de débit, et de prélever également sur le volume de la dérivation un débit également déterminé pour l'alimentation, en temps d'étiage, des rivières du département du Gers actuellement desservies par le canal de Lannemezan.

Art. 4.— Faculté pour le concessionnaire de pouvoir au besoin augmenter le volume des eaux de la Neste par de nouvelles dérivations faites, soit dans l'Arros, soit dans l'Adour, sous réserve des droits antérieurs. Faculté, pouvant devenir obligatoire pour le concessionnaire, de convertir successivement, si la chose est reconnue possible, les excavations provenant des fouilles en réservoirs régulateurs dans lesquels seront emmagasinées les eaux de crue surabondantes pour servir aux besoins de l'agriculture et de l'industrie.

Art. 5.—— Substitution de la Compagnie aux droits conférés à l'État en matière d'expropriation d'utilité publique, pour l'acquisition de tous les terrains nécessaires aux travaux de l'entreprise, comprenant l'assiette des canaux, prises d'eau, bâtiments, chantiers d'abattage des limons, emplacement des réservoirs, entrepôts de sables et de graviers, sans que toutefois ce droit d'expropriation puisse s'étendre aux terrains à colmater et à mettre en culture, pour lesquels la Compagnie aura à s'entendre de gré à gré avec les propriétaires.

Art. 6.—Engagement, par la Compagnie, de présenter, dans le délai d'un an, les projets définitifs des travaux à exécuter et d'avoir terminé l'exécution des dits travaux dans le délai de cinq ans, à partir du jour de la concession ; le tout à peine de déchéance.

Art. 7.—Obligation, pour la Compagnie, de faire elle-même le répandage des limons à la surface des terrains à fertiliser, et de les livrer aux propriétaires riverains de ces canaux ou rigoles, qui en feront la demande, au prix maximum de 500 fr. par hectare de terrain recouvert d'une couche de limon sec, d'une épaisseur moyenne de $0^m,07$ au minimum.

Art. 8.— Obligation éventuelle pour la Compagnie, au cas où l'État jugera à propos de l'exiger, d'effectuer, jusqu'à concurrence d'une dépense annuelle de cinq cent mille francs au plus, les travaux nécessaires pour la construction de rigoles nouvelles ou l'aménagement des rigoles existantes, devant plus spécialement servir à limoner, dans les conditions de prix ci-dessus, les terrains qui, en vertu de dispositions législatives ultérieures, auraient été affectés à la destination de pare-feux, et comme tels interdits à la culture forestière, sur telles directions qui seront fixées, sans que toutefois la largeur de ces pare-feux puisse être inférieure à 100 mètres.

La Compagnie ne sera jamais tenue d'affecter volontairement plus de la moitié des limons fabriqués au service du limonage des terrains particuliers, à titre de pare-feux ou autres, se réservant le restant pour le limonage des terrains qu'elle aura acquis en propre pour constituer son domaine privé.

Dans le cas seulement ou l'État jugerait à propos d'user de la faculté d'imposer à la Compagnie le colmatage des zones étroites des pare-feux, il garantirait à la Compagnie pour ce service spécial, embrassant celui des livraisons faites à d'autres particuliers, un minimum de recette brute de un million pour part d'intérêt de capital de premier établissement et de frais annuels d'exploitation, augmenté du remboursement des frais spéciaux de canalisation effectués dans l'année, sans que ce dernier chiffre puisse dépasser 500,000 francs ; de telle sorte que le minimum de recette brute éventuellement garanti par l'État, dans l'hypothèse de l'établissement obligatoire des pare-feux, ne puisse s'élever à plus de 1,500,000 francs pour la vente des limons fournis aux particuliers à titres divers.

ART. 9.—En dehors de ce service spécial de limonage des terrains particuliers, affectés ou non à l'usage de pare-feux, la Compagnie devra acheter à l'amiable et fertiliser pour son propre compte une étendue de terrain proportionnelle à ses ressources et à la quantité de limons dont elle pourra disposer, qui ne saurait être inférieure à 12,000 hectares, qu'elle devra limoner et mettre en état de culture à ses frais, avec faculté de les revendre dès qu'elle y trouvera avantage, sous les réserves stipulées à l'art. 17.

ART. 10. — La Compagnie pourra être autorisée à employer exceptionnellement les eaux disponibles de la dérivation de la Neste dans leur état naturel, sans les charger de limons, à l'irrigation simple des terrains constituant son domaine privé pendant les mois de saison sèche, du 1er juin au 1er septembre de chaque année.

Elle pourra également affecter au même usage, jusqu'à concurrence de moitié, les eaux qu'elle aura emmagasinées dans ses réservoirs régulateurs, le reste devant être remis à la disposition des particuliers, à charge par eux de payer à la Compagnie une redevance annuelle dont le taux sera ultérieurement fixé.

TITRE II.

GARANTIE DE L'ÉTAT ET ENGAGEMENTS RÉCIPROQUES DE LA COMPAGNIE.

ART. 11. — Les dépenses pour travaux de premier établissement et d'exploitation ultérieure seront couvertes par le capital social de la Compagnie, accru du produit des obligations qu'elle pourra émettre avec la garantie d'intérêt de l'État.

ART. 12. — Le capital social en actions est fixé à la somme de dix millions de francs, qui devront être versés et utilement employés, par appels de fonds consécutifs, proportionnellement égaux au quart tout au moins des dépenses réellement faites.

ART. 13. — Seront compris à titre d'apport dans le capital social, sous forme d'actions libérées, tous les frais

généraux d'études, rédaction de projets, frais de publicité, droits de courtage, et autres frais accessoires avancés par la Compagnie jusqu'au jour de sa constitution
définitive, sans que le total de ces actions libérées puisse
dépasser une somme de un million, représentant 10 %
du capital social.

ART. 14.— Il pourra en outre être émis, jusqu'à concurrence d'un capital nominal de deux millions, des actions de jouissance réservées aux fondateurs de l'entreprise, qui ne prendront part qu'à la répartition des dividendes supplémentaires à délivrer aux actionnaires, après
prélèvement intégral de l'intérêt à 4 fr. 65 %, amortissement compris, des actions payantes.

ART. 15. — La Compagnie pourra émettre, jusqu'à
concurrence des 3/4 de ses dépenses réelles et constatées,
des obligations au pair de 500 fr., rapportant 4 % d'intérêt annuel, dont l'État payera directement l'intérêt et
l'amortissement en 50 ans, par voie de tirage annuel, sans
que la garantie de l'État puisse s'appliquer de ce fait à
un capital de plus de 30 millions, pouvant donner lieu à
un maximum d'avance annuelle de plus de 1,395,000 fr.,
à raison de 4 fr. 65 % amortissement compris.

Les dites obligations ne seront émises, par séries successives, que sur autorisation formelle du Ministre de
l'Agriculture, après constatation régulière de l'état d'a-
vancement des travaux qui pourra justifier cette émission.

Sauf autorisation spéciale du Ministre de l'Agriculture,
aucune autre émission d'obligations ou opérations
constituant des emprunts sous une forme quelconque,
ne pourra être effectuée, et dans tous les cas aucune
somme représentant l'intérêt ou l'amortissement des

dettes qui auraient été ainsi contractées par la Compagnie, ne sera admise dans les comptes destinés à établir, par la comparaison des recettes et des dépenses, les revenus nets de chaque année, et ce, tant que l'État n'aura pas été entièrement remboursé de ses avances ou garanti, par payement anticipé, de ses engagements envers les obligataires.

ART. 16. — La dette de la Compagnie envers l'État se composera :

a. Du capital obligations encaissé par la Compagnie, garanti et payé par l'État en intérêts et amortissement.

b. Des avances faites pour garantir éventuellement un minimun de recette pour service des pare-feux.

c. De l'intérêt simple à 4 % cumulé sur les capitaux ci-dessus, à partir du jour de leur versement.

Le remboursement en sera effectué, comme il est dit à l'art. 17 ci-après, au moyen de prélèvements faits sur les recettes de la Compagnie, constituant un capital dit de réserve ou nantissement, dont les annuités successives seront versées dans les caisses du Trésor avec intérêt à 4 % courant au profit de la Compagnie.

ART. 17. — A l'effet de régler le mode dans lequel devra s'exercer le fonctionnement du concours de l'État pour insuffisance de revenu direct, ou garantie de l'intérêt et de l'amortissement du capital obligations, les travaux et opérations de la Compagnie seront divisés en quatre périodes distinctes.

I. — *Période de construction*, d'une durée de quatre ans au plus, y compris le délai d'études, pendant laquelle la Compagnie, en même temps qu'elle pourra acquérir par avance une partie des terrains destinés à constituer son domicile privé, devra exécuter tous les travaux de premier établissement de ses ouvrages, comprenant la mise en état du canal de Lannemezan, la construction du canal de limonage et de ses branches principales, et l'installation des chantiers d'abattage pour les limons.

Pendant cette première période, qui ne pourra donner lieu qu'à des recettes accidentelles de peu d'importance, la Compagnie sera autorisée à prélever sur les dépenses de premier établissement le surplus nécessaire pour servir un intérêt de 4 fr. 65 %, aux sommes réellement versées sur le capital actions, y compris les actions libérées prévues à l'art. 13.

Le service d'intérêt et d'amortissement du capital obligations sera directement fait par l'État conformément à l'art. 15.

II. — *Période d'installation* d'une durée de cinq ans au plus, pendant laquelle la Compagnie, en même temps qu'elle mettra ses limons à la disposition des particuliers, dans les conditions prévues aux art. 7 et 8, complétera l'acquisition des terrains devant constituer son domaine privé, et les mettra en état de culture régulière.

Dans le cas où, durant cette période préparatoire, les recettes brutes de la Compagnie provenant de la vente des limons ou des produits de l'exploitation des terres, se trouveraient inférieures à ses dépenses d'entretien, de fonctionnement et d'exploitation, elle continuera à imputer l'excédant, y compris l'intérêt à 4 fr. 65 %, du capital social sur les frais de premier établissement, l'État continuant à se charger du service de la dette en obligations.

Dans le cas où les recettes excéderaient déjà les dépenses, le surplus sera affecté au paiement partiel ou total de l'intérêt à 4 fr. 65 %, du capital actions, et l'excédant, s'il y en a un, devra constituer un premier fonds de réserve qui devra être versé dans les caisses de l'État, au compte de la Compagnie, avec jouissance d'intérêt à 4 %, à son profit.

Dans tous les cas, dès la fin de cette seconde période, dont le délai pourra être abrégé si la Compagnie le juge utile à ses intérêts, il sera établi un inventaire exact et détaillé des immeubles, bâtiments, troupeaux et autres valeurs constituant le domaine propre de la Compagnie, qui, conjointement avec les prélèvements ultérieurs constituant le fonds de réserve, devra servir à garantir l'État de ses avances et engagements.

III.— *Période d'exploitation* d'une durée de quarante-cinq ans au plus, pendant laquelle la Compagnie continuera le service des limons tant pour le public que pour son usage particulier, en même temps qu'elle exploitera son domaine privé au mieux de ses intérêts.

Pendant cette période, l'État continuera le service des intérêts et de l'amortissement du capital obligatoire ; mais la Compagnie ne pourra prélever l'intérêt statutaire de son capital social que sur le bénéfice net de l'exploitation, jusqu'à concurrence de 4 fr. 65 %. L'excédant du bénéfice, s'il y a lieu, sera affecté pour 3/4 en versements dans la caisse du Trésor, à titre de capital de réserve ou de nantissement, et pour 1/4 seulement à distribuer aux actions, tant payantes que de jouissance, un dividende supplémentaire de 2 % au maximum, le surplus, s'il y a lieu, devant être versé à la réserve jusqu'à concurrence de la somme nécessaire pour compléter l'annuité d'amortissement devant assurer la libération complète de la Compagnie envers l'État, dans les limites de durée de la période d'exploitation.

Dès que cette dernière limite aura été atteinte, le dernier excédant pouvant rester disponible sera distribué par moitié aux actionnaires à titre de second dividende, et par moitié porté à la réserve à titre d'anticipation de remboursement.

Pendant toute la période d'exploitation, la Compagnie restera libre d'administrer et d'exploiter son domaine privé au mieux de ses intérêts et pourra, en conséquence, aliéner tout ou partie des immeubles qui le composent, mais à la charge de faire remploi des capitaux provenant de ses ventes en acquisitions nouvelles équivalentes, ou d'en verser le produit au capital de réserve.

Il sera tenu chaque année, en fin d'exercice, un compte en partie double, par doit et avoir, indiquant d'une part la somme due à l'État pour avances directes, capital des obligations et intérêts du tout à 4 %; de l'autre, le montant du capital de réserve ou de nantissement résultant des remboursements successifs de la Compagnie.

Si ces deux sommes venaient à s'équilibrer exactement avant l'expiration de l'époque prévue pour la période d'exploitation, cette période prendrait fin, en fait, quant aux engagements pécuniaires de la Compagnie envers l'État ; et, en renonçant bien entendu à toute garantie de sa part, la Compagnie prendrait la libre disposition de son domaine et de ses revenus, à la condition toutefois de rester soumise aux prescriptions particulières de son cahier des charges, en ce qui concerne le service public du limonage.

Dans le cas contraire, où l'équilibre entre les remboursements et la dette de la Compagnie n'aurait pas été réalisé à l'expiration normale de la période d'exploitation, l'État, se trouvant, en fait, libéré envers les obligataires, qui auraient tous été remboursés, continuerait à avoir son recours contre la Compagnie pour toutes les sommes dont elle resterait débitrice envers lui et dont elle devrait se libérer en principal et intérêts par une annuité convenable sur les revenus nets de la période suivante, payée avant tout prélèvement d'intérêts ou dividendes pour les actionnaires.

IV. — *Période de jouissance* d'une durée approximative de quarante-cinq ans, ou plus en cas de libération anticipée, pendant laquelle la Compagnie, sous réserve du payement des sommes qu'elle pourrait avoir à acquitter envers l'État, aurait la libre jouissance de ses revenus, à charge toujours de se conformer aux prescriptions du présent cahier des charges pour ses obligations concernant la fourniture des limons aux particuliers.

ART. 18. — Un règlement d'administration publique déterminera, en ce qui concerne la garantie des avances et engagements de l'État, les formes suivant lesquelles la Compagnie sera tenue de justifier vis-à-vis de l'État, et sous le contrôle de l'administration supérieure, aux diverses périodes de la concession :

1° Des frais de premier établissement ;

2° Des frais annuels d'entretien et d'exploitation ;

3° Des recettes ;

4° De l'importance totale et des modifications annuellement survenues dans l'assiette et la valeur du domaine privé.

Art. 19. — A l'expiration de cette dernière période, finissant avec celle du délai de concession, la Compagnie restant toujours maîtresse et propriétaire de son domaine privé, les canaux d'amenée et de limonage et leurs dépendances, le tout en bon état d'entretien, feront retour à l'État, qui sera libre d'en disposer au mieux des intérêts généraux du pays, sous réserve de garantir aux détenteurs des domaines de la Compagnie des avantages au moins égaux à ceux qui seraient faits aux autres propriétaires appelés à se servir des eaux et des limons des canaux.

IV — Note sur les grands travaux d'hydraulique agricole de l'antiquité, le lac Mœris et l'endiguement de l'Euphrate en amont de Babylone.

Ce n'est pas dans un but de vaine curiosité archéologique, mais avec l'espoir d'y trouver quelque utile enseignement, que j'ai songé à rechercher ce que pouvaient bien être au fond ces grands travaux d'hydraulique dont les historiens de l'antiquité nous ont conservé les légendaires mais bien confuses descriptions. Rappelant les vagues souvenirs de mes premières études classiques, j'avais peine à me figurer la possibilité d'exécution d'un lac qui ayant, d'après Rollin et Bossuet, 180 lieues de tour, aurait été creusé de main d'homme à une profondeur de 80 mètres ; pas plus que je ne comprenais les avantages de l'endiguement d'un fleuve dans un lit sinueux, le ramenant trois fois à son point de départ sous les murs ou dans l'enceinte d'une même ville.

Je me suis donc reporté aux sources originales, étudiant au point de vue de l'ingénieur, dans le texte des historiens anciens et de leurs nombreux commentateurs modernes, tout ce qui a été publié sur ces deux grandes entreprises.

Si le résultat de ces recherches n'ajoute peut-être pas grand'chose de positif aux conclusions que d'autres ont pu formuler, les détails dans lesquels j'aurai à entrer sont loin d'être étrangers aux diverses questions d'hy-

draulique agricole que j'ai eu à traiter dans le présent
ouvrage et celui qui le précède, et cette circonstance me
paraît suffisante pour justifier le double exposé qui va
suivre.

LAC MŒRIS.

Hérodote est le premier historien qui ait fait mention
du lac Mœris, construit par le roi de ce nom, et qui de
son temps fonctionnait encore comme réservoir régulateur des crues du Nil, dont il emmaganisait et tour à
tour restituait à l'agriculture les eaux surabondantes.

Le véritable emplacement et le mode de fonctionnement
de ce réservoir ont été un double problème qui, pendant
longtemps, a exercé la sagacité de nos érudits. Avant
d'exposer les diverses solutions qui ont été proposées et
celle qui paraît aujourd'hui la plus probable, il est bon
de rappeler sommairement les principales conditions de
régime du Nil.

L'Égypte doit être regardée comme une ancienne vallée d'érosion creusée du Sud au Nord par quelqu'un de
ces grands courants diluviens dont il est impossible de
contester l'action à certaines époques géologiques de
notre globe. Des vallées analogues, ayant probablement
même origine, sillonnent le désert sur un grand nombre
de directions, où elles sont connues sous le nom de Bahr-
bela-ma (rivière sans eau). Mais l'Égypte, seule parmi ces
vallées primitives, a continué dans les temps modernes
à servir de passage à un puissant fleuve limoneux qui
y a moulé son lit actuel, encaissé dans le dépôt de ses
propres alluvions.

La vallée du Nil présentant cette particularité de ne

recevoir aucun affluent sur tout son parcours en Égypte,
entre sa sortie des gorges rocheuses de la Nubie et la
pointe de son delta, sur une longueur de 600 kilomètres,
peut être citée comme le type le plus parfait des conditions
dans lesquelles s'opère et se maintient une formation de dépôts limoneux.

La largeur totale de la vallée comprise entre les deux
berges rocheuses du désert qui limitent à droite et à
gauche le chenal primitif, est sensiblement uniforme,
variant de 12 à 15 kilomètres au plus. Le Nil, obéissant
à la loi générale qui dans notre hémisphère pousse les
courants d'eau vers leur droite, longe à faible distance,
et parfois ronge à leur base, les parois de la chaîne ara-
bique, tandis que vers la gauche les alluvions s'étendent
suivant un plan incliné présentant une pente transversale
de près de quatre mètres entre la rive du fleuve et les
bas-fonds qui s'allongent au pied de la chaîne Lybique.
Ainsi qu'il arrive du reste partout ailleurs en pareille
circonstance, mais qu'on le voit mieux marqué dans la
vallée du Nil, à raison de la grande uniformité du chenal
primitif, un émissaire principal d'écoulement s'est ouvert
dans l'axe de cette dépression longitudinale, recevant
l'égouttage des eaux débordées, sans pouvoir jamais les
ramener au fleuve, dont les berges sont partout respectivement plus élevées. Cet émissaire se continue sans interruption sur toute la rive gauche de la vallée, depuis
Assouan jusqu'à la mer, portant différents noms suivant
qu'il est accessoirement alimenté, pendant les crues, par
des prises directes provenant de brèches ouvertes dans
la berge du Nil, accidentellement ou par la main de
l'homme. La section la plus importante de cet émissaire
d'écoulement est le bahr Joussouf ou canal de Joseph,

qui commence entre le 27 et le 28ᵉ parallèle, et se poursuit jusqu'à la Méditerranée.

Le canal de Joseph, dont le niveau est inférieur à celui
du Nil, a un cours très sinueux, encaissé entre de hautes
berges d'alluvions. Sa largeur est de 50 à 60 mètres.
Son débit pendant les crues n'est guère inférieur à 400
mètres cubes par seconde, soit 1/25 de celui du Nil. Il
ne reçoit pas directement les eaux du fleuve en temps
d'étiage, mais continue à être alimenté par des filtrations;
ses eaux doivent dès-lors être relativement moins chargées de limons que celles du Nil. Il n'en exhausse pas
moins ses rives, bien qu'à une moindre hauteur.

Entre les deux bourrelets riverains du Nil et du canal
Joseph devrait exister théoriquement une ligne secondaire de bas-fonds. Ces bas-fonds se retrouvent en
certains points, où ils prennent le nom générique de
Bathen; en d'autres endroits ils ont disparu par le fait
des digues transversales qui, en arrêtant l'écoulement
longitudinal, ont régularisé la pente des limons entre la
berge du Nil et celle du canal Joseph.

Bien que le Nil ne reçoive aucun affluent dans toute la
traversée de l'Égypte, sa vallée n'en est pas moins en
communication sur la rive gauche, un peu en amont de
la pointe du delta, avec une large et profonde dépression
qui dans l'antiquité portait le nom de Nome Arsinoïte,
et forme aujourd'hui la province du Fayoum.

Cette province, essentiellement différente de toutes les
autres régions de l'Égypte, s'étend dans la direction du
S.-E. au N.-O., s'inclinant vers une cuvette très profonde
et sans issue, dans laquelle se trouve un lac nommé
Quern ou Queyroun, dont le niveau, alimenté par les fil-

trations ou l'égouttage des terres, se maintient à une cote inférieure de 27 mètres à celui de la Méditerranée.

La dépression du Fayoum est mise en communication avec la vallée du Nil par une brèche ou gorge ouverte dans la chaîne Libyque, à l'emplacement du village d'Illaoum, dont nous lui donnerons le nom.

Quelle est au juste l'origine de cette dépression du Fayoum ? Doit-on la considérer comme faisant partie d'une grande vallée sèche dans laquelle se retrouvent en amont les célèbres oasis d'Ammon, qui à son débouché dans la vallée du Nil aurait été barrée par les limons de ce fleuve ; ou, comme paraît plutôt l'admettre M. Linant de Bellefont, ne doit-on y voir qu'un affaissement accidentel du sol, unissant peut-être ces deux vallées ?

Je n'ai pas d'éléments suffisants pour résoudre la question; quoi qu'il en soit, la dépression du Fayoum n'étant séparée de la vallée du Nil que par une brèche dont le seuil naturel est en contre-bas du niveau ordinaire des crues, les eaux du Nil ont dû s'y déverser dès les temps les plus reculés et s'y maintenir à un niveau plus ou moins élevé, suivant que cette dépression se trouve réellement fermée du côté de l'Ouest, ou qu'elle a une issue vers la grande vallée sèche des oasis. Dans tous les cas, les limons du Nil se déposant sur le versant S.-E. de la dépression, entre la brèche d'Illaoum et le bas-fond du lac de Queyroun, ont constitué le sol arable des terrains cultivés du Fayoum, qui sont seulement plus légers et plus friables que ceux de la grande vallée égyptienne.

La gorge d'Illaoum ayant été plus tard barrée par de puissantes digues, les eaux qui remplissaient la dépression se sont abaissées par le fait de l'évaporation jusqu'au niveau actuel, et d'ailleurs variable, du lac de

Queyroun, et les versants intermédiaires ont été transformés en riches cultures arrosées par des dérivations nombreuses du canal Joseph.

Cette description des lieux nous permet de nous rendre
compte des diverses hypothèses qui ont été émises sur la
position et le fonctionnement du lac Mœris.

D'Anville, s'appuyant sur des considérations qu'il serait
trop long de rappeler dans cette Note, avait supposé qu'on
devait placer le lac Mœris entre le Nil et le canal Joseph,
dans la dépression du Bathen comprise entre ces deux
cours d'eau.

Un autre géographe, Guibert, combattant cette opinion,
avait identifié le lac Mœris avec le canal Joseph lui-
même, qui aurait été recreusé, élargi et contenu dans des
digues puissantes sur tout son parcours, y compris le
coude qu'il fait dans le Fayoum, avant de se diviser en
plusieurs bras au-delà de la brèche d'Illaoum.

Enfin Larcher, et après lui Jomard, qui avait le mérite d'avoir étudié la question sur les lieux et a publié
sur elle un long rapport dans la description de l'Égypte
(tom. IV), faisant ressortir les contradictions manifestes
que les deux emplacements indiqués présentaient par
rapport aux descriptions d'Hérodote et des autres historiens de l'antiquité, avaient été d'avis que le lac Mœris
n'était autre chose que le lac Queyroun, dont les eaux
auraient été tendues à un niveau plus élevé par une
prise abondante des eaux du Nil.

De prime-abord, cette explication paraissait plus
plausible que les précédentes. Si réellement la dépression du Fayoum n'a pas de communication vers l'Ouest
avec les vallées sèches du désert, il est bien évident

qu'il suffirait d'ouvrir les digues d'Illaoum pendant les crues pour remplir toute la dépression du Fayoum et la transformer, comme elle a dû l'être du reste à l'origine des temps historiques, en un immense lac régulateur dont le niveau, suivant les fluctuations de l'inondation, aurait emmagasiné les eaux de crue, dont il n'y aurait plus eu qu'à régulariser le retour pour assurer l'irrigation de tous les terrains inférieurs.

Mais en donnant cette explication, on n'avait pas réfléchi que, dans cette hypothèse, sans parler de l'immense étendue du lac que le Nil aurait peut-être eu de la peine à remplir en une seule crue, pour que le lac Mœris pût fonctionner dans un sens ou dans l'autre, il aurait fallu qu'il se remplît au-dessus du niveau des nombreuses rigoles d'irrigation qui desservent le Fayoum; ce qui revenait à dire qu'il aurait, en fait, supprimé par une submersion générale toute cette province, qui de tout temps a été une des plus riches et des plus fertiles de l'Égypte, dans laquelle existaient des villes peuplées et nombreuses, dont les ruines se retrouvent aujourd'hui non-seulement au-dessous du niveau des plus hautes crues, mais du déversoir d'Illaoum, qui règle le premier déversement des eaux du Nil.

M. Linant de Bellefond, ministre des travaux publics en Égypte et principal promoteur des grandes œuvres entreprises en ce pays dans le milieu de notre siècle, convaincu par les considérations qui précèdent et d'autres trop longues à rappeler, que si le lac Mœris s'était bien réellement trouvé dans le Fayoum, on devait en rechercher les traces, non dans le bas-fond d'égouttement, mais sur les plateaux les plus élevés de la région qu'il devait surtout féconder, se livra à de nouvelles

explorations locales qui furent couronnées d'un plein
succès. Il reconnut en effet que le lac avait occupé
l'emplacement d'un haut plateau sensiblement horizontal,
s'ouvrant à l'ouest de la brèche d'Illaoum, et qu'il avait
été ceinturé du côté du Fayoum par une longue digue
élevée de main d'homme, dont on peut suivre les vesti-
ges parfaitement apparents sur de grandes longueurs.
Cette digue devait avoir un développement de 60 kilom.
environ. La superficie du bassin circonscrit n'avait
pas moins de 40,000 hectares et la hauteur de retenue devait être de 10 mètres. Sur ces bases, le lac
Mœris aurait pu contenir un approvisionnement de quatre milliards de mètres cubes. Il est toutefois peu probable que cette hauteur de retenue fût uniforme. D'autre
part, l'évaporation devait bien enlever annuellement
une tranche d'eau de $2^m,50$ au moins.

L'approvisionnement du lac Mœris, réduit par ces diverses causes, n'eût-il été que de moitié, soit de deux
milliards de mètres, n'en aurait pas moins suffi à l'irrigation complète de 200,000 hectares de terrain.

Par son importance, par les immenses services qu'elle
rendait à l'agriculture, cette gigantesque entreprise, ramenée à ses dimensions réelles, dégagée des exagéra-
tions fantastiques par lesquelles les historiens de l'antiquité et leurs commentateurs en avaient dénaturé la
description, n'en restait pas moins digne d'exciter parmi
les populations contemporaines des sentiments de reconnaissance et d'admiration, dont le souvenir s'est transmis
jusqu'à nous.

On n'a pas de données bien certaines sur la durée du
fonctionnement du lac Mœris. Hérodote nous en parle

comme se continuant encore à l'époque où il a visité
l'Égypte, 900 ans après la mort de Mœris, et 60 ans environ après la conquête de Cambyse.

M. Linant de Bellefond suppose que le lac aura été
détruit dans les temps qui suivirent la conquête persane,
par le fait d'une mauvaise administration qui aura négligé la manœuvre et l'entretien des écluses ou des déversoirs. L'arrivée des eaux n'étant plus réglée ni renou-
velée, une forte crue aura surmonté les digues, amenant
la rupture du réservoir, qui se sera vidé dans le lac de
Queyroun en creusant quelqu'une de ces profondes
ravines qui sillonnent encore les versants intermédiaires
du Fayoum.

Ce qui paraît certain, en dehors même de l'attestation
d'Hérodote, c'est que le lac Mœris a dû fonctionner longtemps, assez même pour ne pouvoir plus rendre que
de très faibles services, lorsqu'il aura été définitivement
abandonné, puisque, d'après les observations de M. Linant, il se trouvait comblé de limons sur une hauteur
de huit mètres, ne laissant plus disponible, au contact de
la digue de retenue, qu'une tranche d'eau de deux mètres,
peu supérieure à celle que pouvait absorber l'évaporation.
Cette hauteur devait même être beaucoup moindre encore au point d'arrivée des eaux troubles, et je serais
assez porté à croire que le lac Mœris a moins été détruit
par une brusque catastrophe que délaissé lorsqu'il s'est
trouvé en fait transformé en un marécage bourbeux, dont
le maintien devait être plus nuisible à la salubrité publique qu'il ne pouvait être utile à l'agriculture.

Tel qu'il avait été établi, le lac Mœris constituait donc
un réservoir en remblai analogue, sauf ses énormes
dimensions, à celui que M. l'ingénieur Montet avait pro-

jeté sur le plateau de Lannemezan pour l'aménagement des eaux de la Neste.

On ne saurait sans doute, au point de vue des dangers que pourrait entraîner leur construction, établir une complète identité entre un réservoir en simple remblai, dans lequel on peut à volonté arrêter l'arrivée des eaux affluentes, et un réservoir-barrage en lit de rivière, dont les crues doivent nécessairement surmonter la digue de déversement. Malgré le précédent du lac Mœris, je ne saurais pourtant considérer cet exemple comme suffisant, à mes yeux, pour justifier la construction d'un nouveau réservoir du même genre, barré par la digue artificielle d'un remblai fait de main d'homme; mais je crois que dans le cas tout différent d'un réservoir en déblai indépendant, tel que je propose de l'établir, on pourrait citer le lac Mœris comme un témoignage propre à calmer les inquiétudes que pourrait laisser subsister le défaut de complète étanchéité du sol naturel dans lequel serait creusé ce réservoir.

D'après la description que nous en a donnée M. Linant, le terrain sur lequel reposait le lac Mœris est formé de couches alternatives de calcaires marneux et d'argiles analogues à celles que présente le relèvement des marnes crétacées dans lesquelles j'ai proposé d'ouvrir un de mes réservoirs sous-pyrénéens.

Si une assez mince couche de vase répandue sur une surface de 40,000 hectares a suffi pour empêcher toute déperdition dangereuse ou nuisible sur un plateau qui domine en fait de près de 100 mètres le bas-fond très voisin du lac de Queyroun, il me semble qu'on ne saurait avoir des inquiétudes sérieuses pour une cuvette en terrain analogue qui serait, non plus au-dessus, mais notablement au-dessous du thalweg des vallées les plus rapprochées.

Le lac Mœris, avec son approvisionnement disponible de deux à trois milliards de mètres cubes d'eau, constituait à lui seul une retenue égale à celle de l'ensemble de tous les réservoirs d'aménagement dont j'ai laissé entrevoir la possibilité successive, pour assurer peut-être un jour l'aménagement des eaux de crue de toutes les Pyrénées, dont la régularisation intéresse une région dix fois égale en surface à celle des terres cultivables de l'Égypte, en amont du delta.

Sans vouloir me défendre du reproche banal d'utopie qui s'adresse toujours aux idées nouvelles et qui ne me sera pas plus épargné en cette circonstance qu'à l'occasion des alluvions artificielles ou du Trans-Saharien, on ne saurait contester que, toute question d'exécution mise à part, les réservoirs dont j'indique la possibilité, au point de vue de leurs avantages d'intérêt général, vaudraient largement pour nous ce que le lac Mœris a jamais pu valoir pour l'Égypte des Pharaons. On reconnaîtra d'ailleurs que, une fois construits, ils présenteraient des garanties beaucoup plus certaines de solidité et de durée.

Avant de quitter ce sujet, un dernier rapprochement se présente à mon esprit, en ce qui touche aux procédés d'exécution. Les miens entraîneraient sans doute des terrassements bien autrement considérables en volume, puisque j'aurais à déblayer un cube de terre notablement supérieur à celui de l'eau que je voudrais mettre en réserve, tandis que pour le lac Mœris il a suffi d'élever une digue de retenue.

Rappelons toutefois que, par le procédé d'effondrement que je propose, mes déblais, outre qu'ils recevraient une utilisation immédiate, coûteraient certainement cent fois moins que des remblais ordinaires tels qu'ont dû les faire les Égyptiens.

La digue du lac Mœris à elle seule, sans parler de tous les ouvrages accessoires qu'elle a dû nécessairement entraîner, n'a d'ailleurs pas exigé moins de 30 millions de mètres cubes de remblai. Un tel travail, devant lequel reculeraient sans doute nos ingénieurs les plus résolus, n'avait rien de bien effrayant dans l'ancienne Égypte, pas plus du reste que dans celle de nos jours. M. Linant nous apprend, en effet, que le cube de terrassement d'utilité publique, pour ouverture et entretien des canaux, sous son ministère, avait parfois dépassé 50 millions de mètres cubes en un an.

De pareils travaux ne peuvent se comprendre que dans un pays où, sur un simple signe, l'autorité peut mettre en marche des corvées de 100,000 hommes qui pendant plusieurs mois se livrent aux labeurs les plus pénibles, le corps dans la boue, la tête sous un soleil ardent, sans autre salaire que l'insuffisante ration des oignons des temps bibliques; assaisonnés sans doute d'une large distribution de coups de nerf de bœuf. Mais ce mode d'organisation des travaux publics est le seul qui, de nos jours comme dans le passé, ait pu être appliqué à un pareil pays, et je ne sais jusqu'à quel point on pourra prochainement le réformer.

Si, comme chez nous, il fallait en Égypte, avant de donner le premier coup de pioche au recreusement d'un canal, consulter les intéressés, ouvrir des enquêtes, organiser des syndicats, faire dresser des projets détaillés,

les faire approuver par un conseil supérieur et expro-
prier des terrains en les payant trois et quatre, si ce
n'est dix fois plus qu'ils ne valent, la famine aurait certainement emporté les trois quarts de la population avant
qu'on eût rempli la moitié des formalités réglemen-
taires.

C'est à ce mode particulier de concentration autori-
taire, nécessité fatale de son existence, que ce petit pays,
à peine égal en étendue de terres cultivables à la Hol-
lande, auquel on l'a souvent comparé, a dû d'arriver à
ce haut degré de civilisation dont les ruines matérielles
nous étonnent encore après tant de siècles de destruction des hommes et du temps.

Bien souvent, il est vrai, cette accumulation de forces
sociales a été détournée de sa légitime destination, et,
suivant la nature particulière du prince qui en disposait
à son gré, les œuvres produites ont été bien différentes :
à côté du lac Mœris s'élevaient les pyramides, dont une
seule, de près de trois millions de mètres cubes, a nécessité pour sa construction plus de maçonnerie de choix
qu'il n'en est entré certainement dans tout le chemin de
fer de Calais à Marseille.

Plus heureux que les Égyptiens, nous avons la bonne
fortune de vivre sous un climat plus propice, qui ne nous
impose pas les mêmes nécessités impérieuses du travail
collectif. Mais, quels que soient les avantages de cette
liberté individuelle dont jouit chacun de nous, elle ne
saurait justifier notre renoncement aux œuvres matérielles qui peuvent exiger un grand déploiement de forces
communes. Si nous ne sommes pas, Dieu merci ! con-
damnés à construire des pyramides, puissions-nous du
moins montrer qu'à l'occasion, si le développement de

nos intérêts industriels et agricoles l'exigeait, nous saurions refaire le lac Mœris !

ENDIGUEMENT DE L'EUPHRATE PAR SÉMIRAMIS.

L'Égypte étant depuis le commencement de ce siècle rentrée, sinon dans le cadre de notre civilisation, du moins dans celui de nos investigations scientifiques, le problème du lac Mœris a pu être abordé et résolu avec une suffisante exactitude. On ne saurait en dire autant de l'endiguement de l'Euphrate, effectué par Sémiramis en amont de Babylone. La question est aussi inconnue de nos jours que du temps de Rollin et de d'Anville.

Le champ reste libre à toutes les conjectures, sans que, à ma connaissance, il ait été présenté même une hypothèse sérieuse sur le but et la nature de ce grand travail. Avant de formuler celle qui me paraît la plus probable, il sera bon de rappeler le texte du passage d'Hérodote qu'il s'agit d'interpréter.

« Ayant remarqué que les Mèdes, devenus puissants,
»ne pouvaient rester en repos, qu'ils s'étaient rendus
»maîtres de plusieurs villes, et entre autres de Ninive,
»elle (Sémiramis II) se fortifia d'avance contre eux, au-
»tant qu'elle le put. Premièrement, elle fit creuser des
»canaux au-dessus de Babylone. Par ce moyen l'Eu-
»phrate, qui traverse la ville par le milieu, de droit qu'il
»était auparavant, devint oblique et tortueux, au point
»qu'il passe trois fois par Ardéricca, bourgade d'Assyrie;
»et encore maintenant ceux qui se rendent de cette mer-
»ci (la Méditerranée) à Babylone, rencontrent en descen-
»dant l'Euphrate ce bourg trois fois en trois jours.

»Elle fit faire ensuite de chaque côté une levée digne
»d'admiration, tant par sa longueur que par sa hauteur.
»Bien loin, au-dessus de Babylone, et à une petite
»distance du fleuve, elle fit creuser un lac destiné
»à recevoir les eaux du fleuve quand il viendrait à dé-
»border. Il avait 420 stades (environ 42 kilomètres)
»de tour ; quant à la profondeur, on le creusa jusqu'à
»ce qu'on trouvât l'eau. La terre qu'on en tira servit à
»relever les bords de la rivière. Ces deux ouvrages, c'est-
»à-dire l'Euphrate rendu tortueux et le lac, avaient pour
»but de ralentir le cours du fleuve en brisant son impé-
»tuosité par un grand nombre de sinuosités, et d'obliger
»ceux qui se rendaient par eau à Babylone d'y aller en
»faisant plusieurs détours, et de les forcer, au sortir de
»ces détours, à entrer dans un lac immense. Elle fit faire
»ces travaux dans la partie de ses États la plus exposée
»aux irruptions des Mèdes et du côté où ils ont le moins
»de chemin à faire pour entrer sur ses terres, afin que,
»n'ayant point de commerce avec les Assyriens, ils ne
»pussent prendre aucune connaissance de ses affaires [1]. »

La conséquence la plus essentielle qu'on puisse tirer
de cette description, c'est que les travaux de Sémiramis
avaient un double but : améliorer la navigation de l'Euphrate dans un passage difficile, et barrer ce fleuve aux
incursions des Mèdes, qui occupaient les régions supérieures de la vallée ; accessoirement, nous pouvons et devons admettre que les intérêts de l'agriculture avaient dû
être desservis comme ceux du commerce et de la défense
du pays, si, comme il est probable, les travaux avaient pu
être combinés pour servir aux irrigations, qui sur les

---

[1] Hérodote, liv. I, LXXXV, trad. Larcher.

bords de l'Euphrate n'avaient pas moins d'importance que sur ceux du Nil.

La ville ou le bourg d'Ardéricca devait donc être une position militaire de premier ordre, dont l'emplacement avait été déterminé par certaines conditions topographiques et géologiques tout à fait spéciales, qui pourraient peut-être permettre de le retrouver aujourd'hui.

Ainsi posé, le problème ne peut être que fort indéterminé. Il m'a paru toutefois qu'on lui trouverait une solution plausible en admettant que, toutes proportions gardées, les conditions locales fussent à peu près telles que je les ai rencontrées dans l'étude d'un projet d'endiguement de l'Orb, dont je vais rappeler sommairement les dispositions principales, exposées avec beaucoup plus de détails dans mon *Traité d'hydraulique agricole*.

Les terrains qu'il s'agissait d'améliorer occupent le fond d'un bassin étranglé en forme de 8, qui se trouve compris entre l'issue d'un défilé rocheux et la vallée limoneuse qui se continue en aval, entre les berges du chenal diluvien dans lequel l'Orb a moulé son lit moderne.

Sur l'étendue de ce double bassin, d'une longueur totale de 7 kilom. environ, la rivière n'a aucune direction stable. Son lit se déplace continuellement à travers des amas de graviers momentanément fixés par des plantations que recouvrent bientôt après des dépôts d'alluvions qu'une seule crue peut produire, mais qui sont aussi rapidement emportées que formées, quand on veut les mettre en culture.

Quelque désordonné que soit en apparence le régime de la rivière dans cette partie de son cours, on peut cependant reconnaître qu'il est soumis à des variations périqdiques, résultant de la reproduction naturelle de deux phénomènes contraires qui se compensent l'un l'autre : affouillement du bassin supérieur et remblai du bassin inférieur pendant les grandes crues ; comblement à l'amont et dégravoyement à l'aval, à la fin des grandes crues ou pendant les crues faibles et moyennes.

L'équilibre est donc établi quant à l'état moyen ; mais on comprend qu'il ne puisse se prêter à aucune culture régulière.

A raison de l'excès de pente existant en ce point, les courants qui balayent le sol, tantôt à l'amont, tantôt à l'aval, ne sauraient comporter le dépôt fixe des matières limoneuses. Pour qu'elles pussent s'y arrêter à demeure et encaisser la rivière dans un lit stable, analogue à celui qui s'est formé à l'aval, il faudrait que la pente du courant y fût la même, tant en crue qu'en étiage, égale à $0^m,70$ par kilomètre, soit $4^m,90$ pour l'étendue totale du bassin. Or, elle est, sur cette longueur de 7 kilom. de $12^m,40$ à l'étiage, et de 10 mètres pendant les crues. Ce dernier chiffre est évidemment celui qui a le plus d'importance, et l'on conçoit que si, par un moyen quelconque, on parvenait à supprimer, en temps de crue, une quantité de force vive équivalente à une pente de $5^m,10$ sur les dix mètres qui composent la chute totale, en vertu de laquelle l'écoulement s'opère aujourd'hui, l'inclinaison moyenne serait ramenée à $0^m,70$ par kilomètre, et les alluvions limoneuses qui constituent le lit régulier de l'Orb en aval se prolongeraient naturellement dans toute l'étendue du bassin, continuant la vallée inférieure, avec ses terres fertiles, jusqu'à la rencontre du défilé supérieur.

Entre les divers moyens théoriques à proposer, je m'étais arrêté à projeter la construction de trois barra-

ges-déversoirs en maçonnerie, encaissés entre de hautes
digues insubmersibles, dont la hauteur et la largeur
avaient été calculées pour produire uue chute perdue de
5^m,10 au total, pendant les grandes crues.

Je n'ai pas du reste à insister sur les détails de ce projet. Je ne l'ai rappelé que pour faire entrevoir quelles
étaient peut-être les irrégularités accidentelles de régime
auxquelles Sémiramis pouvait avoir à remédier sur
l'Euphrate.

Grandes ou petites, les rivières sujettes à des crues
limoneuses sont soumises aux mêmes lois.

Le Nil sort des défilés abruptes de la Nubie avant de
former la vallée de l'Égypte, comme l'Orb des gorges de
Rhéals, en amont de la vallée de Béziers. Il est tout naturel d'admettre qu'avant de répandre ses limons dans
la Babylonie, l'Euphrate pouvait avoir à franchir quelque
écluse analogue qui le séparait du pays occupé par les Mèdes. Il n'est pas moins vraisemblable qu'à la séparation
des deux formations géologiques différentes devait se
trouver, se trouve même encore, une zone intermédiaire
de terrains mobiles, tour à tour rétablis et emportés par
les eaux, sur lesquels l'Euphrate, ayant un lit variable
et un courant torrentiel, devait plus particulièrement
présenter des difficultés à la navigation. C'est en ce
point que doivent avoir été exécutés les travaux de Sémiramis[1], et, si nous admettons que ce bassin de régime
intermédiaire présentait des dispositions analogues à

---

[1] Je n'ai aucune donnée, aucun renseignement topographique, qui
me permettent d'assigner avec quelque certitude l'emplacement réel
d'Ardéricca. Il est probable qu'il devait se trouver à l'issue d'une gorge
étroite reliant les hauts plateaux de la Médie aux larges plaines de
l'Assyrie, dans une situation analogue à la porte de Syène (Assouan),

celles du petit vallon de l'Orb, sauf ses dimensions, que les données fournies par Hérodote nous permettent de supposer quatre fois plus grandes, nous pouvons nous rendre compte de la nature de ces travaux, tels que j'ai essayé de les esquisser en plan sur le croquis ci-joint.

L'ensemble de la rectification devait avoir la forme d'un 8 divisé en deux bassins séparés par un étranglement, dont le premier répondrait aux affouillements directs du fleuve en temps de crue, le second à la zone des dépôts déterminée, comme sur l'Orb, par l'embouchure d'un grand affluent latéral.

C'est au point d'étranglement que se placerait la ville d'Ardéricca, comprise entre deux grandes sinuosités qui, suivant la forme du terrain, se développaient l'une à l'amont, l'autre à l'aval, dans les deux bassins contigus. En amont et sur la rive opposée à celle de l'affluent devait se trouver le lac, dont la digue de retenue se reliait aux fortifications d'Ardéricca.

A la sortie de la gorge supérieure, les eaux des crues moyennes étaient rejetées dans le lac par un déversoir d, d', établi à une certaine dénivellation, supposons $1^m,00$ en contre-bas d'un déversoir D, D', régnant sur la rive opposée. Le lac était ceinturé par un rempart assez élevé pour ne jamais être surmonté par les grandes crues qui, une fois le lac rempli, prenaient leur écoulement vers la gauche, en passant sur le déversoir D, D'.

par rapport à la basse vallée du Nil, *très loin*, nous dit Hérodote, *au-dessus de Babylone*. La disposition des lieux, autant que je puis en juger par la carte de Pétermann, plus encore que la synonymie des noms, me porterait à penser qu'on pourrait peut-être retrouver les ruines des travaux de Sémiramis, enfouies sous les limons du fleuve, au voisinage de la ville actuelle de Rakka, bien qu'elle soit à 500 kilom. en amont de la capitale qu'il s'agissait de défendre.

La longueur totale du développement des sinuosités de l'Euphrate était à peu près triple de celle du bassin. Admettons que la pente rectifiée fût égale à celle d'un grand fleuve limoneux de même importance, du Nil par exemple, dont l'inclinaison longitudinale moyenne en Égypte est de $0^m,20$ environ par kilomètre. Si nous sup-posons d'ailleurs que la longueur totale d'une sinuosité correspondant, d'après Hérodote, à une journée de navi-gation, fût de 30 kilomètres, nous avons des données à peu près suffisantes pour coter les principales dimensions du croquis. Le lac correspondant à la longueur du bas-sin supérieur avait également 15 kilom. Sa largeur seule reste indéterminée. Elle aurait été de 6 kilom. si on voulait la déduire du développement du pourtour du lac, évalué à 42 kilom. Il est probable qu'elle était moindre, et, bien plus encore, qu'elle n'était pas uni-forme. Quant à la profondeur des eaux, tendues au ni-veau du déversoir $d\,d'$, elle aurait été, dans le point le plus bas, égale à la moitié de la pente totale, augmentée des fouilles considérables qui avaient dû fournir les rem-blais nécessaires à l'exhaussement de la plate-forme sur laquelle avait été bâtie Ardéricca.

Ce qu'il y a de certain, c'est que la capacité du lac devait être considérable, puisqu'elle était suffisante pour emmagasiner toutes les eaux de l'Euphrate pendant un temps assez long pour qu'on ait pu travailler à sec aux fondations des murs du quai et des piles du pont de Ba-bylone.

L'espace de temps nécessaire pour effectuer ce travail dans les conditions de facilité signalées par Hérodote, ne pouvait guère être de moins d'une dizaine de jours, et, comme on ne saurait estimer à moins de deux à

21

trois cents mètres cubes à la seconde le débit d'un
fleuve comme l'Euphrate, le volume de la retenue pouvait être de 2 à 300 millions de mètres cubes, ce qui,
pour une longueur de 15 kilom. et une profondeur de huit
ou dix mètres, suppose une largeur moyenne de 2 kilom.
environ.

Ces chiffres, bien entendu, n'ont rien de réel et de
positif. Je ne les donne que pour fixer les idées et mieux
faire comprendre comment les dispositions que j'indique
répondent parfaitement aux vues que nous devons supposer à Sémiramis, dans les conditions locales égale-
lement hypothétiques où j'ai cru devoir me placer.

La régularité de la navigation se trouvait parfaitement
assurée du moment où, en temps d'étiage et d'eaux
moyennes, l'Euphrate était astreint à couler dans un lit
de largeur uniforme, avec une pente réduite au tiers de
l'inclinaison naturelle de la vallée.

Un canal d'irrigation établi sur la gauche, en face de
l'affluent de droite, pouvait porter au loin les eaux dérivées du lac pour les besoins de l'agriculture. Mais c'est
surtout au point de vue de la défense militaire que
la ville d'Ardéricca, telle que je la suppose, devait constituer une position inexpugnable à la sortie des gorges
par lesquelles on pouvait craindre l'irruption des armées
ennemies : baignée sur une de ses faces par le lac dont
elle manœuvrait les écluses de sortie, et sur ses trois autres côtés par le triple contour de l'Euphrate, dont elle
barrait à trois reprises le chenal navigable.

L'explication que je donne n'a sans doute d'autre valeur que celle d'une hypothèse qui paraîtra peut-être
fort arbitraire ; mais je doute qu'on puisse en trouver
une autre qui réponde mieux aux données incertaines

du problème que l'antiquité nous a légué et qui soit de nature à donner une plus haute idée d'un ouvrage, gigantesque sans doute, mais dont la réalisation n'avait cependant rien que de très pratique, si on le compare aux moyens d'action dont disposaient certainement ceux qui l'ont entrepris.

Mais les conceptions humaines les plus réfléchies n'ont rien de certain, et leurs résultats vont souvent à l'inverse du but qu'elles s'étaient proposé. Les travaux de Sémiramis, qui semblaient à tout jamais devoir protéger sa capitale, furent le principal instrument de sa perte. On sait en effet que c'est en détournant les eaux de l'Euphrate dans le lac, que Cyrus mit le fleuve à sec et put s'emparer de Babylone par surprise. L'histoire est muette sur le rôle d'Ardéricca en cette circonstance. Hérodote, en nous apprenant la catastrophe finale, ne nous dit pas comment les Perses parvinrent à s'emparer de cette place-forte, et, si elle était restée aux mains des Assyriens, on a peine à comprendre qu'ils n'aient pas déjoué la manœuvre de leurs ennemis en ouvrant les écluses de retenue dont ils avaient la garde. Les ouvrages de Sémiramis paraissent cependant avoir subsisté un certain temps. Le lac était encore en état de fonctionner sous Darius Ier ; mais c'est en vain que ce prince essaya de recourir au stratagème de Cyrus pour réduire Babylone, qui s'était révoltée. Les assiégés se tinrent mieux sur leurs gardes ; et la ville ne fut prise, après un siège de près de deux ans [1], que par le fanatique dévouement de Zopire.

FIN.

[1] Hérodote; liv. III, CLII à CLV.

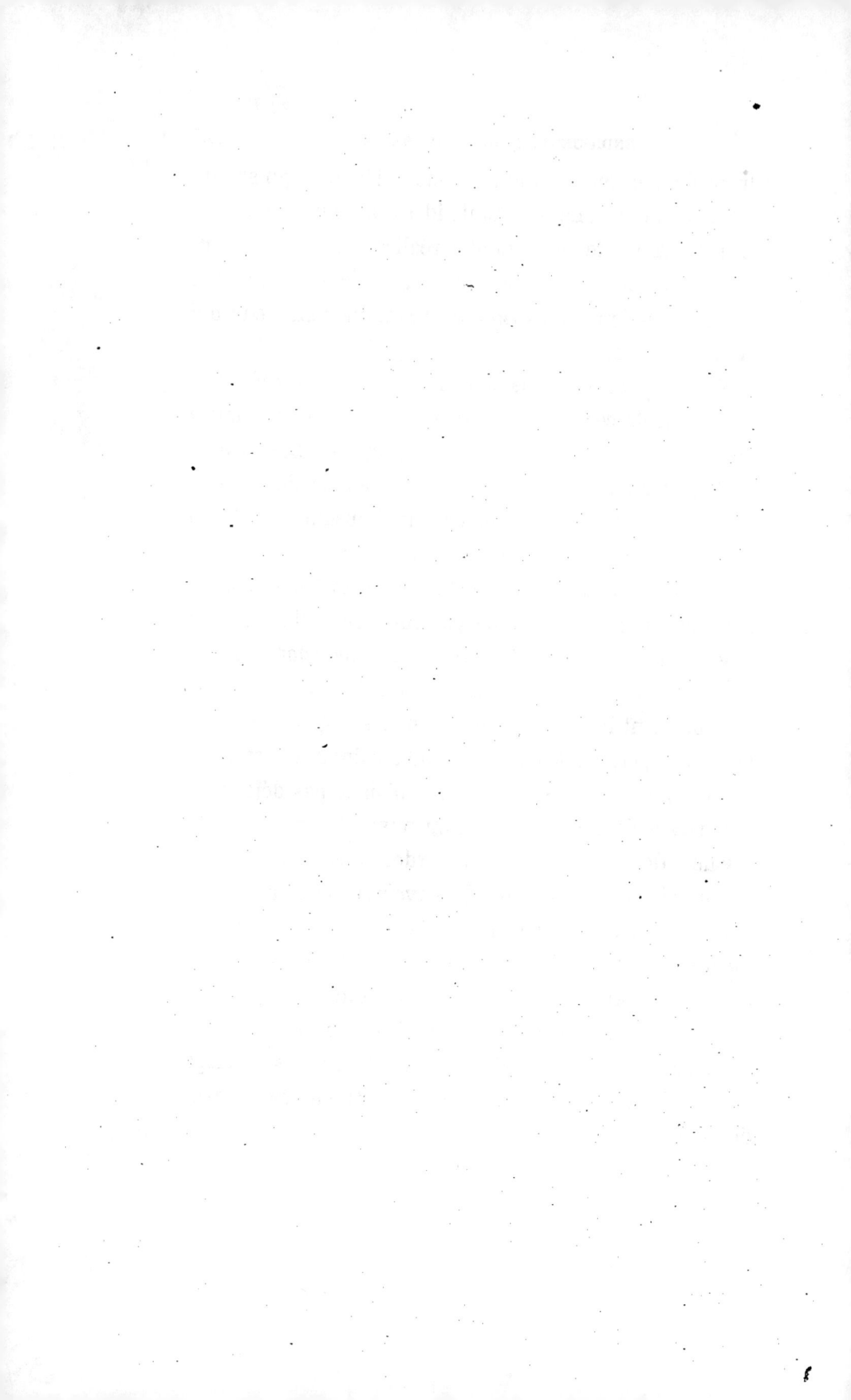

TABLE ANALYTIQUE DES MATIÈRES.

NOTES ANNEXES

CARTE GÉNÉRALE du TRACÉ
DES CANAUX DE DÉBOURBAGE
ET DE TRANSPORT.

Échelle de zéro... par kilomètre

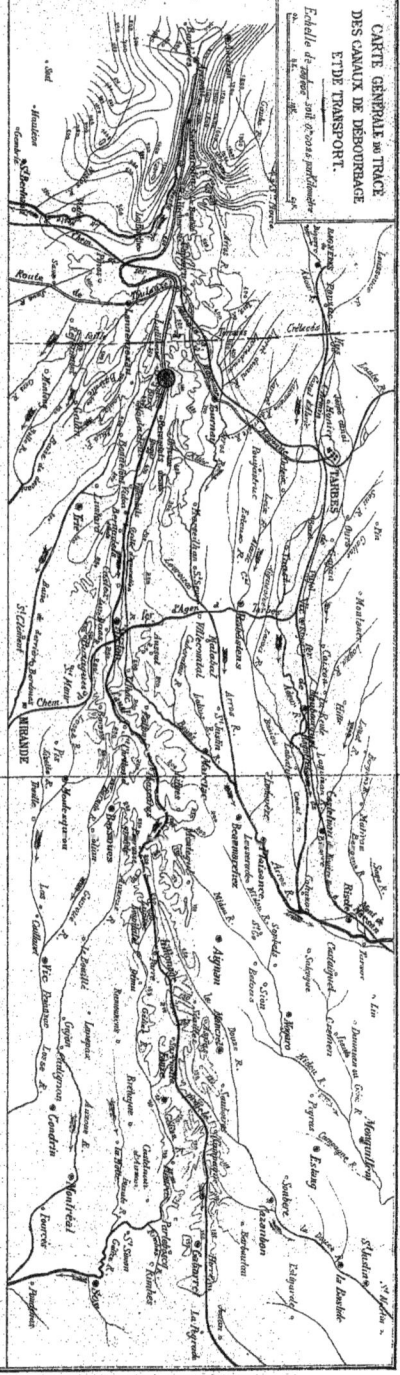

Profil en long des canaux de débourbage et de transport

Profils comparatifs indiquant les résistances des réservoirs à l'échelle réelle des grandeurs

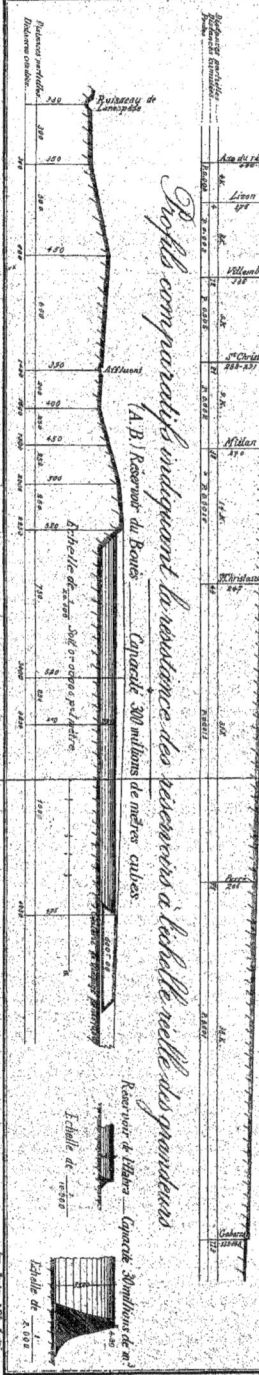

(A.B) Réservoir du Bouès — Capacité 300 millions de mètres cubes

Réservoir de... Capacité 30 millions de m...

Échelle de... Échelle de...

CARTE GÉOLOGIQUE
du
SUD-OUEST DE LA FRANCE

LÉGENDE

Golfe de Gascogne

Imp. Barbier & Fils, Nancy

CARTE DÉTAILLÉE
des
CHANTIERS D'ABATTAGE

Echelle de mètres

CARTE GÉNÉRALE DE L'ÉGYPTE MOYENNE

ECHELLE: 1,500,000

Kilomètres

Coupe en travers du lac Mœris d'après Mr Linant de Bellefonds.

Echelles de { 0ᵐ.0025 par Kilomètre pour les longueurs (1/400.000)
0ᵐ.00025 par mètre pour les hauteurs (1/4000) }

Coupe en travers du lac Mœris d'après Mr Linant de Bellefonds.

Echelles de { 0ᵐ.00.25 par Kilomètre pour les longueurs (1/100.000)
0ᵐ.000.25 par mètre pour les hauteurs. (1/4000) }

HYPOTHÈSE SUR LES ENDIGUEMENTS DE L'EUPHRATE
EN AMONT DE BABYLONE.

Imp. Becquet & Cie Augsre

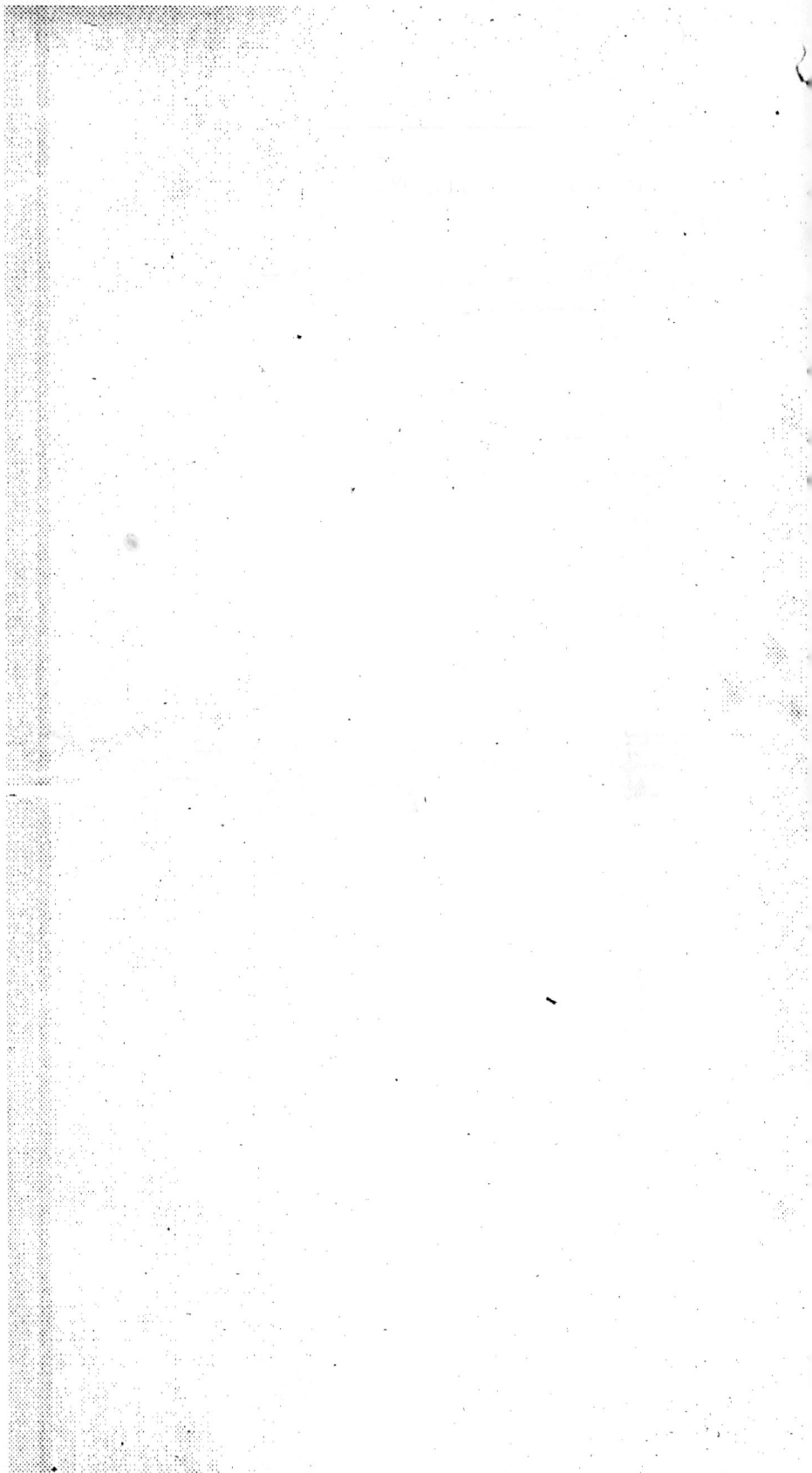

Librairie HACHETTE et Cie

DU MÊME AUTEUR

Le Chemin de fer Trans-Saharien; jonction coloniale entre l'Algérie et le Soudan. Un fort volume in-8° Cavalier, avec Cartes générale et géologique. Paris, 1879. — Prix 6 fr.

Les Taches Solaires régies par l'excentricité des mouvements planétaires. Paris, 1882. — Prix 4 fr.

Montpellier. — Typographie Boehm et Fils.

www.ingramcontent.com/pod-product-compliance
Lightning Source LLC
Chambersburg PA
CBHW070343200326
41518CB00008BA/1123